Celina del Amo

Spiel- & Spaßschule für Hunde

200 Spiele, Tricks und Übungen

Weltbild

Spielschule für Hunde

100 Tricks und Übungen

Vorwort Spielschule

Liebe Hundebesitzer,

dieses Buch ist für all diejenigen geschrieben, die die Erfahrung gemacht haben, dass in ihrem Hund mehr steckt als das, was er im Augenblick zum Ausdruck bringen kann. Es soll Anregungen liefern, neue Befehle zu lehren bzw. zu lernen, und einen kurzen Einblick in das Wesen des Hundes geben, der – wie man schnell merken wird – unendlich wiss- und lernbegierig ist.

In jedem Hund stecken die besten Anlagen, aus ihm einen ausgezeichneten Begleithund zu machen. Ich möchte nicht darauf verzichten zu betonen, dass die im Folgenden vorgestellten Anregungen nicht nur für Begleithunde gelten, sondern auch für die Hunde, die einen „richtigen Job" haben. Sinn und Zweck dieses Buches ist es, Ihnen als Hundehalter eine breite Palette von Möglichkeiten aufzuzeigen, wie man in unterschiedlichster Weise mit einem Hund arbeiten kann. Sie werden es auf eine einfache und freudige Art schaffen, Ihrem Hund die Langeweile zu vertreiben, wenn Sie einige der hier vorgestellten Befehle, Spiele und Späße ausprobieren.

Der Hund bringt für eine Mensch-Hund-Beziehung die allerbesten Voraussetzungen mit, da er mit glühender Hingabe darauf brennt, seinem „Herrchen" (oder „Frauchen" selbstverständlich) zu jeder Zeit einen Wunsch von den Augen abzulesen. Er liebt es, bei allem Treiben mitzumachen, wobei er stets nach Anerkennung trachtet. Der Mensch hat durch diese Tatsache große Vorteile, die es ihm ermöglichen, den Hund durch konsequente und auf den jeweiligen Charakter abgestimmte Leitung in die eine oder andere Richtung auszubilden.

Es gilt, die „Arbeitsgemeinschaft Mensch-Hund" als Partnerschaft zu sehen, wobei streng darauf geachtet werden muss, die jeweiligen Bedürfnisse des Partners in ausreichendem Maße zu berücksichtigen. Der Mensch ist in der angesprochenen Partnerschaft zweifellos immer der Boss, dessen Ziel es sein sollte, seine Autorität in der Ausbildung und im täglichen Zusammenleben mit dem Hund in gerechter Weise einzusetzen. Die Befehle werden vom Menschen gegeben, und der Hund muss sie ausführen; so ist es in allen Übungen, selbst im Spiel. Erst wenn der Hund akzeptiert hat, dass der Mensch der Chef ist, wird ein problemloses Zusammenleben möglich sein. Das Gehorchen und das Ausführen von Befehlen läuft in einer intakten Arbeitsgemeinschaft ohne jedes Zeichen von Unterwürfigkeit ab. Man sollte beim Arbeiten mit dem Hund selbst Spaß haben und die Freude des Hundes sehen können. Ebensowenig wie man die Erfolge sich selbst zuschreiben sollte, darf auch die Schuld am Misserfolg nicht beim Hund gesucht werden. Eine gute Arbeit setzt hohe Konzentration und Leistung bei beiden „Partnern" voraus. An Erfolgen hat der Hund einen nicht unerheblichen Anteil, und man sollte ihn an der Freude teilhaben lassen. Den Hund kategorisch zu tadeln, wann immer eine Übung schief gelaufen ist, wäre absolut falsch. Bei Misserfolg muss man die Situation noch einmal überdenken. Vielleicht ist irgend etwas Ungewohntes hinzugekommen, das den Hund irritiert. In solch einem Fall gilt es, mit Geduld an die Sache heranzugehen und die Übung notfalls noch einmal von vorne aufzubauen. Das, was den Hund und seinen Herrn fest zusammen hält, ist die gegenseitige Anerkennung und Bindung. Auf einen Hund, der seinen Herrn anerkennt, kann dieser immer zählen. Er kann stolz auf ihn sein, weil der Hund alles ihm Mögliche tun wird, um seinem Herrchen jederzeit zu gefallen und zu Hilfe zu kommen.

Auf dem Büchermarkt gibt es eine unglaublich große Zahl von Hundebüchern, die sich ausschließlich mit der Erziehung des Hundes beschäftigen; darunter ist eine Reihe sehr guter Werke, die dem noch unerfahrenen Hundebesitzer Anleitungen von A bis Z, also sagen wir: von der Stubenreinheit bis zum Sprengstoffspürhund liefern. Trotzdem habe ich mich dazu verleiten lassen, dieses Buch zu schreiben, wobei ich eine etwas andere Gestaltung im Auge habe. Es geht hier weniger um elementare Dinge wie etwa das Eingewöhnen in ein neues Heim, als vielmehr darum, Anregungen in den Vordergrund zu stellen, mit dem Hund zu arbeiten. In sechs Kapiteln gehe ich näher auf die Mensch-Hund-Beziehung im Allgemeinen ein sowie auf einige grundsätzliche Dinge, beispielsweise die Grundausbildung, das Erlernen von Tricks, den Hundesport und Spiele für Hund und Halter.

Mein Anliegen ist es, der Gefahr entgegenzuwirken, dass der Hund seine bezaubernde Persönlichkeit nicht entfalten kann, weil es keinen „Verwendungszweck" für ihn gibt. Egal, an welcher Sparte Sie am meisten Gefallen finden – durch das Arbeiten mit Ihrem Hund wirken Sie der Langeweile entgegen, die seine „Intelligenz" auf Dauer erlahmen lassen würde.

Dieses Buch soll Ihnen viele Anregungen bieten, sich selbst immer neue Dinge einfallen zu lassen, um Ihren Hund ein ganzes Hundeleben lang fordern zu können. Durch tägliches Training wird er sein Leben lang aktiv bleiben.

Celina del Amo,
Herbst 2008

Inhalt Spielschule

Inhalt

Allgemeines zur Hundeausbildung

Das Verhältnis zwischen Mensch und Hund

In eine Mensch-Hund-Beziehung fließen von beiden Seiten die unterschiedlichsten Anlagen und Begabungen ein, die es vom Menschen zu lenken und umzusetzen gilt. Dabei muss man sich vor Augen halten, dass der Hund dem Menschen in einigem überlegen ist und umgekehrt. Der Hund hört und riecht beispielsweise außerordentlich gut. Auch was die Schnelligkeit anbetrifft, ist er – je nach Größe und Rasse – dem Menschen in den meisten Fällen haushoch überlegen. Die Stärken des Menschen liegen in seiner Intelligenz begründet. Außerdem verfügt er über eine wesentlich bessere Sehkraft. Auch ist der Mensch durch seinen aufrechten Gang dazu fähig, Situationen besser zu überblicken. Mittels seiner Intelligenz muss er versuchen, aus den recht unterschiedlichen Anlagen beider „Partner" durch Koordinationsgeschick ein optimales Team zu formen.

Die **Lernfähigkeit** Ihres Hundes können Sie nur durch kontinuierliche, artgerechte Spiele und Übungen fördern oder aufrechterhalten. Ein Hund, der viel erlebt, weil er bei vielen Aktivitäten seines Meisters oder seiner Familie dabei sein darf und der gleichzeitig viele Befehle lernt, wird mehr Intelligenz im Sinne von Auffassungsgabe an den Tag legen als ein Hund, der nie gefordert wird, auch wenn er die besseren Erbanlagen haben sollte. Dies ist besonders in der sensiblen Sozialisationsphase im Welpenalter von übergeordneter Bedeutung: Studien belegen, dass ein Hund, der in dieser Phase viele und vor allem abwechslungsreiche Dinge erleben konnte, ein Leben lang lernbegieriger und dadurch „intelligenter" ist als ein Hund, der zwar die besten elterlichen Anlagen mitbringt, jedoch unzureichend gefordert wird. Achten Sie also ruhig darauf, sofern Sie gerade einen Welpen zu sich genommen haben oder sich demnächst einen anschaffen wollen, ihn durch abwechslungsreiche Spiele zu fördern, um so den Grundstein für eine hervorragende Mensch-Hund-Beziehung zu legen.

Ebenfalls gilt es, die **Aufmerksamkeit** eines Hundes zu schulen, was recht leicht durch einen abwechslungsreichen Tages- und Trainingsplan sowie durch die Kreativität des Hundeführers erreicht werden kann. Hierauf werde ich später noch genauer eingehen.

– Machen Sie Ihrem Hund auch durch kleine Übungen während des Spaziergangs klar, dass dies zwar die Zeit ist, in der Sie sich ihm besonders widmen, dass er aber keinesfalls tun und lassen kann, was er will.

– Geben Sie Ihre Befehle nie monoton und nicht immer am gleichen Ort und zur gleichen Zeit. So etwas stumpft den Hund mit der Zeit ab, da er sich enorm schnell an bestimmte Abläufe gewöhnen kann.

Im Spiel mit seinem Besitzer lernt der Welpe, Vertrauen zu haben. Drehen Sie ihn ruhig auch einmal auf den Rücken.

Diese Gewöhnungsgabe ist für uns aber gleichzeitig von großem Nutzen, denn bei der Einführung einer neuen Aufgabe hilft sie uns, dem Hund die Übung leicht und schnell verständlich zu machen.

– Achten Sie darauf, nicht immer die gleichen Übungskombinationen vom Hund zu fordern, denn das wird ihm schnell langweilig. Wirken Sie einer unerwünschten Gewöhnung durch größtmögliche Variationen früh entgegen, so dass es nicht passiert, dass Ihr Hund zum Beispiel nach jeder „Sitz!"-Übung ohne Befehl auch gleich „Platz" macht, nur weil Sie es so mehrfach von ihm verlangt haben.

Das Mensch-Hund-Team

Es gibt viele Hunde, die ihren Herrn nicht respektieren und sich mangelhaft und ungezogen benehmen. In einigen Fällen kann es sein, dass die Person, die sich selbst als Chef der Gruppe sieht, nicht die Bezugsperson ist und der Hund bei seiner Bezugsperson besser gehorcht. In fast allen Fällen ist diejenige Person die Bezugsperson des Hundes, die ihm die meiste Zeit durch Übungen, Spiele und sonstige Zuwendung widmet. In Familien kann es also passieren, dass die Bezugsperson beispielsweise die Oma ist, die den ganzen Tag zu Hause ist und ab und zu mit dem Hund „eine Runde dreht", auch wenn er die Befehle vom Familienvater gelernt hat und sein Fressen von dessen Frau bekommt.

9

Wichtig
Eine wahre, tiefe Hundeliebe bezieht sich keinesfalls – wie oft fälschlicherweise angenommen – auf die Futterausgabe und auch nicht auf das Befehlegeben, sondern auf die **Zuwendung**, und vor allem auch auf eine gerechte und der Hundelogik entsprechende **Autorität**, die ein Hund erfährt.

Bei einem Familienhund ist es ideal, wenn sich die ganze Familie an den Übungen und Spielen beteiligt, denn unabhängig von der besonders innigen Beziehung zu seiner Bezugsperson findet ein Hund durchaus auch großen Gefallen an Späßen mit den anderen Familienmitgliedern. Das führt außerdem insgesamt zu einem besseren Verhältnis zwischen dem Familienhund und „seinen" Menschen und zu einem besserem **Gehorsam**.

Obwohl in den Übungen und auch in Spielen vom Hund Gehorsam verlangt wird und wir ihn Aufgaben erledigen lassen, darf er in der Erziehung und im Zusammenleben niemals als abrufbare Sache oder als Gebrauchsgegenstand betrachtet werden. Er sollte ein Begleiter sein, der an allen Aktionen teilnimmt. Wenn wir ihm dies zubilligen, wird er bald zu unserem besten und treuesten Freund.

Unterordnung im Mensch-Hund-Team

In einem intakten Mensch-Hund-Team lässt sich der Hund vom Menschen anleiten bestimmte Aufgaben zu bewerkstelligen. Dies kann nur funktionieren, wenn es dem Menschen gelingt, den Hund entsprechend zu motivieren. Die Unterordnung des Hundes, d.h. die Anerkennung Ihres übergeordneten Ranges bedeutet keinesfalls Unterdrückung oder gar Ausnutzung des Tieres. Es liegt in der Natur des Hundes, sich in eine bestimmte Rangordnung einfügen zu wollen. Diese Anlagen sollten in der Weise ausgebaut werden, dass sie zu einer stabilen Grundlage in der Mensch-Hund-Beziehung werden. Ein Hund, der seinen Herrn anerkennt, liebt ihn mit jeder Faser seines kleinen Hundeherzens, und er wird stets bemüht sein, ihm zu gefallen. Dieses Bestreben kann man im Training hervorragend ausnutzen. Wenn man unter Ablenkungen, beispielsweise im Beisein anderer Hunde oder fremder Tierarten, Menschen oder einer neuen und aufregenden Situation arbeitet, muss man dennoch Mittel und Wege finden, um den Hund auch in diesen schwierigen Situationen entsprechend zu motivieren. Wenn einem dies gelingt, „lechzen" die Hunde auch in solchen Momenten danach, mitzuarbeiten oder gar neue Befehle zu erlernen, um sich die in Aussicht gestellte Belohnung zu sichern und ein Lob einzuheimsen.

Sind die Fronten im Mensch-Hund-Team nicht geklärt oder fühlt sich der Hund als Chef, ist es in vielen Situationen besonders problematisch, den Hund zu motivieren. Je nach Charakter des Hundes kann es sogar dazu kommen, dass er uns eine Lektion erteilt, wenn wir uns aus Hundesicht falsch verhalten haben. Wie aber können wir die **zwanglose Unterordnung** erreichen? Die Beantwortung dieser Frage ist denkbar einfach: durch Konsequenz, Gerechtigkeit, Souveränität

Wichtig
Das höchste Rangprivileg ist die Zuteilung von Aufmerksamkeit. Nutzen Sie diese Tatsache zur Rangeinweisung. Achten Sie darauf, dass **Sie** es sind, der Sozialkontakte, Spiele, Streicheleinheiten und Übungen beginnt und auch beendet.

und ein gutes Verständnis für „Hundelogik".

Wenn Sie das Gefühl haben, dass das Ranggefüge zugunsten Ihres Hundes verschoben ist, kann es daran liegen, dass Sie ihm zu viele rangordnungsbezogenen Privilegien eingeräumt haben. In diesem Fall sollten Sie einige grundlegende Dinge im Zusammenleben ändern und darauf achten, dem Hund keine Privilegien zuzumessen, die ihm als rangniedrigem Rudelmitglied gar nicht zustehen. Ebenso gilt es, durch Konsequenz und Überlegenheit den Grundgehorsam und die Unterordnung zu schulen, so dass der Hund einen schließlich als Boss akzeptiert.

Wichtig
Knurren und Beißen kann ein ernst zu nehmender Hinweis darauf sein, dass das Miteinander im Mensch-Hund-Team gestört ist. Lassen Sie sich von einem auf Verhaltenstherapie spezialisierten Tierarzt beraten.

Das Knurren ist eine Drohung, mit der der Hund signalisiert, dass er unter Umständen bereit ist, sich auf einen Kampf einzulassen. Aus Gründen der Gefahrenprophylaxe sollten Sie von direkten Konfrontationen

Abstand nehmen. Trotz allem müssen Sie ein solches Verhalten nicht als „gottgegeben" hinnehmen. Lassen Sie sich von einem Tierarzt, der auf Verhaltenstherapie spezialisiert ist, beraten, um dieses Problem auf hundelogische, artgerechte und ungefährliche Weise zu beheben.

Ein mehr praktischer Grund, an einem derartigen Verhalten des Hundes zu arbeiten, ist, dass es immer einmal sein kann, dass man dem Hund etwas Lebensbedrohliches wegnehmen muss. Einem Hund, der jedwede Sachen gegen Sie verteidigt bzw. Sie beim Herankommen bedroht, können Sie nicht helfen, wenn er etwa einen giftigen Rattenköder frisst.

Der immer wieder erwähnte unerziehbare Hund gehört ebenso veralteten Vorstellungen von Hundeerziehung und persönlichen Ausflüchten an wie die zum Glück durch moderne Methoden abgelöste Vorstellung, man müsse Hunden den Willen brechen, damit sie sich unterordnen. Bei Problemen nützt es meist recht wenig, den Hund in eine Hundeschule zu schicken. Vielmehr sollte man den Rat eines erfahrenen und modernen Ausbilders oder spezialisierten Tierarztes suchen, der einem hilft, die Probleme zu lösen, die Beziehung zum Hund zu überdenken und gegebenenfalls unter Anleitung neu aufzubauen.

In einem guten Gespann sind Mensch und Hund gegenseitig stolz aufeinander, und sie haben auch gegenseitig vollstes Vertrauen.

Vertrauen

Der Grundbaustein für jeglichen Erfolg in der Hundeausbildung ist die sichere

Gelassenheit bei der Arbeit. Es wird einem jedoch nur möglich sein, seinen Hund Sicherheit spüren zu lassen, wenn man ihm vollkommen vertraut. Vertrauen und Gelassenheit sind jedoch besonders für den unerfahrenen Hundehalter eine schwierige Angelegenheit. Erfahrene Hundebesitzer werden Ihnen aber bestätigen, dass ein Hund ein äußerst feines Gespür dafür hat, was man ihm zutraut und was nicht. Sie sollten sich davon frei machen zu glauben, dass ein Hund ein bestimmtes Verhalten nicht an den Tag legen kann und wird.

> **Wichtig**
> Grundsätzlich ist ein Hund bereit, jedes in seiner Art verankerte oder anatomisch mögliche Verhalten zu zeigen. Die Voraussetzung hierfür ist zum einen, dass er sicher begriffen haben muss, um was es geht und zum anderen, dass er ausreichend motiviert ist.

Nehmen wir ein Beispiel: Ihr Hund hat seit jeher Streit mit dem Nachbarhund, der immer am Gartenzaun bellt. Da Ihr Hund, wenn Sie mit ihm an dem Zaun vorbeigehen, wild reagiert, haben Sie wahrscheinlich bisher entweder mit ihm geschimpft oder versucht, ihn mit Lob oder in anderer Form irgendwie zu überlisten, um mit ihm an dem neuralgischen Punkt vorbeizukommen. Sie werden allerdings mit all Ihren Versuchen solange nichts erreichen, solange Sie selbst Unbehagen bei der Sache verspüren und im Hinterkopf haben, dass Ihr Hund stets sein Fehlverhalten beibehalten wird. Erst wenn Sie davon überzeugt sind,

dass er die Reize ignorieren und auf Ihr Kommando achten wird, wird er es wirklich auch tun.

Dies ist auch einer der Gründe, warum man Hunde nicht ausschließlich von Trainern erziehen lassen sollte. Ein guter Trainer weiß, was der Hund kann und dass er es zu jeder Zeit tun wird. Der Besitzer, der bei der Erziehung gescheitert war, wird unter Umständen auch dann noch mit Zweifeln an die Sache herangehen, wenn er gesehen hat, dass der Hund unter Anleitung eines erfahrenen Trainers plötzlich besser gehorcht. Der Hund spürt Ihre Zweifel genau und wird wegen dieser Verunsicherung nie das gewünschte Verhalten an den Tag legen. Erst wenn er Ihr echtes Vertrauen und Interesse spürt, wird er richtig reagieren.

Sie fragen sich nun sicherlich: Was kann man schon gegen ein Gefühl wie Zweifel tun, wo der Hund doch schon hundert Mal unerwünscht reagiert hat? Die Frage ist berechtigt. Tatsächlich kann man nicht viel tun. Es hilft aber, durch eine Reihe anderer Situationen und anderer Befehle, bei denen der Hund bei guter Anleitung brav folgt, Ihr Vertrauen, Ihre Liebe und Ihren Stolz dem Hund gegenüber zu vertiefen. Sie müssen Geduld haben. Es ist neben der Erfahrung vielleicht auch eine Form autogenen Trainings nötig, bis Sie es wirklich verinnerlicht haben. Aber von dem Augenblick an, wo Sie an Ihren Hund glauben, stehen Ihnen und Ihrem Hund alle Tore zu einer ungetrübten und erfolgreichen Partnerschaft offen, in der Sie sämtliche Schwierigkeiten der Hundeerziehung meistern werden.

Ein gutes Hund-Mensch-Team basiert auf gegenseitigem Vertrauen. Wer sich schon mit dem Welpen intensiv beschäftigt, wird diese Vertrauensbasis bald erreicht haben.

Prinzipien der Ausbildung

In der Hundeerziehung macht man sich im Wesentlichen die Technik der klassischen und der instrumentellen Konditionierung zunutze. Bei der klassischen Konditionierung wird eine unbewusste oder Reflexhandlung auf ein Kommandowort konditioniert, indem ein zunächst neutraler Reiz (beispielsweise das Kommandowort) zeitlich mehrfach eng mit einem die Handlung selbst auslösenden Reiz gekoppelt wird. Im Hundetraining kann man die klassische Konditionierung zum Beispiel für das Training der Stubenreinheit (vgl. S. 74), aber auch für andere einfache und reflexartig ablaufende Handlungen ausnutzen.

Häufiger nutzt man allerdings die instrumentelle Konditionierung, bei der man ein bestimmtes Verhalten belohnt oder bestraft und somit die Wahrscheinlichkeit erhöht bzw. herabsetzt, mit der das Verhalten gezeigt wird.

In der Ausbildung sollte man die Methode, einen Erfolg zu belohnen, unbedingt jener Methode vorziehen, unerwünschtes Verhalten zu bestrafen. Im ersten Fall handelt es sich um ein Lernen aufgrund positiver Bestätigung während oder direkt nach einer Aktion. Man nennt dies das „Lernen durch Erfolg" im Gegensatz zum „Lernen durch Aversion". Bei letzterem wird jedes unerwünschte Verhalten umgehend bestraft, was zwar auf Dauer zur Unterlassung des unerwünschten Verhaltens führt, aber mit starken Frustrationen einhergeht und nicht selten zu Ängstlichkeit und Aggressionen führt. Wenn man nur die „Misserfolge" des Hundes bestraft, bleibt der Hund dumm. Das unerwünschte Verhalten wird in diesem Fall nur unterdrückt, der Hund weiß aber immer noch nicht, wie er es besser machen kann.

Essentielle Trainings-bedingungen

Um aus einem Hund ein bestimmtes Verhalten herauskitzeln zu können, muss man ihn entsprechend **motivieren**. Dies kann zum Beispiel durch die in Aussicht gestellte Belohnung erfolgen.

Gleichzeitig sollte man auch das **Trainingsumfeld** so gestalten, dass der Hund die Übung mit größtmöglicher Wahrscheinlichkeit richtig ausführen wird, so dass man ihn auch sicher dafür belohnen kann.

> **Wichtig**
> Ein **Lob** oder eine **Belohnung** vom Besitzer steht für den Hund hoch im Kurs. Geben Sie Ihrem Hund im Training die Anerkennung, nach der er trachtet, und lassen Sie ihn Ihre Freude spüren. Die positiven Erfahrungen auf beiden Seiten stärken das gegenseitige Vertrauen.

Lassen Sie Ihren Hund spüren, dass er Ihnen vertrauen kann, indem Sie sich in die **Hundelogik** hineindenken, um ihn nicht durch „unlogisches" menschliches Verhalten zu verwirren oder zu schockieren. Je mehr Sie mit Ihrem Hund arbeiten, desto schneller wird er neue Sachen begreifen und mit viel Einsatzfreude dabei sein. Ein Hund, der sich eines Lobes sicher sein kann und der ein **gutes Verhältnis** zu

seinem Besitzer hat, wird gerne jedem Befehl gehorchen.

Missbrauchen Sie Ihren Hund niemals als Prügelknaben für Ihren persönlichen Ärger. Sind Sie einmal angespannt oder nervös, üben Sie lieber nicht mit ihm, um **Frustrationen** auf beiden Seiten zu vermeiden. Erfreuen Sie sich lieber an den Übungen, die Ihr Hund schon beherrscht und nehmen Sie ihn als geduldigen Zuhörer, der Ihnen auch in einer schweren Stunde mit viel Liebe, Freude und Hingabe zur Seite steht.

Geduld ist eine weitere essentielle Grundvoraussetzung für eine intakte Mensch-Hund-Beziehung. Man darf nicht zu viel von seinem Hund erwarten. Es braucht seine Zeit, bis er schließlich weiß, auf was Sie eigentlich hinaus wollen. Kleine Rückschläge müssen pauschal mit eingerechnet werden.

Sie können sicher sein, dass Ihr Hund Sie bei gerechter, geduldiger Behandlung innerhalb kürzester Zeit fest in sein Hundeherz geschlossen hat und Sie so schnell nicht wieder hergeben wird – es sei denn, Sie brechen durch fatale Erziehungsfehler, **Jähzorn** oder andere unverzeihbare Aktionen sein Vertrauen, das er Ihnen von dem Moment an, in dem er Sie lieb gewonnen hat, entgegenbringt.

Wenn Sie bei einer bestimmten Übung **Probleme** haben und merken, dass Ihr Hund sie nicht in seiner üblichen Geschwindigkeit erlernt, überdenken Sie alle Details Ihres Übungsplanes, denn am Hund liegt es nur in wirklich seltenen Ausnahmefällen.

Durch **Inkonsequenz** verdirbt man jeden Hund, selbst wenn er die besten Anlagen mitbringt, und man braucht mitunter lange, um ihn wieder als zuverlässigen Begleiter einsetzen zu können.

Achten Sie in den Übungen darauf, dass jeder Hund – auch ein kleiner niedlicher Welpe – einen Befehl **umgehend** ausführen sollte. Üben Sie neue Befehle also zunächst nicht in einer sehr ablenkungsreichen Umgebung, denn dort kann er sich nicht gut konzentrieren. Bedenken Sie außerdem, dass der Hund die Übung immer solange umsetzen sollte, bis der Befehl von Ihnen **aufgelöst** wird. Bei einem jungen Tier oder bei neuen Übungen sollte diese Auflösung durch Sie relativ bald erfolgen, damit die Übung immer erfolgreich abgeschlossen werden kann.

Erziehung und Ausbildung des Hundes

Den Hund zu erziehen ist eine Notwendigkeit, ohne die ein reibungsloses Zusammenleben zwischen Mensch und Hund nicht funktionieren kann. Je mehr Kommandos und Übungen Sie mit Ihrem Hund erarbeiten, desto mehr Möglichkeiten stehen dem Hund offen, Ihre Anerkennung zu bekommen. Mit fortschreitendem Trainingsniveau kommt der Hund immer mehr auf seine Kosten, denn er wird gefordert und beschäftigt. Aber auch für Sie lohnt sich die Erziehung Ihres Hundes in vielfacher Hinsicht. Je mehr Aufgaben ihm vertraut sind, desto mehr Freude wird Ihr Hund Ihnen bereiten, weil es viel weniger problematisch ist, einen wohlerzogenen Hund ins Leben einzubinden.

Hunde als Nachfahren der vor Jahrtausenden domestizierten Wölfe sind soziale Rudeltiere, die nach wie vor darauf eingestellt sind, sich in eine strenge Rangordnung einzufügen. Im Kampf erprobte Stärke, Ausdauer und sonstige Überlegenheit des Rudelführers kann der Mensch nur durch Souveränität, Konsequenz und einen guten Überblick über die Geschehnisse wettmachen. Hunde lieben Gruppenaktivitäten in besonderer Weise und lassen sich deshalb leicht anleiten, Aufgaben zu übernehmen und Übungen zu absolvieren.

Man erreicht bei Hunden schon durch ein Minimum an investierter Zeit und Mühe ein Maximum an Erfolg, wenn man es richtig angeht und dabei stets darauf achtet, auch den Bedürfnissen des Hundes gerecht zu werden.

Wichtig
Jedem noch unerfahrenen Hundebesitzer ist anzuraten, sich von Beginn an um die Erziehung zu bemühen. Obwohl es möglich ist, einen Hund jeden Alters auszubilden, erspart man sich durch frühe konsequente Arbeit später das Austreiben lästiger Marotten und somit auch Frustration im Zusammenleben mit einem verzogenen Hund.

Aufbau der Übungen

Als Grundvoraussetzung für eine gute Hundeerziehung ist vor allem Ihr **Einfallsreichtum** gefragt. Sie benötigen Flexibilität, um dem Hund in einer speziell auf ihn abgestimmten Weise die Befehle zu erklären. Die im Folgenden beschriebenen Befehle und die Vorgehensweise sind stets nur

Anregungen, die Sie auf Ihren Hund abstimmen müssen.

Das Erlernen und Beherrschen eines Befehls kann man im Wesentlichen in **drei Phasen** aufteilen:

- In der **ersten Phase** gilt es, dem Hund den Befehl zu erklären. Hat er ihn verstanden, beginnt die
- **Phase 2**, in der der Befehl in allen möglichen, auch ungewohnten Situationen geübt wird und der Hund lernt, trotz jedweder Ablenkung den Befehl zu befolgen. Diese Phase überschneidet sich mit
- **Phase 3**, die Phase des vollständigen Beherrschens des Befehls, so dass man eine saubere Ausführung erwarten kann. In dieser Phase kann man die Einsatzmöglichkeiten des Befehls variieren, um die Übung weiterhin spannend zu gestalten.

Die Beschreibung der drei Phasen ist individuell von der Übung oder dem Befehl abhängig; manchmal werden nur die erste oder die ersten beiden Phasen beschrieben. Der Text ist zur besseren Orientierung an den entsprechenden Stellen mit dem jeweiligen Symbol hinterlegt:

•	Phase 1
••	Phase 2
•••	Phase 3

Die **Kreativität** des Besitzers ist aber nicht nur für das Erklären eines Befehls wichtig, denn jeder Hund hat einen anderen Charakter und andere Schwächen und Stärken; auch für das Variieren und das Schaffen von Ablenkungen in Phase 2 ist Einfallsreichtum von ausschlaggebender Bedeutung. Da Hunde ausgesprochen situationsbezogen lernen, ist es in dieser Phase ratsam, beim Üben immer einmal wieder die Umgebung zu wechseln, damit der Hund einen Befehl nicht fälschlicherweise an eine bestimmte Umgebungssituation knüpft. Je mehr neue Varianten Sie sich in Phase 3 einfallen lassen, desto interessanter ist die Übung für den Hund.

Alle in den folgenden Kapiteln beschriebenen Übungsanleitungen sind an vielen Hunden erprobt und haben zum Erfolg geführt. Es gibt aber nie für das Lehren eines Befehls nur einen einzigen Weg. Durch einige Überlegungen in einer ruhigen Minute werden Sie sicher für Ihren Hund auch andere Formen finden, auf die er von Fall zu Fall vielleicht noch leichter ansprechen wird. Nutzen Sie die hier beschriebene Möglichkeit als Anregung.

Erziehungsfehler und Fehlverhalten lassen sich in vielen Fällen darauf zurückführen, dass ein Tadel oder ein Lob zur falschen Zeit ausgesprochen wurde, so dass es beim Hund zu Fehlverknüpfungen gekommen ist. Da Hunde *immer* lernen und nicht nur in den Trainingseinheiten, passiert es leicht, dass sie nicht das gewünschte Verhalten lernen, sondern sich eine Marotte aneignen. Das Gleiche gilt für unsauber ausgeführte Befehle. Geben Sie sich nicht damit zufrieden und achten Sie darauf diesen Fehler nicht noch durch Wiederholung zu festigen. Mit der Zeit wird jeder, der sein Tier ehrlich und konsequent und durch Zuwendung zu erziehen versucht, auch Erfolge sehen, weil ein Hund

Ein winziges Leckerchen ist nach erfolgreicher Ausführung des Befehls „Sitz!" als Belohnung völlig ausreichend.

einem vieles verzeiht, auch wenn es aus Hundesicht dem Besitzer oft an „Hundelogik" mangelt.

Lob und Strafe

Die Erziehung des Hundes sollte auf Lob und Erfolgserlebnissen aufbauen. Da es verschiedene Möglichkeiten gibt, dem Hund eine Freude zu machen, kann man auch beim Loben variieren und dadurch in jeder Situation und für jeden einzelnen Charaktertyp die ideale Form der Belohnung finden.

Bedenken Sie, dass Sie immer mit einer Belohnung arbeiten müssen, die den Hund ausreichend motiviert mitzuarbeiten!

Formen der Belohnung

Ein **kleiner Leckerbissen** ist bei fast allen Hunden sehr willkommen und auch durchaus ein adäquates Erziehungsmittel. Auch hier gilt aber, dass jeder Hund unterschiedliche Vorlieben hat. Arbeiten Sie mit kleinen, aber besonders begehrten Leckerbissen. Besonders für das Anlernen einer neuen Übung ist es günstig, mit einer Futterbelohnung zu arbeiten. Auf diese Weise spornt man den Hund an mitzuarbeiten. Es spricht nichts dagegen, Futterbelohnungen häufig einzusetzen. Achten Sie hierbei aber auf das Gewicht Ihres Hundes. Ziehen Sie notfalls etwas von der gewohnten Futterration ab, damit Ihr Hund schlank und agil bleibt.

Die zweite hervorragende und beim Hund besonders beliebte Form der Belohnung ist der Einsatz seines **Lieblingsspielzeugs**, mit dem er sich nach einer ordentlich ausgeführten Übung dann eine Zeit lang beschäftigen darf. Ebenso gut als Belohnung und als kleine Zerstreuung ist eine Aufforderung zum **Spiel**, bei dem der Hund seine Energie austoben und geistige Anspannungen abbauen kann. Das ist besonders wichtig, denn die Übungen machen dem Hund zwar sicherlich großen Spaß, erfordern jedoch auch ein hohes Maß an Konzentration.

Eine weitere Form der Belohnung ist das **verbale Lob**. Entscheidend ist, dass ein Lobwort vor dem Einsatz gezielt trainiert worden ist. Durch die Stimmlage muss ersichtlich sein, dass es sich um ein Lob handelt. Durch die Stimme kann man den Hund auch noch in einiger Entfernung loben und der Hund wird durch den Stimmkontakt noch stärker auf den Besitzer fixiert. Einige Hunde reagieren nachteilig auf verbales Lob: Sie sehen die Übung als beendet an. Ein stufenweiser Trainingsaufbau hilft, dies zu verhindern. Das verbale Lob muss von

> **Wichtig**
> Es ist mit Sorgfalt darauf zu achten, dass man in der richtigen Situation lobt, so dass der Hund seine Aktion direkt mit dem Lob verknüpfen kann. Lobt man zu früh oder zu spät, kommt es zu einer Fehlkopplung, die möglicherweise durch ein ganz neues Aufbauen der Übung erst behoben werden muss. Man weiß heute, dass der zeitliche Rahmen einer korrekten Verknüpfung beim Hund bei circa **einer Sekunde** liegt! Der Hund wird das Lob – oder auch den Tadel – stets auf die Aktion unmittelbar vorher beziehen.

Die nach vorne über gebeugte Körperhaltung des Menschen erscheint dem Hund bedroh-lich. Beim Loben sollte man auf eine klare und freundliche Körpersprache achten, um Kommunikationsmissverständnisse zu vermeiden.

unerfahrenen Hundeführern erst regelrecht geübt werden. Man darf sich nicht scheuen, mit rechtem Über-schwang an die Sache heranzugehen, auch wenn dies für Außenstehende lächerlich wirken mag.

Man kann auch ein **taktiles Lob** – Anerkennung durch Körperkontakt in Form von Streicheleinheiten – einset-zen. Der Besitzer muss selbst heraus-finden, was seinem Hund am ange-nehmsten ist. Die meisten Hunde lie-ben es, seitlich unterm Kinn, hinter den Ohren sowie auf der Kruppe

gekrault zu werden. Je nach Übung muss man sich für die eine oder ande-re Form des Lobes entscheiden oder sie kombinieren.

Bedenken Sie, dass es in der Anlern-phase notwendig ist, jede gelungene Übung umgehend zu belohnen. Spä-ter, wenn eine Übung schon hundert-prozentig „sitzt", wird nicht mehr je-desmal überschwänglich gelobt. Auf diese Weise bleibt die Übung für den Hund spannend, denn er weiß nicht so genau, ob er sich ein Lob verdienen kann oder nicht.

Bestrafung

Der Einsatz von Strafe sollte stets kritisch betrachtet werden, denn nur unter bestimmten Bedingungen ist eine Strafe für den Hund überhaupt nachvollziehbar. Einer der wesentlichen limitierenden Faktoren ist die zeitliche Verknüpfung! Es ist inkonsequent und für den Hund unlogisch, ein Fehlverhalten, das möglicherweise Stunden zurückliegt, noch nachträglich zu bestrafen. In solchen Fällen muss man die Tat schlicht ignorieren.

Denken Sie immer daran, dass der Hund so etwas wie ein schlechtes Gewissen nicht kennt – auch wenn er sich im menschlichen Sinne oftmals so verhält, weil er Ihren Ärger spürt und Angst oder Unbehagen in ihm aufsteigen. Außerdem handeln Hunde nicht boshaft oder rachsüchtig. Sie sind in ihren Handlungen immer ehrlich. Auch aus diesem Grund erscheint der Einsatz von Strafe mehr als fragwürdig. Bedenken Sie, dass Sie es mit Strafe niemals schaffen werden, ein Verhalten positiv zu beeinflussen. Bestenfalls gelingt es, ein unerwünschtes Verhalten zu unterdrücken. Der Hund weiß in diesem Fall aber immer noch nicht, was Sie eigentlich von ihm erwarten und er wird wieder und wieder fehlerhaft reagieren.

Unsinnig ist es ebenfalls, den Hund zu bestrafen, wenn er eine Übung nicht richtig ausführt. Versteht der Hund eine Übung nicht, so ist sie meist nur falsch vorbereitet worden und muss von Anfang an neu erarbeitet werden. Das Gleiche gilt für den Fall, dass der Hund eine Übung schon einige Male richtig absolviert hat und sie plötzlich nicht mehr beherrscht. Es gibt hierfür mehrere Ursachen, die Sie individuell neu herausfinden müssen, zum Beispiel: Der Hund hat sein erwünschtes Verhalten zunächst auf etwas Anderes bezogen und „wusste" gar nicht wirklich, wie die Übung zu verstehen ist, oder die Umgebung ist eine andere (etwa statt des Gartens eine Straße o.ä.). Oft spürt der Hund bei Prüfungen die Nervosität des Besitzers und reagiert deshalb selbst fehlerhaft. Beseitigt man den Störfaktor, beherrscht der Hund die Übung meist wieder. Es gilt, in einem solchen Fall die Übung zu festigen, so dass der Hundeführer seine Nervosität und der Hund seine daraus resultierende Unsicherheit verliert. Anderenfalls gilt es, die Übung noch einmal ganz von vorne anzusetzen. Strafen vermag der Hund in solchen Fällen nicht zu begreifen.

Ein weiterer Faktor, der den sinnvollen Einsatz von Strafe beschränkt, ist der, dass der Hund ein Verhalten nur dann nicht mehr zeigen wird, wenn es einem gelingt, das besagte Verhalten eine ganze Zeit lang immer zu bestrafen, wenn es auftritt. Kaum jemand ist aber ständig mit seinem Hund zusammen, und weil auch beim Einsatz der Strafe die zeitliche Bindung von etwa einer Sekunde nach der Handlung gilt, wird deutlich, wie schwierig es ist, selbst bei guter Beobachtung des Hundes im richtigen Moment einzugreifen. Gelingt es einem nicht, das Verhalten immer zu bestrafen, hat man dasselbe erreicht wie beim unregelmäßigen Einsatz von Lob: Das Verhalten ist für den Hund besonders spannend geworden.

Wenn Sie dennoch eine Strafe anwenden, sollten Sie immer darauf achten, dass dem Hund keine Schmerzen zugefügt werden! Statt der erhofften Besserung seines Verhaltens erreicht man mit Brutalität – abgesehen von den Verletzungen – nur Angst und Unterwürfigkeit oder aber Aggression. Außerdem verstößt es gegen das Tierschutzgesetz, dem wir als Tierliebhaber und Hundefreunde schließlich in besonderer Weise verpflichtet sind.

Grundsätzlich gibt es zwei Methoden der Bestrafung, die direkte und die indirekte:

Eine **direkte Strafe** wäre es, wenn man den Hund körperlich züchtigt oder ihn bedroht. Beides kann zu der schon angesprochenen Ängstlichkeit oder Aggression führen. Viele werden jetzt sagen: „Hunde untereinander sind aber doch auch nicht gerade zimperlich, wenn sie sich einmal maßregeln.“ Das ist zwar richtig, aber ein entscheidender Faktor wird häufig übersehen: Es handelt sich hierbei um Artgenossen! Hunde sind schnell genug und sie setzen ihre Kräfte wohldosiert ein. Außerdem erkennen sie sofort das kleinste Unterwerfungssignal und stellen dann ihr Verhalten darauf ein. Da wir Menschen in all diesen Punkten nicht mit den Hunden mithalten können, sollten wir uns – wenn wir denn strafen müssen – für einen anderen Weg entscheiden.

Bei der **indirekten Straf-Methode** tritt man als Bestrafer weder verbal noch körperlich in Aktion. Man stellt beispielsweise eine „Falle“ für den Hund auf, so dass die Bestrafung überhaupt nicht von der Anwesenheit des Besitzers abhängt, sondern zeitlich vom Vergehen des Hundes gesteuert wird. Ein Beispiel hierfür wäre eine Konstruktion aus mehreren leeren Dosen, die auf den Hund fallen, wenn dieser etwas vom Tisch stehlen

will. Oder man bespritzt den Hund im Moment seiner Missetat mit einer Wasserpistole oder bewirft ihn mit einer leichten Rassel. Da er sich, wenn Sie wirklich nicht für ihn als Bestrafer auszumachen waren, den Schreck nicht anders erklären kann, als ihn direkt auf sein Tun zu beziehen, wird er in Zukunft davon ablassen, um nicht wieder in so eine unangenehme Situation zu geraten.

> **Wichtig**
> Lassen Sie den Hund immer nach einer Strafe eine Übung machen, für die Sie ihn sicher loben können, und vergessen Sie seinen vorangegangenen Fehler sofort.

Bedenken Sie: Jede Form der Beachtung, auch Schelte, stellt für den Hund einen Erfolg dar. Eine der potentesten Strafen ist somit das Ignorieren. Hunde tun überhaupt nichts ohne Motivation. Wenn ein bestimmtes Verhalten nie zum Erfolg führt, wird es nicht mehr gezeigt, weil es unökonomisch ist. Dies kann man ausnutzen. Wenn der Besitzer den Hund – auch wenn er gerade etwas anstellt – weder anguckt noch anspricht oder anfasst, sondern einfach so tut als sei er Luft, ist die Sache für den Hund lange nicht mehr so spannend. Er wird dann schnell versuchen ein anderes Verhalten zu zeigen, um wieder beachtet zu werden. Ein weiterer positiver Aspekt bei der Wahl, Ignorieren als Strafe einzusetzen, ist der, dass man durch das Ignorieren seine eigene Souveränität unterstreicht, denn ein ranghohes Rudelmitglied hat es gar nicht nötig sich schnell aufzuregen. Wenn man immer

gleich loszetert, signalisiert man dem Hund hingegen, dass man unsicher ist.

Wenn Ihr Hund in einer bestimmten Situation immer wieder fehlerhaft reagiert, können Sie ihm die Entscheidung brav zu sein erleichtern, indem Sie ihm eine Alternative bieten. Wenn Ihr Hund zum Beispiel einen Schuh zernagen will, können Sie die „Aus!"-Übung mit ihm üben, daran ein Apport-Spiel mit einem Spielzeug anschließen und ihm nach dem Spiel einen Kauknochen geben, mit dem er sich beschäftigen kann.

Auf diese Weise wird er abgelenkt und das gute Verhältnis zu Ihnen wird durch jede Übung ein kleines bisschen mehr gefestigt.

Neben Lob und Strafe ist es günstig, ein **verbales Korrekturmittel** wie zum Beispiel „Nein!" einzusetzen. Natürlich muss der Hund erst lernen, was dieses Wort bedeutet, bevor man es einsetzen kann. Eine Anleitung, wie Sie ein Korrekturwort aufbauen können, finden Sie auf Seite 56.

Ab wann kann man mit einem Hund arbeiten?

Streng gesehen beginnt die Hundeerziehung mit dem Moment, wenn Ihr Hund zum ersten Mal Ihr Haus betritt. Wenn es sich um einen Welpen handelt, ist einer der erste Schritte, ihn zur Stubenreinheit zu erziehen. Vorher haben aber auch der Züchter oder die Hundemutter schon ein wenig Erzie-

So ein zehn Wochen alter Welpe steckt voller Neugier. Wenn er viel erleben und entdecken darf, fördert das seine Lernwilligkeit.

hungsarbeit geleistet. Es gibt keinen Zeitpunkt, den man als zu früh betrachten kann, mit einem Hund bestimmte Übungen umzusetzen. Nach oben sind auch keine Grenzen gesetzt. Selbst einen alten Hund kann man mit neuen Übungen herausfordern. Allerdings sollten diese dem Alter, den Anlagen, der Gesundheit und auch den Lebensgewohnheiten des Hundes angepasst werden.

Besonders aufnahmefähig sind junge Hunde, die von der dritten bis zwölften Lebenswoche speziell gefördert wurden und viel erleben durften. Diese Phase ist die Sozialisationsphase, in der Aufnahmefähigkeit und Lernwilligkeit entscheidend geprägt werden. Besonders interessiert und stets bereit, Neues zu erlernen, sind ebenfalls die Hunde, mit denen man kontinuierlich gearbeitet hat. Ältere Hunde und solche, die bisher nicht das Glück hatten, dass sich jemand intensiv um sie und ihre Belange kümmert und die dementsprechend nie gefordert wurden, lernen in der Regel etwas langsamer, aber auch sie sind mit freudigem Einsatz dabei.

Zu Beginn einer neuen Beziehung muss der Hund Gelegenheit haben, sich sicher und wohl zu fühlen, bevor man mit einem intensiven Training beginnt. Sämtliche Handlungen Ihrerseits müssen in ihrer Intensität auf den Hund genau abgestimmt werden. Man kann sensible Hunde und solche, die „hart im Nehmen" sind, nicht in gleicher Weise behandeln. Sie werden schnell merken, was angemessen ist.

Stellen Sie sich auf Ihren Hund ein, üben Sie in kleinen Schritten und versuchen Sie nicht, etwas über den Zaun zu brechen. Man kann zeitlich nicht festlegen, wann die Grundausbildung

Wichtig
Wenn der Hund Sie noch nicht richtig kennt und einzuschätzen weiß, sollten Sie besonders bemüht sein, ihn nicht durch für ihn unlogisches Verhalten zu „schockieren" und somit scheu und ängstlich zu machen. Bestimmte Gewohnheiten, die dem Hund auch Sicherheit bieten, werden sich nach kurzer Zeit eingespielt haben. Einem ungetrübten Trainingsbeginn steht dann nichts mehr im Wege.

beginnt und wann sie endet. Arbeiten Sie sich mit Geduld von Befehl zu Befehl durch, und schon wenige Tage nach dem Einzug des Hundes in sein neues Heim werden Sie Erfolge sehen können. Hunde lernen ausgesprochen schnell, wenn die Übung in ihrem Ansatz für sie logisch zu begreifen ist.

Wie lange und wann sollte man mit einem Hund arbeiten?

Zunächst muss man sich darüber im Klaren sein, dass der Hund eine besonders feine Antenne dafür besitzt, in welcher Stimmung sich das „Herrchen" befindet. Haben Sie sich gerade über irgendetwas geärgert, dann üben Sie lieber nicht mit dem Hund. Er würde unter Garantie Fehler machen und somit Ihren erneuten Zorn sowie seine Frustration heraufbeschwören. Am besten funktionieren Übungen mit dem Hund, wenn Sie sich in gelöster Stimmung befinden, genügend Zeit haben und sich außerdem die Ziele nicht zu hoch stecken, damit Sie spä-

ter nicht enttäuscht sind. Auch der Hund sollte sich in gelöster Stimmung befinden, keinen übermäßigen Hunger haben und ausgeschlafen sein.

Im Laufe eines Tages gibt man dem Hund zwangsläufig die verschiedensten Befehle, ohne diese speziell zu üben. Die Angabe von Zeiten, d.h. die Aussage, dass die Trainingszeit nicht zu lang sein sollte, bezieht sich nur auf eine kontinuierliche Arbeit – etwa an einem neuen Befehl. Nutzen Sie im Alltag Ihre Zeit, mit dem Hund schon Gelerntes zu festigen – beispielsweise auf Ihren Spaziergängen. Hat der Hund zwischendurch genügend Zeit zum Spielen, zum Schnüffeln oder zum Dösen, wird er nicht überfordert, wenn Sie ihn die eine oder andere Übung machen lassen. Sich an strikte Trainingszeiten zu halten, ist nicht zu empfehlen, weil Hunde situationsbezogen lernen. Von daher ist es sinnvoller, die Übungen für ihn zu etwas werden zu lassen, von dem er weiß, dass es jederzeit gefordert werden kann. Dasselbe gilt auch für das Umgebungsmuster. Wenn man immer an denselben Orten trainiert, hat der Hund später Probleme, die Übung woanders richtig umzusetzen.

Als Anhaltspunkt kann gesagt werden, dass für einen ausgewachsenen Hund die Trainingszeiten von dreimal 20 Minuten (über den Tag verteilt) nicht überschritten werden sollten, es sei denn in einer Hundeschule, wo ein erfahrener Trainer darauf achtet, dass die Hunde zwischendurch Phasen zum Abschalten haben. Bei jüngeren Hunden empfiehlt sich die Hälfte der Zeit.

Welche Arten von Befehlen gibt es?

In der Hundeerziehung kann man vier verschiedene Arten von Befehlen unterscheiden:

Bei **verbalen Befehlen** liegt der Vorteil darin, dass sie auch über verhältnismäßig große Distanzen noch gut zu erteilen sind.

Noch einfacher ist es sogar, den Hund auf **visuelle Befehle**, also den Einsatz von Handbewegungen oder Körperstellungen zu trainieren, da Hunde auch untereinander hauptsächlich über Körpersprache kommunizieren. Auch in Bezug auf ihre menschlichen Rudelmitglieder sind Hunde Meister darin, die Körpersprache zu lesen. Visuelle Befehle sind für Hunde ebenfalls über weite Distanzen noch zu erkennen. Ihre Einsatzmöglichkeit wird allerdings dadurch begrenzt, dass man sie nur benutzen kann, wenn der Hund Blickkontakt zu seinem Besitzer aufgenommen hat. Um dies ständig zu gewährleisten, kann man sie zusätzlich mit einem Signal, etwa einem Pfeifton koppeln. Für einige Kunststücke ist es sehr wirkungsvoll, auf verbale Befehle zu verzichten, weil dadurch der verblüffende Effekt um ein Wesentliches gesteigert wird (siehe S. 126). Selbstverständlich kann man visuelle und verbale Befehle miteinander kombinieren. Besonders zum Anlernen eines Befehls ist es hilfreich, sowohl mit visuellen als auch verbalen Befehlen zu arbeiten, da Hunde auf die Kombination von Wort und Zeichen besonders gut reagieren.

Taktile Befehle (= Berührungen des Hundes) haben den Nachteil, dass sie nur in einem geringen Radius gegeben werden können. Für bestimmte Übungen kann man sie aber als Hilfe in der Anlernphase einsetzen.

Die vierte Möglichkeit, sich einem Hund mitzuteilen, ist über **Signale** gegeben. Als Signal kann man alles Mögliche, zum Beispiel Pfeiftöne, Fingerschnipsen etc. einsetzen. Man kann den Hund entweder darauf trainieren, auf ein Signal hin Aufmerksamkeit zu zollen, so dass er auf das nachfolgende Kommando leichter reagiert, oder aber man setzt das Signal als Befehl ein.

Wie gibt man die Befehle?

Die Sprachbefehle müssen deutlich gesprochen werden, damit sie für den Hund auch als solche zu identifizieren sind. Man muss darauf achten, dass man für den gleichen Befehl stets den gleichen Tonfall verwendet, weil der Hund sonst das Kommando nicht verstehen kann. Hunde prägen sich den Klang eines Wortes ein, nicht das Wort selbst.

Den Befehl lauter zu sprechen als man normalerweise redet, bringt überhaupt keine Vorteile. Hunde hören um ein Vielfaches besser als Menschen – der Mensch kann nur Töne bis maximal 20.000 Hz wahrnehmen, wohingegen der Hund noch bis in Frequenzbereiche von 40.000 Hz gut hören kann. Aufgrund dieser Tatsache kann man zum Beispiel auch Pfeifen einsetzen, die Töne im Ultraschallbereich erzeugen.

Stadthunde sind leider einem solchen Dauerlärm ausgesetzt, dass die meisten auf einen hohen Geräuschpegel scheinbar unempfindlich reagieren. Das bedeutet aber nicht, dass sie die Hörkapazität verloren haben, sondern nur, dass sie den Stadtlärm ignorieren, also nicht mehr so sensibel für diese Art von Lärm sind. Es gibt Hundebesitzer, die bei Übungen ihren Hunden die Befehle regelrecht entgegenschreien. Das ist völlig unnötig. Ein Befehl, der in normaler Lautstärke gesprochen wird, hat die gleiche Wirkung. Es wirkt lächerlich, wenn Hundeführer ihrem Hund, der weder altersbedingt noch angeborenerweise schwerhörig ist und sich gerade neben ihnen befindet, ein „Sitz!" entgegenbrüllen!

Man muss selbst ausprobieren, wie laut man seine Befehle sprechen muss. Ist der Hund etwas weiter oder sehr weit weg, kann man natürlich dazu übergehen, lauter zu sprechen. Aber man sollte sich immer vor Augen halten, dass man seine Worte eben für einen Hund spricht und nicht für einen Menschen, der wie gesagt sehr viel schlechter hört.

Besonders leise und subtil gegebene Befehle lassen den Hund aufmerksamer werden, denn er wird von selbst

Wichtig
Es ist ratsam und notwendig, einen Befehl stets nur einmal zu geben, und zwar in klarer und für den Hund verständlicher Form und dann zu warten, dass der Hund ihn auch ausführt. Tut er das nicht, wird der Befehl einmal wiederholt. Bei der Wiederholung sollte man darauf achten, dass man die Aufmerksamkeit des Hundes sicher auf seiner Seite hat und dass man ihn ausreichend motiviert, den Befehl auch auszuführen. Als Hilfe kann man außerdem den verbalen auch mit einem zusätzlichen visuellen Befehl koppeln.

darauf achten, keinen der Befehle zu überhören, um sich ein Lob einheimsen zu können.

Gehorcht der Hund ungenügend, liegt es nicht an der Lautstärke des Kommandos. Meist ist es ein deutliches Zeichen dafür, dass er entweder den Befehl noch gar nicht verstanden hat oder dafür, dass Sie ihn nicht ausreichend motivieren konnten, den Befehl auszuführen. Übedenken Sie in diesem Fall noch einmal den Trainingsaufbau und ändern Sie notfalls

Ganz wichtig ist der Kontakt zu anderen Hunden. Dieser Welpe erlernt das richtige Verhalten gegenüber erwachsenen Tieren bei seinem großen schwarzen Freund.

ein paar grundlegende Bedingungen in der Hund-Mensch-Beziehung.

Das ständige Wiederholen von Befehlen, die sowieso nicht ausgeführt werden, sowie das dauernde Gepfeife oder Gerufe, was man besonders auf Spaziergängen oft beobachten kann, hat den so genannten Kuhglockeneffekt auf den Hund. Das heißt, mit Ihren Lauten, die der Hund eindeutigerweise nicht als Befehl beachtet,

scheinen Sie ihm – genau wie durch das Läuten einer um den Hals getragenen Kuhglocke – zu signalisieren, wo Sie sich befinden. Er wird also munter seinen Weg fortsetzen und nicht im Traum daran denken, zu Ihnen zurückzukommen! Er wird Sie allerdings um so schneller beachten, wenn Sie nicht rufen, denn dann fehlen ihm die ständigen Meldungen über Ihren Standort. Rufen Sie selte-

27

ner, ist er seiner Sache längst nicht mehr so sicher, und seine Sorge Sie zu verlieren, wird ihn aufmerksam werden lassen.

In besonderen **Notsituationen**, beispielsweise wenn ein Auto naht oder der Hund im Begriff ist, etwas Giftiges zu fressen, ist es günstig, wenn er allzu laut gegebene Befehle nicht gewöhnt ist. Schreien Sie sich in solchen Situationen ruhig die Kehle aus dem Hals. Ihr Hund wird zu Tode erschrocken sein und von seiner augenblicklichen Aktion ablassen. Das ist allerdings nur dann wirkungsvoll, wenn es die Ausnahme bleibt.

Die Befehle selbst sollten kurz und klar voneinander zu unterscheiden sein. Später kann ein Befehl auch eine Kette von einzelnen Befehlen bzw. Wörtern mit einer bestimmten Bedeutung sein, etwa: „Die Leine, Apport!".

Der Grundgehorsam

Es gibt eine Handvoll Befehle, ohne die ein reibungsloses Zusammenleben von Mensch und Hund nicht möglich ist. Im Prinzip gibt es keinen Grund, sie einem Hund nicht beizubringen. Einige Hundehalter behaupten beispielsweise, ihren Dackel könne man nicht erziehen, weil sich Dackel niemals erziehen lassen – nun sind Dackel aber hervorragende Jagdhunde! Andere erklären, ihr Chihuahua sei einfach zu klein, um diese Dinge zu erlernen.

Die genannten Ausflüchte spiegeln schiere Bequemlichkeit der Besitzer und die Tatsache wider, dass sie sich nicht genug Zeit nehmen, mit dem Hund zu üben und zu arbeiten. Mit der Zeit werden sich diese Hundebe-

sitzer jedoch wundern, warum ihr Hund das eine oder andere Problemverhalten an den Tag legt.

Einem Hund fällt das Ausführen von Befehlen natürlich nicht in die Wiege. Es bedarf schon einiger Mühe, bis er sie beherrscht, doch es ist in jedem Fall die Zeit wert, denn damit wird das Zusammenleben in der Mensch-Hund-Beziehung auch um vieles angenehmer.

Zum **Standardrepertoire** eines jeden Hundes sollten möglichst viele Befehle aus der Sparte der Unterordnung, also im Wesentlichen die Befehle eines Begleithundes gehören, weil gerade diese Befehle ein reibungsloses Zusammenleben gewährleisten. Man kann von einer Art Grundgehorsam sprechen, zu dem elementare Befehle wie beispielsweise „Komm!", „Sitz!", „Platz!", „Bleib!", „Fuß!", „Steh!" oder „Aus!" gehören – und natürlich eine beliebig lange Liste weiterer Befehle sowie Leinenführigkeit und das unerschrockene und sichere Gehen im Menschen- und Hundegetümmel und bei ungewohnten Geräuschen.

Wichtig
Diese einfachen und im Straßenverkehr oft lebensrettenden Befehle sollte und kann wirklich jeder Hund lernen, gleich welcher Rasse, welcher Größe, welchen Geschlechts oder Alters.

Die Voraussetzung für diese Grundausbildung ist vor allem eine enge Vertrautheit zu seinem Besitzer. Der Hund muss sich in seinem Heim gut eingelebt haben, er darf beispielsweise vor der Situation auf dem

Übungsplatz keine Angst haben und muss auch an andere Hunde gewöhnt sein.

Es muss keineswegs stets in einer Hundeschule geübt werden; der eigene Garten oder die Wohnung reichen immer zum Lernen einer Übung aus. Die letztendlich angestrebte Beherrschung wird aber erst durch das Wiederholen in den verschiedensten Situationen vollends erreicht. Hierbei muss in der Trainingsphase 2 unbedingt darauf geachtet werden, dass man Zeit und Ort der Übungen flexibel gestaltet.

In den folgenden Kapiteln setzt jeweils die Erklärung der Befehle an der Stelle ein, an der Sie und Ihr Hund die eben beschriebenen Voraussetzungen erfüllen.

Hilfsmittel in der Hundeerziehung

Die **Leine** ist ein sinnvolles Hilfsmittel in der Hundeerziehung, und zwar in mehrfacher Hinsicht. Vor allem kann man durch sie Gefahrensituationen abwenden, wenn der Hund noch nicht so perfekt gehorcht, denn die Leine stellt eine direkte Verbindung zwischen Hund und Herrn dar. Das gilt vor allem in der heutigen Verkehrssituation, die eine ständige Gefahr für Ihren Hund ist. Außerdem werden Sie in der Stadt mit einem angeleinten Hund weniger Ärger mit Mitmenschen bekommen als mit einem frei laufenden.

Die Leine als sichtbares und spürbares Band zwischen Ihnen und Ihrem Hund hat auch für den Hund so etwas wie eine magische Bedeutung und wird wohl in den allermeisten Fällen von ihm geliebt, weil er weiß, dass er mitgehen darf, wenn nach der Leine gegriffen wird. Als Spielzeug und Trainingsobjekt kann die Leine natürlich noch andere Bedeutungen haben. Darauf wird später noch eingegangen.

In erster Linie ist die Leine ein erzieherisches Hilfsmittel, das man mannigfaltig einsetzen kann, besonders wenn noch keine tiefe Bindung im Mensch-Hund-Team besteht oder aber wenn es sich um einen sehr schreckhaften Hund handelt, zumal diese Hunde dadurch am Weglaufen gehindert werden. Die Leine sollte allerdings niemals als Strafe eingesetzt werden!

Wenn Sie die Absicht haben, Ihren Hund stets ohne Leine laufen zu lassen, sollten Sie es trotzdem nicht versäumen, ihm eine gute Leinenführigkeit anzuerziehen, um so bei besonderen Situationen wie etwa einer Urlaubsbetreuung durch eine fremde Person oder Ähnlichem gewappnet zu sein (vgl. Übung 3: Leinenführigkeit).

Bei einigen Hunden kommt es vor, dass sie, wenn sie angeleint sind, plötzlich mit anderen Hunden zu „streiten" anfangen. Dies liegt allerdings nicht daran, dass sie sich anderen Hunden gegenüber so überlegen fühlen, weil sie ihr Herrchen in ihrer direkten Nähe als Mitstreiter wähnen, sondern vielmehr daran, dass ihnen an der Leine die Ausweichmöglichkeiten so eingeschränkt werden, dass besonders unsichere Hunde das aggressive Verhaltensmuster als einzigen Ausweg aus der unumgänglichen Konfrontation mit dem anderen Hund sehen. Dem kann entgegengewirkt werden, indem man den Hund ableint, damit er dem entgegenkommenden Hund, der günstigstenfalls selbst abgeleint sein sollte, frei gegenübersteht. Auf diese Weise halten wir dem Hund beide Möglichkeiten offen, nämlich entweder Kontakt aufzunehmen oder aber auszuweichen. Um aber schließlich zu erreichen, dass der Hund auch angeleint an anderen Hunden ohne übermäßige Reaktion vorbeigeht, ist in diesen Fällen ein spezielles Training nötig, mit dem man erreicht, dass der Hund Passanten, Tiere etc. einfach ignoriert. Mehr dazu in Übung 34: Superwort.

Ein weiteres wirkungsvolles Hilfsmittel in der Hundeerziehung ist das **Hundehalfter**. Leider sind Halfter in Deutschland noch nicht so populär und besonders Passanten verwechseln sie oft mit einem Maulkorb. Beim Einsatz eines Hundehalfters ist es notwendig, den Hund erst einmal an das ungewohnte Tragen zu gewöhnen, denn ähnlich wie sich auch viele Welpen gegen das Halsband sträuben, möchten die meisten Hunde das Halfter zunächst abstreifen. Nach der Gewöhnung kann man den Hund mit dem Hundehalfter aber hervorragend kontrollieren. Man kann ihn leichter auf das Wesentliche konzentrieren und es bedarf auch bei großen Hun-

den keiner Kraftanstrengung mehr, sie zu halten. Für den Hund ist das Halfter eine völlig schmerzfreie Alternative zu den antiquierten, barbarischen und tierschutzrelevanten Hilfsmitteln wie Endloswürger, Stachelhalsbänder und so genannte Erziehungs-Geschirre.

Auch der Einsatz einer **Schleppleine** eignet sich für bestimmte Übungen. Die Schleppleine kann sowohl an einem normalen Halsband als auch an einem Geschirr befestigt werden.

Die Liste von Hilfsmitteln in der Hundeausbildung kann praktisch beliebig verlängert werden, denn jedes **Spielzeug** und natürlich auch **Futterbelohnungen** stellen Hilfsmittel dar, mit denen man den Hund motivieren kann.

Wenn man ein **Korrektursignal** in der Ausbildung einsetzen möchte, eignen sich die so genannten Fisher-Discs in besonderer Weise. Auf die Bedeutung der Schellen sollte der Hund aber durch eine vorherige Übung konditioniert werden, damit er schon beim Übungsaufbau lernt, dass er mit einer anderen Handlungsweise wieder zu einem Lob gelangen kann (vgl. Übung 11: Korrekturwort).

Die Grundausbildung

Einführung

In diesem Kapitel werden einige Befehle erläutert, die im vorangegangenen Text als Befehle aus dem Bereich der Grundausbildung erwähnt wurden. Es sind im Wesentlichen die Befehle, die zur Begleithundprüfung verlangt werden:
- die Leinenführigkeit als Grundvoraussetzung,
- die Befehle „Sitz!", „Platz!", „Hier!", „Apport!", „Bleib!", „Aus!", „Steh!", „Fuß!",
- die Übungen Gehen durch eine Menschenmenge,
- das Verweigern der Aufnahme von Gegenständen und Essbarem,
- das Überwinden von Hürden,
- „Voraus!",
- die Schussgleichgültigkeit,
- das „Auf-den-Platz!"-Schicken
- das Abgewöhnen des Anspringens bei der Begrüßung allgemein und speziell von fremden Personen.

Im Anschluss daran werden die bei der Hundesportart Obedience gängigen Übungskombinationen mit Befehlen aus dem Grundgehorsam kurz vorgestellt, die besonders für das „fortgeschrittene" Team Abwechslung bieten und eine neue Herausforderung darstellen (siehe Seite 68ff.).

Wesentliche Bestandteile für den Erfolg bei der Ausbildung eines Hundes sind, wie bereits erwähnt, die Kreativität des Besitzers und in starkem Maße auch die Methode, mit der dem Hund der Befehl vermittelt wurde.

Aber in der Hundeerziehung läuft nichts nach Schema F oder Patentrezepten. Ob Sie meine Vorschläge oder eigene Ideen ausprobieren ist einerlei. Der eine Hund lernt es eben leichter auf dieser Art, der andere leichter auf jene. Wichtig ist bei der Ausbildung, die Lernbiologie zu berücksichtigen. Lerninhalte, die über Erfolgserlebnisse vermittelt wurden, werden später stressfrei und freudig ausgeführt. Auf Druck, Strafen und einen stresserzeugenden Umgang mit den Hunden sollte man daher verzichten. Die im Folgenden beschriebenen Übungen sind allesamt erprobt und haben bei vielen Hunden zum Erfolg geführt.

> **Hinweis**
> Bei den Anleitungen zu den jeweiligen Übungen handelt es sich nicht um eine immer passende Erfolgsformel, sondern nur um **Vorschläge**, wie es gemacht werden kann.

Der Spaziergang

Der Spaziergang ist für den Hund eine Zeit, auf die er sich sehr freut, denn bei dieser Gelegenheit widmen Sie sich ihm ganz besonders. Hierbei sollte er Zeit haben für Spiele, für Übungen, zum Schnüffeln, für soziale Kontakte und beispielsweise für wilde Tobereien mit anderen Hunden. Lassen Sie Ihren Hund etwas erleben,

Ein gemeinsamer Lauf dient der Zerstreuung und ist auch geeignet, um eine intensive Trainingssituation aufzulockern.

erklimmen Sie zusammen mit ihm große Steine, gefällte Baumstämme, spielen Sie Verstecken und trainieren Sie Befehle einmal normal laut und einmal leiser. Das schult die Aufmerksamkeit und festigt die Bindung in Ihrem Team.

Nicht nur für den Hund ist der Spaziergang eine tolle Zeit, auch Sie kön-

nen die frische Luft genießen, kleine Alltagssorgen für einen Moment vergessen und neue Kontakte zu anderen Hundebesitzern knüpfen. Nutzen Sie den Spaziergang stets auch zum Trainieren und Festigen der Grundausbildung und anderer Übungen, denn eine entspannte Grundstimmung ist der richtige Einstieg in eine kurze Trainingsphase.

Wichtig
Hunde, die immer die gleiche Strecke laufen, stumpfen ab und werden desinteressiert. Bieten Sie Ihrem Hund Abwechslung im Ablauf des Spazierganges durch neue Wegstrecken, Spiele und Übungen.
Die Wegstrecke bestimmen zu dürfen ist ein Privileg, das dem Gruppenleiter vorbehalten ist. Lassen Sie deshalb nicht Ihren Hund entscheiden, wo es lang geht.

1   Das Anspringen

Das Anspringen bei der Begrüßung ist eigentlich eine ganz natürliche Sache und tief in der Natur der Hunde verwurzelt, da Welpen die Hündin ebenfalls zur Begrüßung anspringen. Es ist aber dennoch lästig und sollte dem Hund deshalb beizeiten abgewöhnt werden. Das Gleiche gilt für das Anspringen fremder Personen. Deshalb wurde diese Übung bewusst an den Anfang des Kapitels gestellt.

• Wenn der Hund an einem selbst hochspringt, gewöhnen Sie ihm dies am erfolgreichsten durch konsequentes Ignorieren ab. Das bedeutet, der Hund wird nicht angeguckt, nicht angesprochen und nicht angefasst. Letzteres beides auch nicht um ihn wegzuschicken oder ihn sich vom Leib zu halten. Auf diese Weise handelt sich der Hund selbst den schlimmsten Misserfolg ein – denn statt Aufmerksamkeit zu bekommen, ist er leer ausgegangen. Achtung: Obwohl es simpel klingt, ist es gar nicht einfach, einen Hund wirklich zu ignorieren. Bleiben Sie unbedingt hart, denn dann bringt diese Methode sehr schnell Erfolge. Als Alternative zum Ignorieren können Sie ihm ein Ersatzverhalten beibringen. Kommt Ihr Hund bei der Begrüßung auf Sie zugeflitzt und will an Ihnen hoch springen, bremsen Sie ihn verbal und visuell mit „Sitz!" (erhobener Zeigefinger; s. Übung 4) oder „Platz!" (die gestreckte Hand weist auf den Boden; s. Übung 5) und begrüßen Sie ihn erst, wenn er die Übung „Sitz!" oder „Platz!" gemacht hat und in dieser Stellung verharrt. Loben und liebkosen Sie ihn dann ausgiebig, damit er bei seiner großen Freude, die er Ihnen entgegenbringt, zum Schluss auch auf seine Kosten kommt.

• • Das Anspringen von Spaziergängern gewöhnen Sie dem Hund am besten ab, indem Sie sich mit Bekannten vorher besprechen. Diese können dann an Ihrer Stelle entweder den Hund ignorieren oder ihn seine Ersatzhandlung machen lassen. Bei hartnä-

ckigen Anspringern ist gelegentlich ein Spezialtraining erforderlich, beispielsweise mittels einer Frustverknüpfung auf das Geräusch der Fisher-Discs (s. Seite 56). Das Geräusch sollte der Hund dann zielgerichtet in dem Moment hören, in dem er zum Sprung ansetzt. Denken Sie daran, dass sowohl ein früherer als auch ein späterer Zeitpunkt nicht den erwünschten Effekt hat, weil der Hund keinen Zusammenhang zu seiner Handlung herstellen kann.

Bedenken Sie, dass es einfacher ist, den Hund rechtzeitig zu rufen und zu konzentrieren oder sogar kurz an die Leine zu nehmen, um das Problem zu verhindern. So kann der Hund nichts falsch machen. Viel schwieriger ist es,

Um ihm das Anspringen abzugewöhnen, wird der Hund erst dann begrüßt, wenn er „Sitz!" macht.

in der Entfernung die volle Kontrolle über den Hund zu bewahren.

Bleibt Ihr Hund, wenn er gerade zum Sprung ansetzen will, auf Zuruf stehen oder reagiert er gar auf den Befehl „Sitz!", sollte ein dickes Lob von Ihrer Seite aus selbstverständlich sein.

Wichtig
Sie sollten unnachgiebig sein in diesem Punkt, damit es nicht soweit kommt, daß Ihr Hund etwa einen älteren Menschen oder ein Kind durch sein Anspringen umstößt und somit für diese zur Gefahr oder zumindest zum öffentlichen Ärgernis wird.

2   „Auf den Platz!"

Viele Hunde haben in der Wohnung so etwas wie einen eigenen Platz. Das kann seine Decke, sein Korb oder einfach nur sein angestammter Lieblingsfleck auf dem Teppichboden sein. Hier darf der Hund, auch wenn Sie ihn mit „Auf den Platz!" dort hinschicken, stehen, liegen, sitzen, spielen oder z. B. am Kauknochen nagen.

• Es reicht meist zum Erlernen dieses Befehls, ihn immer wieder mit „Auf den Platz!" zu seinem Platz zu bringen und dort zu belohnen. Kombinieren Sie nötigenfalls die Befehle „Bleib!" und „Auf den Platz!" und schicken Sie auch den bei Tisch bettelnden Hund konsequent „Auf den Platz!".

Achten Sie darauf, dass der Hund den ihm zugewiesenen Platz auch

mag, denn es soll sein spezieller Platz werden, auf dem er sich wohl fühlt und der nicht etwa eine Strafe oder Tortur für ihn darstellt. Hunde sind sensibler als Menschen und sträuben sich, aus oft unersichtlichen Gründen, gegen bestimmte Plätze – vielleicht aufgrund einer dort entlang laufenden Wasserader oder Ähnlichem. Die meisten Hunde lieben einen Platz, von dem aus sie alles überblicken können, z. B. im Flur oder einen ruhigen Ort, unter dem Schreib- oder dem Küchentisch, wenn auf dem für Hundekrallen sehr glatten und auch sonst wenig bequemen Boden ein Stück Teppich oder eine Decke liegt. Solange der Hund diese Plätze nicht bewacht oder verteidigt, ist dagegen nichts einzuwenden.

3   Leinenführigkeit

Auch für den Fall, dass Sie vielleicht auf dem Land wohnen oder Ihren Hund ohne Leine laufen lassen und erziehen wollen – bringen Sie ihm trotzdem bei, ohne Zug an der Leine zu laufen und zwar günstigerweise an der straßenabgewandten Seite, bzw. links von Ihnen, wenn Sie später einmal in einem Verein mit ihm arbeiten wollen.

Bedenken Sie Folgendes:
– Erstens geraten Sie vielleicht irgendwann einmal in eine Situation, in der Sie oder eine andere Person den Hund nur angeleint mitnehmen können. Hat Ihr Hund es nie gelernt, ohne zu ziehen an der Leine zu gehen, werden Sie wie wild in der Gegend herumgerissen. Dies ist besonders gefährlich, falls Kinder mit dem Hund spazieren gehen sollen, die ihm körperlich unterlegen sind.

Mit dem Kommando „Auf den Platz!" wird der Hund in seinen Korb geschickt.

– Zweitens akzeptiert Ihr Hund die Leine umso schneller, je früher er gelernt hat, an der Leine zu laufen.

Legen Sie es nicht darauf an, Ihrem Hund die Leinenführigkeit erst beizubringen, wenn eine Notlage es erfordert. Es schadet ihm nicht, sich für die Zeit, in der er an der Leine gehen muss, Ihrem Schritt anzupassen. Ebenso sinnvoll ist es, ihm ein ruhiges Gehen an einer Seite beizubringen. Sie verhindern so, falls Sie Ihren Hund einmal mit in die Stadt nehmen, ein Chaos, das entsteht, wenn Sie beim Gehen plötzlich Passanten „fesseln", weil Ihr Hund Zickzack läuft.

Zwei Aspekte, die es zu bedenken

gilt, sind das Markieren und das Schnüffeln. Besonders Rüden haben stets das Bedürfnis zu markieren, was zum Beispiel beim Einkaufen in der Stadt, besonders aber auch für Hausbesitzer ein Stein des Anstoßes sein kann. Dass ein Hund markiert, ist ganz natürlich, und würden Sie es ihm verbieten, wäre das Tierquälerei. Rüden setzen pro Harnabsatz weniger Urin ab als Hündinnen und urinieren deshalb öfter. Es ist wichtig, dass sie oft genug die Blase entleeren können, da es sonst zu ernsthaften Krankheiten kommen kann. Das heißt aber nicht, dass Sie sich von Ihrem Hund hin- und herbeuteln lassen müssen, damit er hier und da markieren kann. Sie als Boss im Team können es sich ohne Weiteres herausnehmen, mit „Nein!" den Hund daran zu hindern. Machen Sie ihm das von Anfang an klar, geben Sie ihm aber sowohl frei laufend als auch angeleint ausreichend Möglichkeit, seinen Bedürfnissen nachzukommen.

Wichtig
Bedenken Sie die Gefahr, die ein kräftiger Hund, der es nicht gelernt hat, ordentlich an der Leine zu gehen, für Sie und andere bedeuten kann, wenn er Sie in alle Richtungen oder gar auf die Straße zieht.

Jeder Hund muss auch schnüffeln, weil er dadurch wichtige „Hundeinformationen" erhält, die man ihm auf keinen Fall vorenthalten darf, damit er sich in seinem sozialen Umfeld normal entwickeln kann. Doch können Sie sich als Boss auch hier herausnehmen zu bestimmen, wann, wo und

wie lange geschnüffelt werden darf, während Sie mit ihm an der Leine gehen. Sie müssen aber immer im Kopf behalten, dass es zur Natur des Hundes gehört, überall dort stehenzubleiben, wo es interessant ist.

Gewöhnen Sie Ihrem Hund trotzdem an, dass er nicht seinen Kopf durchsetzen kann, auch wenn es noch so interessant ist. Wenn Sie schnell gehen, verleiten Sie Ihren Hund dazu, auch schnell mitzukommen.

Gehen Sie also langsam, darf er schnüffeln, gehen Sie schnell, muss er schnell mitkommen, ohne sich von den vielen Gerüchen ablenken zu lassen. Auf ausgedehnten Spaziergängen muss der Hund natürlich ausgiebig Gelegenheit zum Schnüffeln und Markieren bekommen, so dass er, wenn er an der Straße oder in der Stadt kurzzeitig angeleint ist, diesen Grundbedürfnissen nicht zwingenderweise nachkommen muss. Sind Sie gerade dabei, Ihrem Hund ein gesittetes Gehen an der Leine anzugewöhnen, bringen Sie ihm doch auch bei, beim Vorbeigehen an Pfählen oder Laternen stets die gleiche Seite zu wählen wie Sie (vgl. Übung 53: Laterne).

Um dem Hund das ruhige Gehen an der Leine anzugewöhnen, gibt es verschiedene Brustgeschirre, Hundehalfter und andere Utensilien. Stachelhalsbänder, Zugwürger ohne Stop oder so genannte Erziehungsgeschirre sind ungeeignet, da sie dem Hund Schmerzen zufügen. Ansonsten ist es Geschmacksache, die eine oder andere Halsband-, Halfter- oder Geschirr- und Leinenkombination zu wählen.

• Die beste Übung gegen das Ziehen an der Leine ist dem Hund zu vermitteln, wie angenehm es sich dicht neben Ihnen läuft. Hierfür braucht man aber die entsprechenden Motivationsmittel. Leckerchen eignen sich für diese Übung besonders und stehen bei den meisten Hunden hoch im Kurs. Halten Sie dem Hund die Belohnung vor die Nase, damit er sie wahrnimmt und geben Sie ihm dann beim Laufen alle paar Schritte ein winziges Stückchen.

• • Bleiben Sie jedesmal kurz stehen, wenn der Hund an der Leine zieht und loben sie ihn, sobald er sich Ihnen zuwendet und wieder näher zu Ihnen kommt. Gehen Sie dann langsam weiter. Zieht Ihr Hund nun nicht, loben Sie ihn leise und stecken ihm eine Belohnung zu. Geben Sie in dieser ersten Phase der Übung dem Hund keine Chance, wirklich an der Leine zu reißen. Gehen Sie langsam, das verleitet den Hund, nicht so sehr zu ziehen. Machen Sie dem Hund in den folgenden Tagen klar, dass es besonders angenehm ist, nahe bei Ihnen zu gehen, indem Sie Ihr Lob immer gezielt einsetzen, wenn sich der Hund in einem akzeptablen Abstand zu Ihnen befindet. Schenken Sie ihm keinerlei Beachtung, wenn er etwas weiter entfernt von Ihnen läuft, und bleiben Sie wieder stehen, falls er erneut zieht.

• • • Weiterem Ziehen an der Leine wirken Sie entgegen, indem Sie Ihren Hund dauernd beobachten. Bemerken Sie, dass er wieder loslegt, lassen Sie ihn absitzen oder rufen Sie ihn zu sich „Bei Fuß!", gehen Sie in eine andere Richtung, variieren Sie Ihr Schritttempo, und sorgen Sie so dafür, dass er aufmerksamer wird auf das, was Sie vorhaben, und nicht blindlings in die

Richtung strebt, die ihn gerade interessiert. Das Zickzacklaufen gewöhnen Sie ihm am besten ab, indem Sie ihm zunächst die Leine nicht lang genug lassen, so dass er nur auf einer Seite gehen kann. Später rufen Sie ihn mit den Worten „Hier an die Seite!" auf eine Seite zurück, indem Sie sich gleichzeitig auf der gewünschten Seite auf den Schenkel klopfen und Ihren Hund loben, wenn er sich dann auf dieser Seite neben Ihnen einfindet.

> **Tipp**
> Im Straßenverkehr ist es am sichersten, wenn Ihr Hund stets an der straßenabgekehrten Bürgersteigseite geht, ganz gleich, ob es rechts oder links ist.

Wollen Sie erreichen, dass Ihr Hund nur links geht, lassen Sie stets Konsequenz walten, da er es sonst nie beherrschen wird. Sie erleichtern es Ihrem Hund, wenn Sie an der rechten Seite vorerst z. B. eine Tasche tragen, die Sie kräftig hin- und herschaukeln, so dass er auf dieser Seite keinen Platz mehr neben Ihnen hat.

Eine besonders praktische und sinnvolle Trainingshilfe ist das Hundehalfter. Es ist jedoch eine Gewöhnungsphase an das zunächst ungewohnte Tragen des Halfters nötig, bevor man den Hund mit dem Halfter führen kann.

Achten Sie darauf, dass die Übungen für den Hund so einfach umzusetzen sind und er so gut mit Leckerchen abgelenkt wird, dass er nicht auf die Idee kommt, sich das Band mit der Pfote von der Nase zu streifen. Nehmen Sie Ihrem Hund in den

Gewöhnung an ein Hundehalfter:

- Locken Sie den Hund mit einem Leckerchen, so dass er freiwillig seine Nase durch das von Ihnen aufgehaltene Halfter steckt. Wiederholen Sie diese Übung etliche Male, bis der Hund weiß, was er zu tun hat.
- Lenken Sie Ihren Hund nach oben mit einem Leckerchen ab, so dass Sie das Halfter loslassen können und es auf der Nase liegen bleibt. Üben Sie auch dies etliche Male.
- Schließen Sie dann nach dem Anziehen das Halfter hinter den Ohren und lenken Sie Ihren Hund wiederum gut ab. Nehmen Sie ihm das Band nach kurzer Zeit wieder ab.
- Klicken Sie nun ein Ende der Leine ans normale Halsband und das andere Ende der Leine an das Halfterband und wiederholen Sie die vorige Halfterübung mit dieser Veränderung.
- Gewöhnen Sie Ihren Hund nun an das Führen an der Leine, wenn er das Halfter trägt. Steigern Sie langsam die Zeit.

Übungen das Halfter immer erst ab, wenn er sich brav verhält, sonst lernt er, dass Zappeln Erfolg hat. Ziehen Sie niemals ruckartig am Halfterende der Leine. Das ist nicht notwendig und belastet stark die Halswirbelsäule.

4 „Sitz!"

„Sitz!" ist einer der Befehle, die Sie am häufigsten geben werden. Ziel ist es, den Hund dazu zu bringen, dass er sich nach dem Befehl umgehend hinsetzt und dort solange sitzen bleibt, bis der Befehl wieder aufgehoben wird, und zwar ausschließlich von Ihnen. Zum Erlernen des Befehls „Sitz!" ist es ratsam, ihn zu bestimmten Anlässen zu verwenden, z. B. vor dem Anlegen des Halsbandes oder bevor Sie die Tür zum Spaziergang öffnen. Viele Hundebesitzer lassen den Hund auch an jedem Bordstein absitzen, um eine innere Barriere vor der Straße aufzubauen.

Als Sichtzeichen eignet sich der erhobene Zeigefinger.

Wenn Ihr Hund Sie zur Begrüßung in freudigem Überschwang anspringt, hilft ein Ritual:
Erst nach dem Absitzen begrüßen und streicheln!

Eine länger andauernde Sitz-Stellung ist dem Hund meist weniger angenehm als die Platz-Stellung. Berücksichtigen Sie das, wenn Sie mit dem Hund üben. Die Aufhebung des Befehls sollte also verhältnismäßig bald erfolgen. Wollen Sie später mit Ihrem Hund Prüfungen ablegen, gewöhnen Sie ihm gleich an, sowohl an Ihrer linken Seite als auch frontal abzusitzen.

• Besonders bei Welpen und Junghunden, aber auch bei erwachsenen Hunden, die gut auf eine Belohnung mit Leckerchen ansprechen, gibt es eine sehr elegante Möglichkeit, den Befehl beizubringen. Dabei müssen Sie nicht mit Körperhilfen arbeiten. Es ist also nicht notwendig, den Po des Hundes auf den Boden zu drücken, um zu erreichen, dass er sich setzt.
Wecken Sie das Interesse des Hundes, indem Sie ihn an einem Leckerchen schnüffeln lassen. Wenn Sie hierbei den Zeigefinger erhoben haben und das Leckerchen mit den restlichen Fingern umschließen, trainieren Sie ihn gleichzeitig auch auf ein Sichtzeichen.
Führen Sie, sobald der Hund Interesse zeigt, die Hand mit dem Leckerchen langsam nach oben und leicht über den Kopf des Hundes, so dass er sich hinsetzt, weil es für ihn die bequemste Möglichkeit ist, um ihre Hand noch mit seinen Blicken oder der Nase verfolgen zu können. Genau in diesem Moment sagen Sie das Lautzeichen „Sitz!" und geben ihm das Leckerchen. Schon nach wenigen Wiederholungen wird sich Ihr Hund sowohl auf Ihr Sichtzeichen als auch auf den verbalen Befehl hin setzen.
Üben Sie den Befehl „Sitz!" nach und nach nicht nur in der frontalen Stellung (Vorsitzen), sondern auch an Ihrer Seite. Bei korrekter Ausführung darf ein kräftiges Lob nicht fehlen.

• • Lassen Sie Ihren Hund, nachdem er schon weiß, was der Befehl bedeutet, in den verschiedensten Situationen immer wieder einmal „Sitz!" machen. Erschweren Sie nach und nach die Übung, beispielsweise indem Sie ihn durch das Knistern mit einer Leckerchentüte dazu verleiten, seine Stellung zu verlassen.

• • • Mit dem fortgeschrittenen Hund sollte das Kommando auch in der Entfernung trainiert werden. Hierzu gibt es folgende Vorübung: Schaffen Sie eine Barriere zwischen sich und dem Hund oder nutzen Sie einen Zaun. Geben Sie dann über diese Barriere hinweg den Befehl „Sitz!" und belohnen Sie den Hund sofort, wenn er den Befehl brav ausführt. Arbeiten Sie hier ruhig mit dem Sichtzeichen und dem gesprochenen Kommando. Steigern Sie nach und nach die Entfernung zum Hund. Die Barriere dient zur Verhinderung von Fehlern, denn viele Hunde haben die Tendenz „aufzurutschen", um dann bei Ihnen „Sitz!" zu machen.

 5 ## „Platz!" und „Leg Dich!"

Bei dieser Übung werden hier zwei verschiedene Formen der Ausführung unterschieden: Einmal soll der Hund in der Sphinx-Stellung verharren, bei der zweiten Variante kann er die ihm angenehmste Stellung wählen. Die erstgenannte Form wird zum weiteren Textverständnis mit dem Befehl

„Platz!" bezeichnet, die zweite mit „Leg Dich!".

„Platz!" ist die Stellung, die zum Training und Spiel die angebrachtere ist. Der Hund soll am Platz verharren und auf weitere Befehle warten. Er ist in der Lage, aus dieser Position schnell zu starten und bleibt aufmerksam für neue Befehle, wenn er erst gelernt hat, den Befehl als „Übergang" oder als Zwischenstufe innerhalb einer Trainingseinheit zu erkennen.

Als Sichtzeichen eignet sich hier die flach ausgestreckte Hand.

• Die einfachste Möglichkeit dem Hund das Platz-Kommando beizubringen ist folgende: Begeistern Sie Ihren Hund für ein Leckerchen, indem Sie ihm ein besonders schmackhaftes Häppchen direkt an die Nase halten und ihn daran schnüffeln lassen. Führen Sie dann Ihre Hand mit dem Leckerchen langsam aber in einer fließenden Bewegung auf den Boden und halten Sie es dort fest. Der Hund darf und sollte daran schnüffeln und versuchen, an das Leckerchen zu kommen. Er bekommt es sofort, sobald er sich in seinem Bemühen das Leckerchen zu ergattern per Zufall hinlegt. Die meisten Hunde versuchen erst durch Grabebewegungen oder Hinsetzen zum Erfolge zu kommen. Unterbrechen Sie Ihren Hund nicht. Er muss selbst herausfinden, welche Handlung zum Erfolg führt. Solange der Hund nicht das Interesse an dem Leckerchen verliert, wird die Übung auf jeden Fall gelingen. Sie brauchen nur ausreichend Geduld! Größere Hunde legen sich meist etwas schneller hin als kleine, denn den großen ist es zu unbequem so lange vorne übergebeugt zu stehen. Ziehen Sie in dieser Übung Ihre Hand nicht weg, um dem Hund vielleicht mehr Platz zu geben, denn die meisten Hunde laufen dann dem Leckerchen hinterher und vergessen, sich auf die Übung zu konzentrieren. Als Sichtzeichen kann man die gestreckte nach unten offene Hand verwenden, so dass man den Hund später auch noch in einiger Entfernung in die „Platz!"-Position dirigieren kann.

Einige Hunde sträuben sich vehement gegen die „Platz!"-Stellung. Unabhängig von der Ursache führt bei diesen Hunden meist jedoch die folgende Methode zum Erfolg: Beobachten Sie Ihren Hund genau. Sagen Sie jedesmal, wenn er sich gerade freiwillig hinlegen will, deutlich „Platz!" und belohnen Sie ihn mit einem Lecker-

Erst nach geduldigem Training bleibt der Hund beim Befehl „Platz!" auch dann ruhig liegen, wenn Sie sich von ihm entfernen.

chen oder mit einem verbalen Lob. Achten Sie darauf, dass die Belohnung sofort erfolgt, sobald der Hund liegt. Nach einer ausreichend großen Zahl von derlei Wiederholungen hat sich beim Hund die Kombination von Befehl, Aktion und Lob eingeprägt, so dass man den Befehl auch direkt geben kann.

Wichtig
Vergessen Sie nie, den Hund stets überschwänglich zu loben, wenn er eine Übung ordentlich ausgeführt hat!

Wenn Sie zum ersten Mal den Befehl direkt geben, wählen Sie einen Augenblick, in dem der Hund den Befehl mit hoher Wahrscheinlichkeit befolgt, damit Sie ihn entsprechend belohnen können, statt ihm die Übung durch eine Korrektur zu verleiden. Bleiben Sie während der Übung ruhig und konsequent. Mit der Zeit wird der Hund begreifen, dass die „Platz!"-Stellung etwas sehr Angenehmes ist. Denken Sie daran, dass dieses Gefühl nur durch Ihr überschwängliches Lob zu beeinflussen ist.

• • In der zweiten Phase, in der der Hund den Befehl schon gelernt hat, sollten Sie dazu übergehen, diesen zu festigen, und zwar zunächst, indem Sie um den Hund herumgehen, später steigen Sie über ihn. Entfernen Sie sich einen Meter oder zwei, hüpfen Sie ein wenig auf und ab oder klatschen Sie in die Hände. Vorsicht beim Über-den-Hund-Steigen; dies ist etwas für den „fortgeschrittenen" Hund. Er könnte das Vertrauen zu dieser Stellung verlieren, falls Sie ihn aus Versehen berühren.

Sollte Ihr Hund bei diesen Ablenkungen aufstehen und die Übung abbrechen, sollten Sie nicht schelten, sondern einfach noch einmal von vorne anfangen. Reagiert Ihr Hund wiederholt fehlerhaft bei dieser Übung, kann es sein, dass Ihre Ablenkungen für den augenblicklichen Trainingsstand noch zu stark gewählt sind, oder er verfügt noch nicht über die Konzentration, so lange in dieser Stellung zu verharren, wie Sie es von ihm verlangen. In beiden Fällen sollten Sie einen Schritt in der Übung zurückgehen, die Ablenkungen weniger markant wählen und die Zeit verkürzen, in der Ihr Hund liegen bleiben soll, um die Übung stets erst nach einem Erfolg zu beenden.

• • • Auch bei der „Platz!"-Übung sind Ihrer Phantasie keine Grenzen gesetzt. Variieren Sie den Befehl nach Lust und Laune, achten Sie aber stets auf korrekte Ausführung und gehen Sie in Ihren Trainingsschritten noch einmal zurück, falls der Hund beginnt, in der Ausführung etwas nachlässig zu werden.

Die „Platz!"-Übung können Sie auch gut als Unterordnungsübung einsetzen, da der Hund sich durch seine Stellung in einer Ihnen untergeordneten Position befindet. Gerade bei charakterstarken, „dominanten" Tieren empfiehlt es sich, diese Übung besonders gut mit viel Lob zu festigen, weil der Hund so dafür belohnt

wird, dass er eine Position einnimmt, die in seinem arteigenen Verhalten der Rubrik Beschwichtigung zugeordnet ist. Sein untergeordnetes Verhalten wird für Sie dank des Befehls abrufbar.

Ein ähnlicher Befehl ist „Leg Dich!". Die Bedeutung von „Leg Dich!" ist im Gegensatz zu „Platz!" jedoch etwas weniger konkret. Der Hund muss zwar liegen, kann aber die ihm angenehmste Stellung selbst wählen. Verwenden Sie diesen Befehl, wenn der Hund längere Zeit liegen soll, z. B. vor einem Geschäft beim Einkaufen oder bei ähnlichen Anlässen. Schenken Sie Ihrem Hund keinerlei Aufmerksamkeit, wenn er während dieser Übung Albernheiten ausprobiert.

• Beginnen Sie damit, diesen Befehl an seinem Platz zu verwenden, weil es dem Hund auf seinem Platz besonders leicht fällt, eine Weile liegen zu bleiben. Schicken Sie ihn in seinen Korb oder auf seine Decke, indem Sie „Leg Dich!" sagen und eine „Platz!"-Hilfe, beispielsweise das Zeigen auf den Boden, dazunehmen. Es reicht für den Anfang, wenn der Hund etwa eine halbe Minute auf seiner Decke oder seinem Platz liegt.

Variieren Sie aber die Orte, denn dieser Befehl ist nicht gleichbedeutend mit „Auf den Platz!". Lassen Sie ihm genügend Spielraum, sich einzurollen oder sich in eine andere bequeme Lage zu bringen. Verlängern Sie nach und nach die Zeiten, die der Hund in dieser Position bleiben soll.

Im Laufe der Zeit wird der Befehl für den Hund die Bedeutung bekommen, etwas länger warten zu müssen oder sogar kurzzeitig abschalten zu können. Machen Sie sich dies im Alltag zunutze, ohne den Hund zu frustrieren und ohne dass er das Gefühl bekommt, abgeschoben zu werden.

Verlässt Ihr Hund während der Lernphase immer wieder den von Ihnen angewiesenen Platz, leinen Sie ihn entweder an oder bringen Sie ihm parallel dazu den Befehl „Bleib!" bei (Übung 10).

6 „Hier!"

Auf den Befehl „Hier!" muss der Hund unverzüglich und auf dem schnellsten Wege zu Ihnen kommen. Er darf also nicht trödeln oder gar erst noch pinkeln, was besonders bei Rüden beliebt ist, die die Situation gerne etwas ausreizen.

• Die Übung „Hier!" kann aus Sicherheitsgründen zunächst an einer langen Leine geübt werden. Diese so genannte Schleppleine sollte allerdings nicht dazu verwendet werden, dass man den Hund damit einholt, sondern ihn nur am Weglaufen hindern. Je weniger der Hund das Gefühl bekommt angeleint zu sein bzw. je weniger Hilfen wir im Trainingsaufbau mit der Leine umsetzten, desto schneller ist das Ziel erreicht, ihn auch ganz ohne Leine laufen lassen zu können. Loben Sie den mit Schleppleine gesicherten oder auch den frei laufenden Hund stets überschwänglich, wenn er zu Ihnen kommt. Verbinden Sie sein zunächst freiwilliges Kommen mit dem Lautzeichen „Hier!". Kommt Ihr Hund, wenn er unangeleint ist, prompt nach dem erteilten Befehl, dann hat er die Verbindung zwischen dem Lautzeichen, der Aktion und dem Lob hergestellt. Bedenken Sie, dass der Hund

sofort zu kommen hat, sobald Sie den Befehl gegeben haben. Falls Sie ihn schnüffeln lassen wollen, geben Sie den Befehl erst später. Um zu erreichen, dass der Hund möglichst tatsächlich sofort kommt, wenn Sie ihn rufen, sollten Sie ihn entsprechend hoch mit Leckerchen oder Spielzeug dazu motivieren. Dem Rückrufkommando sollten Sie im Aufbau besondere Aufmerksamkeit zukommen lassen, denn es ist ein besonders wichtiges Kommando (s. Seite 75).

Auch wenn es auf Außenstehende ein wenig bizarr wirken mag, sollten Sie sich stets bewusst machen, dass der Anreiz, auf Befehl hin zu Ihnen zu kommen, für den Hund umso größer ist, je ungewohnter Ihre Körperhaltung ist. Vielen Hunden fällt es leichter zu kommen, wenn man sich in der Hocke befindet, möglicherweise, weil man dann kleiner und weniger bedrohlich wirkt oder weil es den Eindruck erweckt, als sei man weiter weg. Probieren Sie aus, auf was Ihr Hund am besten reagiert. Führt auch das noch nicht dazu, dass Ihr Hund kommt, lassen Sie sich ruhig auch einmal aus der Hocke heraus auf den Boden fallen, um den Anreiz noch zu verstärken.

Es muss immer in Ihrem Ermessen liegen, den Hund nach bravem Herbeikommen sofort weiterlaufen zu lassen, eine Übung einzulegen oder ihn z. B. anzuleinen. Für das Erlernen des Befehls „Hier!" ist es aber hilfreich, wenn Sie ihn zunächst immer erst einmal kurz direkt vor sich absitzen lassen, um ihn dann mit seinem „Freizeitzeichen" wieder loslaufen zu lassen (vgl. Übung 35: „Lauf!"). So verhindern Sie eine schlampige Ausführung dieses Befehls. Auch bei die-

Ein hilfreicher Trick beim Einüben des Befehls „Hier!": Wenn Sie in die Hocke gehen oder sich auf den Boden legen, wird Ihr Hund neugierig herankommen.

ser Übung sind ablenkungsfreie Situationen gerade in der ersten Phase der Übung schwierigeren vorzuziehen.

Wenn Sie zu zweit oder zu mehreren Personen mit dem Hund unterwegs sind und „Hier!" üben wollen, ist folgende Übung für einen Anfänger-Hund besonders geeignet: Eine Person hält den Hund gut fest. Eine weitere Person lässt ihn an einem Leckerchen schnüffeln und rennt dann für den Vierbeiner sichtbar mit dem Leckerchen weg. Nach einer zunächst relativ kurzen Strecke (für den Anfang ca. 15 m) dreht sich die zweite Person um und ruft „Hier!". Die erste Person sollte den Hund nun sofort loslassen. In aller Regel kommen die Hunde herangeschossen wie geölte Blitze, denn sie erwarten das Leckerchen, das man ihnen zuvor in Aussicht gestellt hatte. Selbstverständlich wird der Hund auch mit dem Leckerchen belohnt! Für einen fortgeschrittenen Hund kann man diese Übung immer schwieriger machen, indem man sich mehr oder minder gut versteckt.

• • Falls Ihr Hund ständig trödelt oder sogar den Befehl ignoriert, können folgende Maßnahmen helfen: Laufen Sie schnell in die entgegengesetzte Richtung fort, rufen Sie aber immer nur einmal, um nicht den Kuhglockeneffekt zu bewirken. Das Resultat wäre dann nämlich, dass Ihr Hund seelenruhig weitertrottet und schnüffelt. Verstecken Sie sich auch ruhig – der Hund wird sofort versuchen, Sie wiederzufinden. Für beide Fälle – Ihr Weglaufen und Ihr Verstecken – gilt gleichermaßen, den Hund für sein Kommen kräftig zu loben, auch wenn Sie eigentlich ärgerlich sind, weil er so lange gebraucht hat.

• • • Gelegentliches Verstecken und das einmalige Rufen fördern besonders die Aufmerksamkeit Ihres Hundes in Bezug auf Sie. Wenn Sie beides praktizieren, wird auch ein (noch) unerfahrener Hund dazu übergehen, immer wieder einmal stehenzubleiben und nach Ihnen zu gucken oder aber auf seinen Schnüffelwegen gelegentlich bei Ihnen vorbeizukommen. Loben Sie ihn dann immer. In einem intakten Team hat der Hund auf dem Spaziergang zwar Freizeit zum Toben mit Hunden, zum Schnüffeln, Trödeln und Spielen, ist aber trotzdem stets einsatzbereit für Befehle, und er signalisiert dies im Normalfall durch sein oben beschriebenes Verhalten.

Steigern Sie in der Übung langsam den Schwierigkeitsgrad. Besonders schwer fällt es einem Hund, mitten aus dem Spiel mit anderen Hunden heraus zu kommen. Üben Sie auch dies, lassen Sie ihm aber trotzdem genug Zeit, seinen sozialen Kontakten und dem Spiel nachzugehen.

 7   „Fuß!"

Der Befehl „Fuß!" birgt den entscheidenden Vorteil, dass der Vierbeiner beispielsweise im Menschengetümmel nicht verloren geht; auch sonst erleichtert er die Mensch-Hund-Beziehung im Alltag erheblich.

> **Tipp**
> Günstig ist es, dem Hund vor dem Erlernen von „Fuß!" die Befehle „Sitz!" (Übung 4) und „Auf die Seite!" (Übung 41) bzw. die Leinenführigkeit (Übung 3) beizubringen.

„Bei Fuß" und das Klopfen auf den Schenkel bedeuten, dass der Hund an Ihre linke
Seite kommen soll.

• Passen Sie einen geeigneten Moment ab, in dem Ihr Hund weder zu müde noch in wilder Spiellaune ist. Leinen Sie ihn an, lassen Sie ihn neben sich absitzen und gehen Sie mit dem Befehl „Fuß!" los, am besten mit dem linken Fuß, das ist anfangs für den Hund einfacher. Der Kopf des Hundes sollte stets auf Kniehöhe sein, nicht weiter davor, aber der Hund darf auch nicht trödeln. Um genau dies zu erreichen, setzt man am Anfang auch in dieser Übung Leckerchen oder Spielzeug ein. Halten Sie dem Hund seine Belohnung ruhig in den ersten Übungen direkt vor die Nase und sich selbst ans Bein, denn dort soll sein Kopf auch in Zukunft bei dieser Übung sein. Wenn er schon willig dem Leckerchen folgt, kommt die eigentliche Verknüpfung mit dem Kommando. Ziehen Sie kurz das Leckerchen dicht an Ihrem Körper hoch, so dass der Hund seinen Blick hebt, und geben Sie genau jetzt das Kommando „Fuß!".

So lernt der Hund das Richtige, denn das Kommando „Fuß!" sollte der Hund zunächst nicht als Korrektur, sondern nur in Momenten bekommen, wenn er alles richtig macht. Belohnen Sie anfangs den Hund schon, wenn er ein oder zwei Schritte perfekt (an Ihrer Seite und im Idealfall mit Blickkontakt auf Sie gerichtet) „Bei Fuß" gelaufen ist. Bleiben Sie stehen, wenn er zu weit nach vorne läuft.

Lassen Sie den Hund mit einem neuen, kombinierten Befehl „Auf die Seite!" – „Bei Fuß!" und „Sitz!" absitzen. Später sagen Sie nur noch „Bei Fuß!" und „Sitz!". Hat der Hund das einige Male gemacht, können Sie „Sitz!" auch weglassen. Kommt er auf den Befehl „Fuß!", nachdem er vorgelaufen war, an Ihre linke Seite

und sitzt, loben Sie ihn kräftig. Es ist darauf zu achten, dass Ihr Hund rechts um Sie herumgeht, um dann links an Ihrer Seite abzusitzen, wenn er von vorne oder von einer Seite her kommt. Verfahren Sie in dieser Weise solange, bis er das beherrscht. Dann gehen Sie dazu über, nicht mehr stehen zu bleiben, wenn er zu schnell ist, sondern Sie „erinnern" ihn mit „Fuß!" daran, dass er bei Ihnen bleiben soll.

•• Machen Sie Linkswendungen um 90 Grad, so dass Sie in Ihren Hund hineinlaufen, wenn er nicht aufpasst. Zwischendurch stehen zu bleiben ist sinnvoll, weil Sie dann immer eine neue Ausgangssituation schaffen. Trödelt Ihr Hund, rennen Sie ein bisschen, das wird ihn auf Trab bringen. Die Rechtswendungen sind für den Hund schwieriger, da sie schlechter zu erkennen sind. Mit dem Wort „Fuß!" biegen Sie ab und motivieren ihn mit Spielzeug oder Futter, damit Ihr Hund nichts falsch machen kann. Ein Hund, der die Übung schon etwas besser kennt, wird seinen Besitzer die ganze Zeit über angucken, um alles mitzubekommen.

Die 180-Grad-Wendung ist die schwierigste. Gehen Sie geradeaus, halten Sie dabei die Leine locker in der rechten Hand. Bei der Wendung (Sie drehen sich links herum) wechseln Sie

> **Tipp**
> Am besten hält man die Leine bei dieser Übung stets in der rechten Hand, um die linke Hand für die Leckerchen oder auch für ein aufmunterndes Klopfen auf den Oberschenkel frei zu haben.

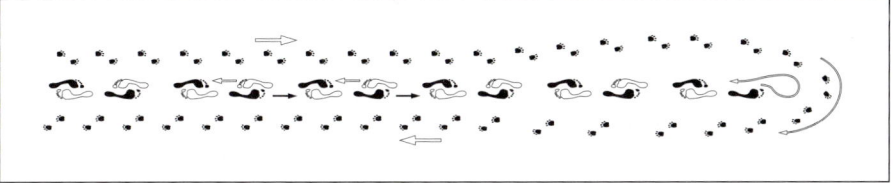

Bei der Wendung um 180° muss der Hund um seinen Herrn herumgehen, damit er immer an der linken Seite bei Fuß bleibt.

die Leine hinter dem Rücken kurz in die linke und nach der Drehung wieder in die rechte Hand. Der Hund dreht sich hinter Ihnen rechts herum. Gehen Sie nun in einem Fluss ein kurzes Stück geradeaus und unterbrechen Sie dann, indem Sie stehen bleiben und den Hund absitzen lassen.

• • • Später können Sie zur Festigung die Wendungen in beliebiger Reihenfolge und nach beliebig langen Strecken variieren, ebenso Ihr Schritttempo. Beherrscht Ihr Hund diese Übung an der Leine schon, gehen Sie zur Freifolge über, indem Sie ähnlich verfahren. Hilfen gibt man auch hier verbal oder durch Klopfen auf den Oberschenkel.

Das Bei-Fuß-Sitzen sollte nach und nach dahingehend verbessert werden, dass der Hund möglichst nah an Ihrem Bein sitzt (vgl. Übung 38: „Hier ran!").

8   „Steh!"

„Steh!" kann der Hund entweder aus dem Sitzen oder Liegen ausführen oder aber aus der Bewegung. Letzteres ist besonders praktisch, wenn man ihn anhalten will, beispielsweise wenn sich auf dem Spaziergang ein Radfahrer nähert (vgl. Übung 41: „Auf die Seite!").

„Steh!" kann man auch verwenden, wenn der Hund ruhig stehen soll, z. B. beim Tierarzt. Üben Sie hierzu zu Hause auch einmal auf einem Tisch, dem Hund in den Fang zu schauen und Ähnliches. Ihre Tierarztbesuche werden dadurch sicherlich unproblematischer werden. Will der Hund sitzen, halten Sie ihm die nach oben zei-

Beim Kommando „Steh!" soll der Hund sofort stehen bleiben.

genden gespreizten Finger unter den Bauch.

• Den Hund aus dem Sitzen oder Liegen in die „Steh!"-Position zu bringen, ist besonders einfach: Halten Sie ihm ein Leckerchen oder Spielzeug so hin, dass er aufstehen muss, um daranzukommen. Sagen Sie genau in dem Moment „Steh!", wenn er steht. Halten Sie seine Belohnung einen kurzen Moment lang fest, so dass der Hund ruhig davor steht, und lösen Sie dann die Übung auf. Erst jetzt soll er die Belohnung bekommen.

• • In der zweiten Übungsphase gilt es, die Hilfe mit der gezeigten Belohnung immer mehr abzubauen. Hilfreich ist, wenn man als Sichtzeichen für das „Steh!" eine ähnliche Handbewegung wählt, wie die, wenn man den Hund mit Leckerchen oder Spielzeug verleitet aufzustehen.

„Steh!" aus der Bewegung ist etwas schwieriger zu vermitteln. Üben Sie deshalb zunächst mit der Leine.

• Laufen Sie locker mit Ihrem angeleinten Hund und halten Sie plötzlich mit dem Kommando „Steh!" an. Belohnen Sie Ihren Hund sofort, wenn er einen kurzen Moment ruhig stehen bleibt.

• • Üben Sie im zweiten Schritt, dass Ihr Hund prompt auf Ihr Kommando „Steh!" reagiert, auch wenn Sie selbst nicht anhalten. Besonders leicht kann der Hund die Verknüpfung herstellen, wenn Sie in dieser Übung etwas hinter dem Hund gehen. Sie sagen „Steh!" und geben dem Hund keinen Leinenspielraum, so dass er anhalten muss. Rücken Sie nun die paar Schritte zum

Hund auf, um ihn zu belohnen. Diese Lernphase ist erst abgeschlossen, wenn der Hund sofort auf Ihren Zuruf stehen bleibt.

• • • Üben Sie dann mit dem frei laufenden Hund. Wählen Sie zu Beginn die Übungsmomente so aus, dass Sie eine möglichst hohe Sicherheit haben, dass der Hund die Übung brav befolgen wird. Achten Sie darauf, dass der Hund nicht gleich weiterläuft, wenn Sie bei ihm angekommen sind und ihn gelobt haben, sondern erst, wenn er von Ihnen dazu aufgefordert wurde. Die Übung wird schwieriger, je schneller und zielstrebiger der Hund auf eine Sache zugeht. Steigern Sie also langsam auch hier die Schwierigkeit, indem Sie günstige Situationen abpassen.

Unerwünscht ist, wenn der Hund auf „Steh!" hin zu Ihnen kommt. Greifen Sie notfalls mit der Korrektur „Nein!", „Steh!" und „Bleib!" ein.

 9   **„Aus!"**

Auf den Befehl „Aus!" hin muss der Hund etwas, das er im Fang hält, sofort freigeben. Das kann ein Gegenstand beim Spiel oder bei der Apport-Übung sein oder irgend etwas, was er gerade frisst oder trägt.

> **Wichtig**
> Im Falle von giftigen Ködern kann der Befehl „Aus!" das Hundeleben retten!

• „Aus!" ist für den Hund zunächst ein Kommando, das wenig Freude

Schon der junge Hund sollte lernen, beim Kommando „Aus!" selbst sein Lieblings-spielzeug sofort freizugeben.

bereitet, denn er kann leicht das Gefühl bekommen etwas Wertvolles zu verlieren. Üben Sie „Aus!" deshalb als Tauschgeschäft. Geben Sie dem Hund, wenn Sie ihm mit „Aus!" etwas nehmen, etwas anderes Leckereres oder Wertvolleres (beispielsweise sein Lieblingsspielzeug), damit er das Gefühl bekommt, dass ihm nichts genommen, sondern etwas gegeben wird. Mit einiger Übung sollte der Hund unter „Aus!" die Sachen im Idealfall ausspucken oder aber sie sich problemlos abnehmen lassen. Ziehspiele seitens des Hundes sind hier nicht erlaubt! Wollen Sie Ihren Hund später zur Jagd abrichten oder ihm zu Prüfungszwecken eine saubere Apport-Übung beibringen, darf der Hund das Bringsel erst auf Befehl los-lassen, auch wenn Sie es schon angefasst haben oder sogar daran ziehen.

Bei einem Begleithund empfiehlt es sich, von Anfang an auf schnelles Ausgeben zu achten. (Zur Verwendung von „Aus!" vgl. die Übungen 12: „Apport!" und 14: „Verweigern!").

Wenn Ihr Hund Sie anknurrt, wenn er etwas hat, das er nicht hergeben will, reagiert er zwar unerwünscht, aber dennoch hundetypisch. Üben Sie besonders bei diesen Kandidaten die Übung in kleinen Schritten und streichen Sie zunächst sämtliches Spielzeug und Kauknochen. Auf diese Weise können Sie leichter steuern, was er hat und mit welchem noch besseren Gegenstand Sie es wieder herausfordern können. Trösten Sie sich auch nicht mit Sprüchen wie „Ja, ja, seinen Knochen muss er ja auch bewachen" oder Ähnlichem. Seinen Knochen kann und soll er bewachen, aber nicht gegenüber seinem Herrchen oder einem Familienmitglied.

Zumindest seine Bezugsperson, besser aber noch seine ganze Familie sollte ihm alles wegnehmen können, ohne dass der Hund mit Widerwillen reagiert. Abgesehen davon, dass Sie mit einem nachsichtigen Verhalten selbst Ihre Autorität untergraben, werden Sie dem Hund dann auch im Ernstfall nie etwas abnehmen können.

Falls die Übung problematisch bleibt, sollten Sie sich Hilfe von einem erfahrenen Fachmann holen, der die Situation beurteilen kann. Achten Sie darauf, dass Sie „Aus!" unbedingt mit positiven Trainingstechniken erarbeiten, denn nur dann ist es ein Befehl, der Ihrem Hund Spaß macht. Sollte er das Bedürfnis haben sich dem Befehl zu widersetzen, weil er keinen Spaß macht oder sich einer Strafe zu entziehen, können Sie sicher sein, dass ihm dies immer wieder einmal gelingen wird, denn Hunde sind einfach schneller als wir Menschen. Auf diese Weise hätten Sie für die Zukunft nichts gewonnen.

10 **„Bleib!"**

Das Erlernen des Befehls „Bleib!" erleichtert die Mensch-Hund-Beziehung um einiges und bewahrt Sie vor Situationen wie z. B. der eines ungeduldig kläffenden und somit in negativer Weise auffallenden Hundes vor einer Ladentür oder auch in der Wohnung, wenn er einmal nicht mitgenommen werden kann. Kaum ein

Befehl ist dem Hund zunächst so unverständlich wie „Bleib!", da er stets das Bestreben hat, mit seinem Besitzer zusammen zu sein. Erfolg stellt sich aber schnell ein, wenn er das ihm unangenehme Warten mit einer Belohnung verknüpft hat.

„Bleib!" als Übung gibt es in drei Ausführungsmöglichkeiten, nämlich sitzend, liegend und stehend, wobei man entweder den Befehl an eine dieser drei Stellungen koppeln kann oder dem Hund nur den Lernimpuls vermittelt, an einer von Ihnen bestimmten Stelle zu verharren, ohne sich ablenken oder sich zu irgend etwas verleiten zu lassen. Mit dem fortgeschrittenen Hund sollte man „Bleib!" in allen drei Positionen üben.

• Am einfachsten ist es, den Hund zunächst absitzen oder abliegen zu lassen. Kombinieren Sie die verbalen Befehle „Sitz!" oder auch „Platz!" und „Bleib!", und nehmen Sie, wenn Sie ihn später nutzen möchten, den visuellen Befehl – die offene, leicht angewinkelte Hand am nicht ganz gestreckten Arm – hinzu. Die Entfernung des Hundes zu Ihnen sollte am Anfang gering sein (z.B. ein Schritt). Zu schnelles Gehen verleitet den Hund zum Nachrennen, zu langsames Gehen auch, da die Zeit der „Trennung" von Ihnen ihm zunächst zu lang erscheint.

Variieren Sie diese Übung beliebig, indem Sie die Wartestellungen, Orte, Zeiten und Entfernungen ändern. Zur Beendigung der Übung gibt es zwei Möglichkeiten: Entweder Sie kehren zum Hund zurück und loben ihn ausgiebig, oder aber Sie rufen ihn mit „Hier!" ab und loben ihn, wenn er bei Ihnen ist. Für die erste Lernphase empfiehlt sich die zuerst angesprochene Möglichkeit, weil hier Aktion und Lob direkt miteinander verknüpft werden können. Bei der zweiten Möglichkeit muss der Hund bereits begriffen haben, was „Bleib!" bedeutet, denn er verknüpft das erteilte Lob möglicherweise mit seinem Kommen und dem dazugehörigen Befehl „Hier!".

• • Beherrscht der Hund diese Übung, liegt es an Ihnen, künstlich Ablenkung zu schaffen, auf die der Hund natürlich nicht reagieren darf. Künstlich geschaffene Ablenkung deshalb, damit Sie gut darauf vorbereitet sind und entsprechend auf den Hund einwirken können. Als Ablenkung können Sie z. B. einen dem Hund nicht vertrauten, später aber auch einen

Die verschiedenen Lernphasen zum Befehl „Bleib!":

- Der Hund bleibt, Sie gehen einige Meter, kommen direkt zurück.
- Der Hund bleibt, Sie gehen einige Meter, warten, kommen dann zurück.
- Sie entfernen sich ein gutes Stück, kommen zurück.
- Der Zeitfaktor wird verlängert.
- Sie entfernen sich zwar nicht weit, aber außerhalb der Sichtweite Ihres Hundes.
- Sie steigern Zeit und Distanz außerhalb der Sichtweite des Hundes.

Der Befehl „Bleib!" bedeutet, dass der Hund an seinem Platz bleiben muss, bis Sie ihn abholen oder abrufen.

dem Hund vertrauten Bekannten bitten, den Hund wegzulocken oder Ähnliches. Gehen Sie nicht zu weit weg und beobachten Sie den Hund. Reagiert er auf die Ablenkung, indem er seine Position verlässt, greifen Sie z. B. mit „Nein!", „Sitz!" und „Bleib!" ein und bringen ihn nötigenfalls wieder an den alten Platz zurück. Gehen Sie dann erneut fort, warten Sie eine kurze Weile und loben Sie ihn kräftig, wenn er Ihre Korrektur brav befolgt hat. Diese Korrekturmaßnahme gilt selbstverständlich auch für den Fall, dass Ihr Hund auch ohne Ablenkung hinter Ihnen hergelaufen ist.

Eine Erweiterung dieser Übung besteht darin, das völlig korrekte Verharren zu erlernen. Bisher hat der Hund gelernt, Ablenkungen zu igno-

Zum Einüben des Befehls „Bleib!" gehört viel Geduld. Üben Sie zunächst mit kurzen Zeiteinheiten, die erst allmählich verlängert werden.

rieren und auf Sie zu warten, wenn Sie sich fortbewegt haben. Durch tägliches Üben in den verschiedensten Situationen werden Sie erreichen, dass der Hund die Übung bald sicher beherrscht. Bedenken Sie, dass schnelle Bewegungen eine größere Verleitung sind als langsam ausgeführte Ablenkungsformen. Weglaufende Tiere üben außerdem auf den Hund einen größeren Reiz aus als Menschen.

• • • Erschweren Sie die Übung langsam und immer erst dann, wenn der Hund die vorausgegangene Schwierigkeitsstufe sicher beherrscht. Mehrere Minuten an einem Platz zu verharren, ohne seinen Herrn zu sehen, und das auch noch unter gleichzeitiger Ablenkung, ist etwas für erfahrene Hunde. Führen Sie sich aber den Nutzen vor Augen, den Sie erarbeitet haben, wenn Ihr Hund erst gelernt hat, auch stärkste Ablenkungen zu ignorieren. Er wird sich dann auch nicht dazu verleiten lassen, mit anderen Personen mitzugehen, wenn Sie es nicht ausdrücklich angewiesen haben.

Auch in der Wohnung können Sie „Bleib!" üben, indem Sie sich zunächst innerhalb des Zimmers vom Hund entfernen und sowohl die Entfernung als auch die Dauer der Übung variieren, später jedoch auch das Zimmer verlassen, wobei der Hund sich natürlich nicht wegbewegen darf.

Das Alleinebleiben zu Hause
Das Alleinebleiben zu Hause birgt – besonders beim Welpen und beim älteren Hund, der es nicht gewöhnt ist – eine Reihe von Schwierigkeiten, die

es nach und nach zu überwinden gilt. Bedenken Sie, dass der Hund als Rudeltier es nicht versteht, wenn er nicht mit darf. Auf dieses Verhalten Ihrerseits gibt es verschiedene Reaktionen. Zum einen gibt es Hunde, die jaulen und an der Tür hochspringen, was oft zu Streitigkeiten mit Vermietern und Nachbarn führt. Andere Hunde unternehmen Streifzüge durch die Wohnung und stoßen hierbei auf für sie attraktive Dinge wie den Mülleimer, den Küchentisch und andere Gegenstände, die es sofort zu untersuchen gilt. Wieder andere werden plötzlich unsauber. Die Liste kann beliebig fortgeführt werden, denn die Reaktion auf plötzliche Einsamkeit ist von Hund zu Hund verschieden.

Zum problemlosen Zusammenleben zwischen Mensch und Hund ist es jedoch unerlässlich, dass man den Hund für ein paar Stunden ohne Scherereien alleine lassen kann, wenn es die Umstände erfordern. Man verlangt hierbei nichts Unmögliches von ihm.

Beginnen Sie, wenn Sie einen Welpen erziehen, schon in den ersten Tagen mit dem Alleinelassen – allerdings nur für ganz kurze Momente. Das verringert die Komplikationen später. Hat Ihr Hund erst begriffen, dass Ihre Abwesenheit immer zeitlich begrenzt ist, wird er sich wohl oder übel damit abfinden. Die Erfahrung zeigt, dass die meisten Hunde schlafen, wenn sie für ein paar Stunden alleine gelassen werden.

Hunde, die nicht gerne alleine bleiben, leiden häufig unter so genannter „Trennungsangst". Dies ist ein ernstzunehmendes Problem, das jedoch mit einer speziellen Therapie relativ gut in den Griff zu bekommen ist. In aller Regel reicht es aber nicht, nur die

„Bleib!"-Übung zu trainieren. Manchmal ist sogar der Einsatz von Medikamenten notwendig. Günstig für ein Alleinebleiben-Training ist, wenn Sie die Übungen anfänglich so kurz halten, dass Sie immer schon wieder hereinkommen, bevor der Hund Ihr Verschwinden mit einer negativen Empfindung, also Stress oder Angst verknüpfen konnte. Auch wenn es schwer fällt sollte man gerade die Kandidaten, die offensichtlich nicht so gerne alleine bleiben, nach der Rückkehr nicht begrüßen, damit für den Hund der Unterschied alleine zu sein und im Mittelpunkt zu stehen, wenn der Besitzer wieder da ist, nicht so groß ist.

Wichtig
Gehört Ihr Tier zu der Gruppe von Hunden, die unter Trennungsangst leiden, ist eine Therapie erforderlich, denn Trennungsangst ist ein tierschutzrelevantes Problem! Die Tiere leiden unter der Trennung und haben massive Angstzustände. Wenden Sie sich an einen auf Verhaltenstherapie spezialisierten Tierarzt.

11 Korrekturwort

Um einen Hund korrigieren zu können, wenn er einen Fehler macht oder etwas tut, was unerwünscht ist, muss man ihm vorher die Bedeutung eines Korrekturwortes verdeutlichen.

• Nehmen Sie sich schmackhafte Leckerchen in beide Hände und bieten Sie Ihrem Hund aus beiden Händen Leckerchen an, die er fressen darf. Halten Sie dann in einem beliebigen Moment, wenn Ihr Hund schon etliche Leckerchen „umsonst" fressen durfte und sich gerade das nächste holen möchte, das Leckerchen gut fest und sagen deutlich Ihr Korrekturwort, beispielsweise „Nein!".

Wenn Ihr Hund sich nach einigen erfolglosen Versuchen von dieser Hand ab- und der anderen Hand zuwendet, wird er dort tatsächlich mit dem Leckerchen belohnt.

Halten Sie bei einem Hund, der diese Übung noch nicht kennt, die Hände zunächst dicht beieinander.

• • Wiederholen Sie diese Übung und erhöhen Sie den Schwierigkeitsgrad, indem Sie die Hände immer Stück für Stück weiter auseinander nehmen und dem Hund schließlich auch vom Boden aus Leckerchen anbieten, die notfalls mit dem Fuß abgesichert werden können, wenn Ihr Hund nicht sofort auf das Kommando reagiert.

Ihr Hund soll lernen, dass das Korrekturwort bedeutet: Du kannst gleich aufhören, weitere Versuche bringen nichts, versuch etwas Anderes und du wirst belohnt. Im alltäglichen Einsatz hat man dann einen Hund, der sich leicht korrigieren lässt, da er weiß, dass ein alternatives Verhalten (zum Beispiel Kontaktaufnahme zum Besitzer) zum Erfolg führen kann.

Neben diesem verbalen Kommando kann man auch ein weiteres Signal trainieren, das der Hund mit starker Frustration verbindet. Im Prinzip entspricht die Übung der oben beschriebenen, allerdings ist der Aufbau etwas anders. Als Hilfsmittel eignen sich in dieser Übung die so genannten Fisher-Discs, fünf an einem Bändchen verbundene Metallscheiben.

Bei der Konditionierung auf die Discs ist der Besitzer immer der Gute, und eine Hilfsperson führt die eigentliche Übung durch. Der Besitzer sollte ein paar Schritte entfernt stehen und mit traumhaften Leckerchen bewaffnet sein. Die Hilfsperson gibt in diesem Fall die Leckerchen und klappert, statt etwas zu sagen, in dem Moment mit den Schellen, wenn sie das Leckerchen festhält. Der Besitzer soll nun jede Regung des Hundes belohnen, wenn er von dem Leckerchen zurückweicht. Ein besonderes Lob hat sich der Hund verdient, wenn er sogar den Besitzer anschaut oder dicht an ihn herangeht.

> Der Frust, den der Hund verspürt, ist umso größer, je sicherer er sich war, dass er Leckerchen umsonst bekommt. Das bedeutet, dass der Hund zwischen zwei Klapper- oder „Nein"-Wiederholungen möglichst eine ganze Reihe (mindestens zwanzig) Leckerchen umsonst bekommen muss.

Im Alltag kann dann der Besitzer selbst die Schellen einsetzen. Das Geräusch löst dann beim Hund ein starkes Frustrationsgefühl aus. Dementsprechend sollte auch nur geklappert werden, wenn der Hund dabei ist, ein echtes Vergehen zu begehen. Von besonderer Wichtigkeit ist, dass der Hund immer vom Besitzer gelobt wird, wenn er seine fehlerhafte Handlung abbricht, denn dies ist ja das eigentliche Trainingsziel. Außerdem braucht der Hund diese positive Bestätigung, um von dem Frustgefühl herunter zu kommen.

> **Wichtig**
> Schimpfen Sie nie mit Ihrem Hund, wenn Sie ihn nicht wirklich auf frischer Tat ertappen. Strafe, die nicht unmittelbar mit seinem Vergehen in Zusammenhang steht, kann ein Hund nicht richtig deuten (siehe S. 20).

12 „Apport!"

Manche Hunde sind von sich aus sehr apportierfreudig. Sie apportieren, weil es ihnen Spaß macht, ohne dass sie es je gelernt haben. In diesem Fall brauchen Sie die Begeisterung nur noch in die richtigen Bahnen zu lenken. Andere Hunde interessieren sich nicht sehr für das Apportieren. Das heißt aber nicht, dass sie die Übung nicht erlernen können. Das Apportieren stellt für den nicht apportierfreudigen Hund einen Befehl dar wie andere Befehle auch. Zum Spielen sind Apport-Spiele bei diesen Hunden jedoch nicht geeignet, weil sie kaum echte Freude daran haben werden.

Die „Apport!"-Übung teilt man sinnvollerweise in folgende Abschnitte ein:
- Das Herstellen einer Beziehung zum Gegenstand.
- Das Aufnehmen, Halten, Tragen, Bringen und Ausgeben.

Die Beziehung zum Gegenstand
Die Beziehung zum Gegenstand ist die wichtigste Grundlage zum sauber ausgeführten Apport. Von Erfolg gekrönt ist meist die folgende Methode: Der Hund ist im Allgemeinen stets neugierig auf das, was Sie gerade tun. Seine

besondere Neugierde können Sie zusätzlich wecken, indem Sie ein regelrechtes Spektakel um Ihre momentane Aktion oder eine bestimmte Sache veranstalten.

• Nehmen Sie also beispielsweise einen Tennisball, in den Sie einen Schlitz machen, aber so, dass er nicht aufklafft. Füllen Sie diesen – ruhig unter den Augen Ihres Hundes – mit Leckerchen und legen Sie ihn dann in eine Schublade. Gut geeignet ist auch eine mit Leckerchen gefüllte Socke, die man oben zuknotet. In den folgenden Tagen gehen Sie immer wieder einmal zu der Schublade. Tun Sie sehr geheimnisvoll und reden Sie ruhig dabei, z. B.: „So ein toller Ball, ja, was haben wir denn da?" usw. Reizen Sie diese Situation aus, zeigen Sie dem Hund den Ball nur kurz und stecken Sie ihn dann wieder weg.

Das Aufnehmen und Halten
Haben Sie so das Interesse des Hundes geweckt, gehen Sie zum Aufnehmen und Halten des Gegenstandes über. Holen Sie hierzu unter dem gewohnten Tamtam den Ball hervor und lassen Sie den Hund so absitzen, dass er nicht nach hinten entweichen kann.

• Halten Sie ihm den Ball hin. Nimmt er ihn, sagen Sie gleichzeitig: „Brav!", „Halten!". Halten Sie ihm jetzt sanft mit einer Hand die Schnauze zu, so dass er den Ball weder ausspucken noch darauf herumbeißen kann. Mit der anderen Hand kraulen Sie ihn unter dem Kinn, indem Sie wiederholt sagen: „Braver Hund!", „Halten!".

• • Zunächst ist das den meisten Hunden etwas unangenehm und sie wollen weg. Verhindern Sie das von vornherein, aber schimpfen Sie nicht. Nach etwa fünf Sekunden fassen Sie mit der kraulenden Hand den Ball, lassen die andere Hand unter „Aus!" los und nehmen den Ball aus dem Fang. Mindern Sie nach und nach den Einsatz der Hand, die die Schnauze zuhält, und verlängern Sie die Zeit, die der Hund den Ball halten soll. Diese Übung ist erst als gelernt anzusehen, wenn der Hund den Ball beliebig lange im Fang hält, ohne darauf herumzukauen, und ihn erst auf Befehl ausgibt. Das ist später ganz wichtig für einen ordentlich ausgeführten Apport.

Variieren Sie das Halten im Stehen, Sitzen und Liegen. Zum Abschluss jeder „Halten!"-Übung erhält der Hund ein Leckerchen aus dem präparierten Gegenstand.

Das Tragen
Das Tragen des Gegenstandes lässt sich am besten üben, wenn Sie den Ball mit auf den Spaziergang nehmen. Der Hund sollte ruhig zusehen, wenn Sie ihn einstecken.

• Auf dem Rückweg des Spazierganges geben Sie kurz vor Erreichen der Haustür dem Hund unter „Halten!" den Ball in den Fang und gehen dann mit dem angeleinten Hund weiter. Vor der Haustür lassen Sie sich den Ball ausgeben und belohnen den Hund mit einem Leckerchen. Zu Beginn dieser Übung sollten Sie stets Strecken wählen, deren Ziel der Hund kennt, wie beispielsweise den Weg zur Wohnung oder zum Auto. So fällt dem Hund das Ausführen des Befehls leichter.

• • Dehnen Sie nach und nach die Distanz aus, die Ihr Hund den Ball

Viele Hunde bringen von sich aus ihr Lieblingsspielzeug, wenn sie spielen möchten. Das ist bereits der erste Schritt zum Erlernen des Apportierens.

tragen darf. Und ändern Sie im Laufe der Zeit sowohl die Strecken, auf denen der Hund den Gegenstand tragen soll, als auch den Gegenstand selbst, so dass er die Übung später weder an eine bestimmte Strecke noch an einen bestimmten Gegenstand knüpft.

Das Bringen und Ausgeben
• Nach Erlernen dieser Übung gehen Sie dazu über, unter „Halten!" und „Komm!", „Apport!" den Hund zu veranlassen, Ihnen den Ball, den er trägt, zu bringen, wenn Sie einige Meter entfernt stehen. Später legen Sie den Ball in geringer Entfernung zum Hund hin, gehen einen Meter weg und lassen sich den Ball unter „Apport!" bringen. Steigern Sie nach und nach die Distanz zwischen sich

und dem Hund sowie zwischen Hund und Ball. Bringt Ihr Hund auf „Apport!" den verlangten Gegenstand, können Sie einen Schritt weitergehen und den Ball werfen. Nach Ihrem Befehl „Apport!" sollte der Hund loslaufen, um Ihnen den Ball zu bringen.

• • Für einen sauberen Apport ist darauf zu achten, dass der Hund nicht mit dem Bringsel herumspielt, sondern die Übung ordentlich beendet, indem er Ihnen den Gegenstand auf den Befehl „Aus!" hin sofort gibt. Schon beim Aufnehmen des Bringsels sollte er nur einmal zupacken und es nicht übermütig hochwerfen. Diese Sperenzchen sind nur beim Spiel erlaubt und strikt vom echten Befehl zu trennen. Bei der „Apport!"-Übung ist wichtig, dass der

59

Hund das Bringsel auf dem schnellstmöglichen Weg bringt und zwischendurch nicht trödelt. Die Übung ist immer erst beendet, wenn der Hund den Gegenstand ordentlich abgeliefert hat und Sie sie z. B. mit „Lauf!" für beendet erklären.

• • • Das Bringen kann man nach und nach dadurch erschweren, dass der Hund beispielsweise über ein Mäuerchen springen muss oder das Bringsel aus einem Gewässer heraus apportiert. Ein sauber ausgeführter Apport sieht so aus, dass der Hund den Gegenstand schnellstmöglich zu Ihnen bringt, frontal oder seitlich absitzt und

Das Bringsel muss nach dem Apport sauber ausgegeben werden.

ihn erst auf Ihren Befehl hin loslässt. Durch kontinuierliches Training wird Ihr Hund das bald verstanden haben und mit Eifer bei der Sache sein. Hat Ihr Hund die Grundübung sicher begriffen, können Sie ihn durch das Aufbauen einer Beziehung zum Gegenstand auch für beliebige andere Bringsel begeistern (vgl. Übung 46: „Apport!"-Übungen).

13 Gehen und Bleiben in einer Menschenmenge

Ziel dieser Übung ist es, mit dem Hund, der unangeleint bei „Fuß!" läuft, durch eine Menschenmenge zu gehen, ohne dass er Ihnen von der Seite weicht. Diese Übung wird besonders wichtig, wenn Sie später Ihren Hund einmal mit in die Stadt nehmen wollen. Das Gehen durch eine Menschenmenge löst jedoch bei einigen Hunden eine regelrechte Fluchtreaktion und Verwirrung aus.

• Lassen Sie Ihren Hund bei „Fuß!" gehen, lenken Sie ihn ab, indem Sie mit ihm reden, ihn loben und – wenn es ein großer Hund ist – ihn während des Laufens am Ohr kraulen. Bei dieser Übung gibt es verschiedene Varianten, die zunächst an der Leine, später frei laufend geübt werden. Zunächst gehen Sie durch eine kleine Menschenmenge, die sich ruhig verhält. Beherrscht Ihr Hund dies, steigern Sie die Schwierigkeit. Für diese Übung benötigen Sie die Hilfe einer Gruppe von Menschen, die sich laut unterhält und beispielsweise mit scheppernden Büchsen Krach macht und sich hin- und herbewegt. Gehen Sie unter „Fuß!" zusammen mit Ihrem

Hund hindurch. Achten Sie stets darauf, dass die „Fuß!"-Übung sauber ausgeführt wird.

•• Lassen Sie dann, um die Übung in der folgenden Lernphase zu erschweren, die Gruppe einen Kreis bilden, der immer enger wird. Der Hund soll auf Ihr Kommando hin in der Mitte des Kreises ruhig stehen, sitzen oder liegen bleiben. Zuletzt üben Sie dies mit dem unter „Bleib!" abgelegten Hund. Sie stehen in diesem Fall außerhalb der Gruppe. Verlässt der Hund entgegen Ihrem Befehl seine Stellung, greifen Sie mit „Nein!", „Platz!" und „Bleib!" ein und wiederholen die Übung. Je näher die Gruppe kommt, desto schwieriger wird natürlich die Übung. Rufen Sie den Hund zum Schluss dieser Übung aus dem Kreis heraus oder holen Sie ihn ab.

> **Hinweis**
> Der Kreativität für neue Variationen bei dieser Übung sind keinerlei Grenzen gesetzt!

14 Verweigern

Diese Übung zielt darauf ab, dem Hund beizubringen, herumliegendes Essen sowohl zu Hause als auch auf dem Spaziergang zu ignorieren. Da es in der heutigen Zeit leider immer wieder passiert, dass ein Hund durch Fressen von Unrat erkrankt oder gar einen Giftköder erwischt und auch Tierfänger oft versuchen, Hunde mit Futter wegzulocken, sollte es zur guten Erziehung des Hundes gehören, weder von Fremden etwas anzuneh-

men noch beliebige Sachen, die er findet, zu fressen. Gewöhnen Sie Ihrem Hund beides rechtzeitig ab.

• Als Vorbereitung für diese Übung müssen Sie dem Hund zunächst beibringen, auf einen bestimmten Befehl hin (z. B. „Pfui!") ihm angebotene Sachen nicht anzurühren: Lassen Sie ihn in einer beliebigen Stellung „Bleib!" machen, und reichen Sie ihm mit der Hand Futter. Halten Sie es gut fest, so dass er es Ihnen nicht abnehmen kann. Will er es doch nehmen, greifen Sie mit „Nein!", „Pfui!" ein. Beherrscht er diese Übung des Verweigerns gut, werfen Sie ihm im nächsten Schritt einen Happen entgegen und verfahren in der beschriebenen Weise.

•• Erschwert wird die Übung später in der Wohnung, indem Sie etwas Essbares herumstehen lassen und den Hund beobachten, ohne dass er es bemerkt. Auf diese Weise sind Sie in der Lage, jederzeit einzugreifen, wenn er die Sachen „stehlen" will. Schließen Sie ruhig die Tür und beobachten Sie ihn durchs Schlüsselloch oder lassen Sie die Tür einen Spalt offen. Schreiten Sie sofort mit „Pfui!" ein, sobald sich Ihr Hund doch über die jeweiligen Sachen hermacht. Verlängern Sie nach und nach die Zeit, in der der Hund scheinbar unbeobachtet ist, bis Sie davon ausgehen können, dass er sich nicht unerlaubterweise über zufällig oder absichtlich herumliegende Dinge hermacht.

••• Im Freien sollten Sie für diese Übung die Hilfe eines Bekannten in Anspruch nehmen. Lassen Sie die betreffende Person verschiedene

61

Köder auslegen, die eine gewisse Größe haben, z. B. eine Scheibe Wurst, ein Brötchen oder Ähnliches. Würden Sie selbst diese „Fallen" stellen, wäre die Übung sinnlos, da der Hund sofort riecht, dass die Köder von Ihnen kommen. Verabreden Sie nun genau die Plätze, an denen die Köder ausgelegt sind und schlendern Sie auf Ihrem Spaziergang ganz normal dort vorbei. Der Hund sollte dabei unweigerlich auf die Köder stoßen müssen. Ihr Vorteil ist, dass Sie genau wissen, wo die Köder sind. So können Sie sofort eingreifen, wenn der Hund sich dem Köder nähert. Loben Sie den Hund überschwänglich, wenn er die Köder ignoriert.

Ihre Hilfsperson kann auf dem Spaziergang den Hund auch wie zufällig treffen und ihm einen Bissen anbieten. Greifen Sie ein und korrigieren Sie den Hund mit „Pfui!", sobald er den Happen nimmt. Ihre Hilfsperson kann dem Hund auch einen Fleischhappen anbieten, der mit etwas vermischt ist, das der Hund gar nicht mag (z. B. Senf). Auf diese Weise erreichen Sie, dass er in Zukunft nicht mehr so leichtfertig von fremden Personen Futter annimmt. Eine andere Möglichkeit ist, Ihre Hilfsperson zu bitten, in dem Moment, in dem der Hund das angebotene Futter nimmt, beispielsweise mit einer Wasserpistole strafend auf ihn einzuwirken.

Frisst Ihr Hund auf seinen Spaziergängen permanent Fäkalien, handelt es sich entweder um eine schlechte Angewohnheit, der man mit einem speziellen Training beikommen kann oder vielleicht auch um eine nicht richtig ausgewogene Futterzusammenstellung. Besprechen Sie dieses Problem gegebenenfalls mit Ihrem Tierarzt oder wenden Sie sich an einen erfahrenen und modernen Hundetrainer.

15 „Voraus!"

Auf den Befehl „Voraus!" hin soll der Hund geradlinig solange vorauslaufen, bis er einen neuen Befehl erhält (z. B. „Steh!", „Sitz!", „Platz!", „Down!" oder andere). Durch das Beherrschen dieses Befehls wird Ihr Hund leicht lenkbar: Er kann beispielsweise in einer engen Gasse vorgeschickt werden (vgl. Übung 55: Führigkeit auf Distanz).

• Dem Hund den Befehl „Voraus!" zu vermitteln, ist eine etwas knifflige Sache, da es für ihn schwer zu begreifen ist, gerade in eine Richtung zu laufen, ohne ein Ziel vor Augen zu haben. Eine einfache Möglichkeit, um ihm die Übung verständlich zu machen, ist folgende: Da ein Hund leichter auf ein bekanntes Ziel zuläuft, behelfen Sie sich am besten mit einem auffälligen Gegenstand, z. B. einer Tasche oder einer Jacke. Diese deponieren Sie zunächst im Beisein des Hundes gut sichtbar an einer Bank oder auf freiem Feld. Gehen Sie dann gemeinsam von dort weg. Die anfängliche Distanz sollte fünf bis zehn Meter nicht überschreiten. Schicken Sie nun Ihren Hund unter „Voraus!" in die Richtung Ihrer Jacke, indem Sie mit der Hand in die Richtung weisen. Für den Fall, dass er keine Anstalten macht, zu dem ausgelegten Gegenstand zu laufen, können Sie stattdessen dort auch einen besonderen Leckerbissen oder sein Lieblingsspiel-

Eine schwierige, aber oft nützliche Sache: der Befehl „Voraus!"

zeug deponieren – eventuell ist dann der Anreiz größer. Ist er bei dem Gegenstand angekommen, rufen Sie ihm ein „Sitz!" oder „Steh!" zu, gehen Sie dann zu ihm und loben Sie kräftig. Diese Übung machen Sie solange, bis Ihr Hund direkt auf die Sache zuläuft und dort auch brav verharrt.

• • Steigern Sie die Distanz nach und nach, und üben Sie stets an verschiedenen Orten. Beherrscht Ihr Hund diese Übung, gilt es in der zweiten Lernphase, den Eindruck zu löschen, immer nur zu Ihren Sachen laufen zu müssen. Dies bringt man ihm am besten in zwei Schritten bei: Rufen Sie Ihren Hund etwa fünf bis zehn Meter vor dem deponierten Gegenstand mit „Steh!" ab und loben Sie in gewohnter Weise, wenn er Ihren Befehl befolgt hat. Nehmen Sie nach und nach kleinere Gegenstände und lassen Sie diese schließlich ganz weg. Der Hund sollte inzwischen sicher in die von Ihnen gewiesene Richtung laufen, bis Sie ihn stoppen. Der Gegenstand tritt so nach und nach in den Hintergrund. Das geradlinige Laufen erfordert einiges Training und muss immer wieder geübt werden, bis es zur Routine wird.

16   Schussgleichgültigkeit

Die Schussgleichgültigkeit ist bei vielen Hunden bereits natürlicherweise von Anfang an gegeben. Wenn nicht, bedarf es eines großen Einfühlungsvermögens, dem Hund die Angst und das Unwohlsein gegenüber lauten Geräuschen zu nehmen. Silvesterknaller sind ebenfalls oft beim Hund verhasst. Man muss sich vor Augen

halten, dass er schließlich ein um ein Vielfaches besseres Gehör hat. Gerade bei Knallern sollten Sie darauf achten, dass er nie schlechte Erfahrungen damit machen kann. Bedenken Sie, dass ein Hund besser verschreckt wegspringt, sobald ein Knallkörper anfängt zu zischen, als dass er sich neugierig auf die Suche macht und dann genau in dem Moment über dem Kracher steht, in dem dieser explodiert. Die Verletzungsgefahr bei Silvesterkrachern ist ohnehin recht groß. Halten Sie Ihren Hund, so gut es geht, von solchen Situationen fern, um schlimme Verletzungen zu vermeiden. Derartige Schrecksituationen setzen sich oft so tief fest, dass es zu neurotischen Handlungen und Angstzuständen kommt, die nur sehr schwer wieder rückgängig zu machen sind.

Das Auflegen der flachen Hand auf die Lendenpartie des Rückens vermittelt dem Hund eine gewisse Sicherheit. Vorsicht jedoch vor dem guten Zureden, zu dem wir Menschen uns schnell verleiten lassen, denn der Hund bezieht Ihren mitleidigen und schmeichelnden Tonfall direkt auf seine Angst und koppelt auf diese Weise sein Angstgefühl mit Ihrem „Lob". Das verstärkt seine Angst nur, anstatt sie zu beseitigen.

• Bewährt hat sich zur Gewöhnung an laute Geräusche oder Schüsse die Methode, einen leisen und gedämpften Schuss immer vor einem freudigen Ereignis wie beispielsweise dem Spaziergang oder dem Fressen abzugeben; so kann der Hund schließlich die Verknüpfung zwischen dem Schuss als zunächst Angst auslösendem Reiz und der Vorankündigung für ein positives

Gewöhnen Sie Ihren Hund schon in frühester Jugend an plötzliche laute Geräusche. Dann wird er später gelassen darauf reagieren.

Erlebnis herstellen (vgl. Übung 32: Ängste und Unsicherheit).

Für die Gewöhnung sind leisere Schüsse wie bei einigen Spielzeugpistolen geeignet oder das Klappern mit einer Blechbüchse, in der sich einige Kieselsteine befinden. Bitten Sie einen Bekannten, auf dem Spaziergang zu schießen bzw. mit einem Gegenstand laut zu klappern.

Für den Fall, dass Sie selbst eine Schreckschusspistole besitzen, ist es das beste, Sie schießen – allerdings ohne dass Ihr Hund bemerkt, dass Sie es sind, der geschossen hat. Loben Sie den Hund nach jedem Schuss mit freudiger Stimme, und fordern Sie ihn zum Spiel auf, bis er den Schuss mit etwas Positivem gekoppelt hat.

Reagiert Ihr Hund mit Flucht, sollten Sie Hilfe bei einem auf Verhaltenstherapie spezialisierten Tierarzt oder einem erfahrenen und modernen Hundetrainer suchen, um das Problem schnellstmöglich auszuarbeiten.

 17 **„Spring!"**

Das Springen über verschiedene Hürden sowie das Überwinden anderer Hindernisse sind recht einfache Übungen. Die Höhe des Hindernisses muss der Größe des Hundes angepasst sein. Hier wird diese Übung bewusst noch unter die Rubrik der Grundausbildung gesetzt, da sie die Reihe der die Konzentration erfordernden Unterordnungsübungen etwas auflockert und den meisten Hunden Spaß macht. Außerdem gibt es auf den Trainingsplätzen der meisten Hundesportplätze Hürden, die Sie für diese Übung gut nutzen können.

• Zum Erlernen der Übung verwendet man eine kleine Hürde, die in der Höhe verstellbar sein sollte. Versucht

Das Überspringen einer niedrigen Hürde erlernt der Hund rasch, wenn Sie ihn von der anderen Seite der Hürde aus zu sich heranrufen.

Ihr Hund auch noch nach Zureden oder sogar dann, wenn Sie auf der anderen Seite der Hürde stehen und ihn mit einem Leckerchen locken, unter der Hürde hindurchzukriechen, verwenden Sie eine geschlossene Hürde, die dies unmöglich macht. Ebenfalls günstig ist es, zu Beginn eine Hürde zu verwenden, die seitlich geschlossene Wände hat. Führen Sie den angeleinten Hund an die Hürde heran, gehen Sie selbst auf die andere Seite. Animieren Sie ihn durch ein Leckerchen oder sein Lieblingsspielzeug zum Sprung und geben Sie gleichzeitig den Befehl „Spring". Loben Sie kräftig, wenn er – egal wie – über die Hürde gelangt ist!

• • Erschweren Sie die Übung später durch höhere und offene Hürden. Lassen Sie den Hund auch ruhig auf dem Spaziergang über Äste, ein Mäuerchen oder Ähnliches springen, um den Befehl zu festigen. Trainieren Sie den Sprung aus dem Stand und aus dem Lauf heraus. Den meisten Hunden macht das riesigen Spaß.

Wichtig
Denken Sie immer an die Gelenke des Hundes und überfordern Sie ihn nicht! Ein Hund lässt sich leider allzu schnell dazu verleiten, zu hoch zu springen, nur um Ihnen zu gefallen. Behalten Sie also Maß.

• • • Zur Erweiterung der Übung kann es gehören, z. B. bei „Fuß!" und „Voraus!" die Hürden zu überwinden. Beherrscht Ihr Hund den Befehl „Spring!" gut, können Sie beispielsweise dazu übergehen, ihn zunächst

Die meisten Hunde haben Spaß daran, über Hindernisse zu springen.

über einen niedrigen Stock springen zu lassen, um dann nach und nach sowohl die Höhe als auch die Gegenstände, über die er springen soll, zu variieren: über die gespannte Leine, über Ihr Bein, durch einen Reifen, über eine Kette usw. Hier sind der Phantasie keine Grenzen gesetzt.

Wenn Sie einen besonders springfreudigen Hund haben, dessen Größe und Gewicht es zulassen, versuchen Sie die Übung doch einmal in der Form, dass er Ihnen auf den Arm springt. Hierbei müssen Sie allerdings auch ein gewisses Geschick mitbringen, um den Hund im richtigen Moment zu halten. Gipsy, die kleine Mischlingshündin meiner Freundin, hat sich dieses Auf-den-Arm-Springen angewöhnt, wenn sie zum „Gassigehen" gerufen wird oder aber wenn meine Freundin nach Hause kommt. Die große Freude des Hundes wird auf diese Weise kanalisiert.

Obedience

Obedience bedeutet übersetzt „Gehorsam"; und genau darum geht es auch bei der gleichnamigen Sportart. Es handelt sich dabei im Wesentlichen um Übungen aus dem Bereich der Grundausbildung, die hier im sportlichen Wettkampf eingesetzt und verlangt werden.

Wie im Allgemeinen bei sportlichem Wettstreit sind auch hier Wettkampfbedingungen vorgegeben. Die Bewertung der Übungen erfolgt nach einem Punktesystem, das natürlich auch Punktabzug beinhaltet. Bewertet werden bei den nachfolgenden Übungen nicht nur deren Ausführung, sondern auch die Freude und der Wille bei der Arbeit sowie der offenkundige Teamgeist zwischen Mensch und Hund.

18 Frei „Bei Fuß!"

Bei der Übung werden zwei Stopps aus normaler und langsamer Gangart heraus, zwei Kehrtwendungen nach rechts in langsamer Gangart und im Laufschritt und je zwei Drehungen nach links und rechts bei jeder der drei Gangarten verlangt.

19 „Steh!" und „Sitz!"

Der Hund muss die Übungen „Steh!" und „Sitz!" aus der Bewegung heraus unter Zuruf durchführen und in der jeweiligen Stellung solange verharren, bis er abgerufen wird.

20 Abrufen mit „Steh!" und „Platz!"

Der Hundeführer muss seinen Hund auf Geheiß des Prüfungsleiters etwa 25 m weit wegführen und dort unter „Platz!" ablegen. Wenn der Besitzer in die Ausgangsstellung zurückgekehrt ist, wird der Hund mit „Hier!" abgerufen und unter „Steh!" arretiert, nachdem er etwa ein Drittel der Entfernung zurückgelegt hat. Die Übung wird mit „Hier!" fortgeführt. Nach einem weiteren Drittel der Strecke muss der Hund unter „Platz!" erneut kurz abliegen, bis er schließlich ganz herangerufen wird.

21 „Voraus!" mit den Anweisungen „Platz!", „Steh!", „Hier!", Fuß!"

Der Hund soll unter „Voraus!" an eine in etwa 10 m Entfernung gekennzeichnete Stelle vorausgeschickt und dort mit „Steh!" angehalten werden. Wiederum mit dem Befehl „Voraus!" wird er nach einer kurzen Pause in ein so genanntes Pausenviereck geschickt. Bei dem Pausenviereck handelt es sich um einen mit dünnen Brettern am Boden markierten Bereich, in dem der Hund unter „Platz!" abliegen soll, während man auf ein Zeichen vom Prüfungsrichter hin auf den Hund zugeht. Etwa 2 m vor dem Pausenviereck biegt man nach rechts ab und geht 10 m weiter, macht dort erneut

Im Obedience muss der
Hund auf Distanz die Befehle
seines Besitzers korrekt befolgen – eine Aufgabe, die nur
in einem eingespielten Team
perfekt funktioniert.

eine Rechtsdrehung und schreitet 10 m fort, bis man dann den Hund mit „Hier!" abruft und mit ihm bei Fuß weitergeht.

22 „Apport!" und Sprung über eine Hürde

Es gilt bei dieser Übung, den zu apportierenden Gegenstand über eine Hürde zu werfen, während der Hund neben dem Hundeführer wartet. Unter „Apport!" soll er dann über die Hürde springen, den Gegenstand aufnehmen, dann – wieder die Hürde im Sprung nehmend – zum Besitzer zurückkommen und, ohne auf dem Gegenstand herumzukauen, warten, bis er den Befehl „Aus!" erhält. Dar-

aufhin muss er den Gegenstand sofort hergeben.

23 „Apport!" mit Anweisung „Rechts!" und „Links!"

Bei der Vorbereitung dieser Übung werden drei Holzhanteln auf einer geraden Strecke jeweils im Abstand von etwa fünf Metern ausgelegt. Der Hundeführer begibt sich dann mit dem Hund vom mittleren Gegenstand etwa 15 m entfernt an einen Standort, von wo aus er den Hund mit „Voraus!" losschickt und nach etwa 7 m anweist, den mittleren, den rechten oder den linken Gegenstand zu bringen. Diese Anweisungen erfolgen

Anspruchsvoll ist diese Obedience-Übung, bei welcher der Hund zuerst eine Hürde überspringen und dann die Hantel apportieren muss.

durch Sicht- und Hörzeichen (z. B. „Mitte!", „Rechts!", „Links!"). Der Apport muss ordentlich zu Ende geführt werden; er wird vom Hundeführer schließlich mit „Aus!" beendet.

24 „Such!" und „Apport!"

Die Vorbereitung dieser Übung besteht darin, dass der Hundeführer vom Prüfungsrichter einen Gegenstand zugewiesen bekommt, den er beispielsweise durch eine kleine Kerbe kennzeichnen muss. Damit dieser den Geruch des Hundeführers annimmt, darf er ihn eine Weile bei sich behalten. Der Hund darf bei dieser Vorbereitung nicht anwesend sein. Schließlich werden sechs gleiche Gegenstände – darunter der gekennzeichnete – in Abwesenheit von Hundeführer und Hund ausgelegt. Innerhalb von drei Minuten soll der Hund, der 10 m von den Gegenständen entfernt mit „Such!" und „Apport!" losgeschickt wird, den gekennzeichneten Gegenstand seinem Besitzer bringen.

25 Kontrolle auf Distanz

Der Hund wird abgelegt, während sich der Hundeführer 15 m von ihm entfernt. Aus der Entfernung heraus bekommt der Hund nun von seinem Herrn die Befehle „Platz!", „Steh!" und „Sitz!" in einer beliebigen Rei-

henfolge, die der Prüfungsrichter festlegt. Insgesamt muss der Hund sechsmal die Position ändern, ohne seinen Standort zu verlassen.

26 Zweiminütiges Sitzen in einer Gruppe mit den Befehlen „Sitz!" und „Bleib!"

Hierbei werden alle Hunde des Wettkampfes in Reihen mit jeweils 3 m Abstand zueinander mit „Sitz!" und „Bleib!" zurückgelassen, während sich die Hundeführer außer Sichtweite der Hunde begeben. Die Übung gilt als erfolgreich abgeschlossen, wenn sich die Hunde während der zwei Minuten, die die Übung dauert, nicht hinlegen, aufstehen oder sich wegbewegen.

27 Ablegen mit Ablenkungen

Bei dieser Übung ist die Ausgangssituation dieselbe wie bei der vorher beschriebenen, nur dass die Hunde nicht sitzen, sondern liegen sollen. Sobald die Hundeführer außer Sichtweite sind, beginnt die vierminütige Phase der Ablenkung durch den Prüfungsrichter, der Slalom durch die Reihen geht. Setzen sich die Hunde hin oder winseln sie, führt dies zu Punktabzug.

Übungen für den Alltag

Einführung

Mit kleinen Aufgaben, die man auf dem Spaziergang und zu Hause immer wieder einstreut, festigt man nicht nur das Verhältnis zwischen Hund und Besitzer, sondern wirkt auch der Lustlosigkeit entgegen, die durch Langeweile entsteht.

Jeder Befehl ist hier geeignet, sei er nun sinnvoll – d.h. mit praktischem Nutzen für uns – oder sei es einfach nur ein Spaß-Befehl. Da der Hund das nicht unterscheiden kann, bleibt es für ihn einerlei. Es zählt nur Ihr Lob und Ihre offensichtliche Freude über einen brav ausgeführten Befehl.

Fordern Sie Ihren Hund in allen möglichen Situationen mit Aufgaben heraus, die er schon beherrscht, oder widmen Sie sich einer neuen Aufgabe. Der Hund wird Ihnen mit Liebe, Aufmerksamkeit und Ausgeglichenheit danken, dass Sie ihm dauerhaft Interesse entgegenbringen und seinen Alltag abwechslungsreich gestalten.

In diesem Kapitel sollen nun weitere, im Alltag in besonderer Weise nützliche Befehle erklärt werden. Sie wurden meist den verschiedenen Sparten der Diensthundeausbildung entnommen, können aber auch für den privaten Hundefreund eine erhebliche Bedeutung erhalten, da sie das tägliche Leben vereinfachen. Der Hund bekommt durch das Erlernen dieser Befehle neue Aufgaben, die ihn fordern und durch die er die ersehnte Anerkennung finden kann.

Leine

Die Leine ist in der Ausbildung das einfachste Hilfsmittel, da sie stets zur Hand ist. Für die Anlernphase ist sie bei Such- und Apportaufgaben ein leichtes Objekt, da der Hund die Leine gut kennt und sie anhand ihres Geruches noch leichter als beispielsweise einen Stock oder etwas anderes identifizieren kann.

Die Leine kann mannigfaltige Bedeutungen für den Hund bekommen. Zum einen ist sie Signal für einen Spaziergang, aber auch eine verlängerte Hand von Ihnen, mit der Sie Ihren Hund sicher unter Kontrolle haben, wenn es die Situation einmal erfordert.

Beim Spiel erlangt die Leine eine weitere Bedeutung für den Hund, sowohl bei den Ziehspielen als auch als Wurfobjekt bei den Apportspielen.

Die meisten Hunde wissen schnell, was die Leine bedeutet. Diese Bedeutung kann noch erweitert werden, sobald die Verknüpfung mit dem Wort Leine erfolgt ist. Lassen Sie sich dann die Leine beispielsweise vor dem Spaziergang von Ihrem Hund bringen, oder üben Sie mit ihm während des Spaziergangs „Such die Leine verloren!" (Übung 47).

Verlangen Sie von Ihrem Hund sowohl beim Ausgeben der Leine nach Apport-Übungen als auch beim angeleinten Spazierengehen die erforderliche Disziplin. Das bedeutet, dass der Hund weder an der Leine herumbeißen noch an ihr zerren darf.

So gewährleisten Sie, dass Sie wie immer der Boss sind, der das Recht hat zu bestimmen, was getan wird. Der Hund wird sich auch in diesem Fall mit viel Freude nach Ihnen richten.

Wichtig
Die Leine sollte nicht durch eine falsche Freizügigkeit Ihrerseits zum immer verfügbaren Spielzeug für den Hund werden. Bestimmen Sie, ob und wann Ihr Hund mit der Leine spielen darf.

Hundeschulen

Hundeschulen sind sinnvolle Einrichtungen, wenn sie gut geleitet werden. Leider muss man an dieser Stelle betonen, dass es auch unter den Hundetrainern einige schwarze Schafe gibt. Suchen Sie sich eine gute Hundeschule heraus, falls Sie sich für den Hundesport begeistern! Das wichtigste ist ein erfahrener Trainer, der Ihnen als möglicherweise noch unerfahrenem Hundehalter Tipps geben kann. Was man leider allzu oft in Hundeschulen antrifft, sind Hundeführer, die schreien oder gar schlagen, um eigenes Versagen oder ihre Minderwertigkeitskomplexe zu vertuschen. Halten Sie hiervon unbedingt Abstand. Das Ergebnis einer solchen Erziehungsmethode sind verschreckte Tiere, die nie die Gelegenheit hatten, in einem ordentlichen Sozialverband leben oder ein normales Sozialverhalten zeigen zu dürfen.

Sinnvoll an einer Hundeschule ist, dass sich Gleichgesinnte treffen und Erfahrungen austauschen können. Ebenso ist die Möglichkeit gegeben, dem Hund unter Ablenkung – die vielen anderen Hunde und Gerüche – Aufmerksamkeit abzufordern, was nach einigen Stunden gut klappen wird.

Geübt werden sollte stets in kleinen Gruppen mit Hunden, die etwa die gleichen Voraussetzungen mitbringen, so dass von allen dieselben Übungen gemacht werden können. Im Vordergrund stehen Übungen wie das Gehen bei Fuß, durch eine Gruppe oder das Verharren am Platz, während ein anderer Hund bei Fuß vorbeigeführt wird. Auch die üblichen Geräte wie Tunnel und Hürden finden viel Anklang.

Falsch wäre es zu erwarten, dass Ihr Hund die Übungen überall beherrscht, wenn er sie auf dem Übungsplatz gelernt hat. Geübt werden muss überall und in verschiedenen Situationen, sonst erreichen Sie nie die Festigung, die Sie wollen. Ebenso ungeeignet ist es, einen Hund für eine gewisse Zeit in eine Hundeschule zu schicken und zu erwarten, dass er danach bei Ihnen ebenso gut pariert. Sie sollten nicht die Bequemlichkeit Oberhand gewinnen lassen. Schließlich haben Sie sich doch für das Halten eines Hundes entschieden – Sie müssen sich also auch mit den Erfordernissen auseinandersetzen.

Eine sehr gute Möglichkeit hierfür ist ein „Urlaubsseminar mit Hund". Dieser Service wird von einigen Hundeschulen angeboten. Dort können Sie unter der Anleitung von Fachleuten Ihren Hund selbst schulen. Genauso gut wie ein Übungsplatz ist aber

In der Welpen- und Junghundgruppe erlernen die Junghunde beim Spielen und Toben das richtige Sozialverhalten gegenüber Artgenossen. Günstig ist es, wenn in den Spielablauf auch Gehorsamsübungen integriert werden.

auch jede Wiese und jedes Feld, auf dem Sie mit anderen Hundebesitzern üben können. Sprechen Sie sich doch einfach ab, ob nicht hier und da für alle zusammen einige Übungen eingeschoben werden sollten. Es liegt schließlich im Interesse aller Besitzer, dass die Hunde gut erzogen sind, und wann hat man mehr Zeit als auf einem Spaziergang?

Wenn Sie als aktives Mitglied in einem Hundeverein Hundesport betreiben wollen, sollten Sie natürlich Ihren Verein besonders sorgfältig auswählen. In den meisten Städten gibt es mehr als eine Hundeschule oder einen Hundesportverein. Besuchen Sie am besten mehrere und nehmen Sie an einer in der Regel kostenlosen Pro-

bestunde teil, bevor Sie sich für den Club entscheiden, der Ihnen von den Trainern, anderen Teilnehmern und von den angewandten Methoden her am meisten zusagt.

28 Das stille Örtchen

Eine besonders praktische Übung im Alltag ist, dem Hund beizubringen, sich auf einen bestimmten Befehl hin zu versäubern.

Sehr leicht lernen Hunde diese Verknüpfung herzustellen, wenn sie bereits einen Ort haben, an dem sie sich schon oft gelöst haben. Führen Sie den Hund zu einer Zeit an diesen Ort aus, zu der er auch sonst sein Geschäft

Hinweis
Diese Übung kann auch ein Hund lernen, der bereits stubenrein ist und vielleicht jahrelang nach Gutdünken an beliebigen Orten sein Geschäft gemacht hat!

erledigt, und beobachten Sie ihn genau. Sagen Sie dann in dem Augenblick, wenn sich Ihr Hund hinhockt, um sich zu lösen, und auch beim Pinkeln, immer den gleichen Befehl, z. B. „Mach schnell". Letztendlich kommt es nicht auf die Bedeutung des Wortes an, sondern nur auf die Verknüpfung, die der Hund damit herstellen soll. Loben Sie ihn leise, während er sich versäubert. Zusätzlich können Sie ihm auch ein kleines Leckerchen anbieten, wenn er fertig ist. Wenn Sie eine Zeitlang so verfahren, wird ab einem gewissen Moment das Lautzeichen beim Hund das Bedürfnis auslösen, sich zu versäubern. Wichtig ist, dass Sie den Hund – auch wenn er den Befehl schon beherrscht – immer wieder einmal ausgiebig loben, denn sonst löschen Sie mit der Zeit seine unwillkürliche positive Reizkopplung wieder.

29　Hundepfeife

Hunde auf ein neutrales Signal wie einen Pfeifton zu trainieren ist besonders einfach und birgt verschiedene Vorteile. Der entscheidendste ist, dass der Signalton nicht wie die menschliche Stimme auch Emotionen preisgibt. Dies bedeutet, dass das Signal für den Hund immer gleich ist und deshalb auch leichter verständlich. Besonders

bei ängstlichen Hunden oder solchen, die bei früherem Ungehorsam schon einmal bestraft worden sind, kann man häufig beobachten, dass sie, sobald sich die Tonlage des Besitzers in Richtung Ärger ändert, vielleicht weil sie nicht direkt auf das Kommando gehört haben, nur noch zögerlich kommen und damit unweigerlich weitere Wut heraufbeschwören.

Das Pfeifen kann man als zusätzliches Rückrufkommando nutzen, das, wenn das Training fehlerfrei aufgebaut wurde, besser funktioniert als ein verbales Kommando. Es kann dann auch in kritischen Situationen eingesetzt werden.

Wichtig
Beim Trainingsaufbau kann man nur einen einzigen Fehler machen: zu schnell vorgehen. Das Pfeifentraining muss tatsächlich in so kleinen Schritten aufgebaut werden, sonst kann ein Hund mangels genügend häufiger Wiederholungen niemals die Zuverlässigkeit an den Tag legen, die für einen guten Gehorsam notwendig ist.

Der Hund wird gezielt auf den Ton trainiert, den Sie benutzen. Auch die Tonfolge muss in den Übungen immer gleich sein!

Grundübung: Pfeifen Sie etwa zehn Tage lang mehrmals täglich zunächst nur zu Hause und nur direkt bei folgenden Anlässen:
– vor oder beim Fressen
– vor oder beim Spielen
– vor oder beim Schmusen
– vor dem Spaziergang
und vor jeder anderen Situation, die Ihr Hund liebt.

• Pfeifen Sie, wenn Sie in einem anderen Zimmer sind als Ihr Hund. Wenn er kommt, erhält er ein tolles Lob und eine besonders attraktive Belohnung (Spiel oder Futter).

Pfeifen Sie in ablenkungsfreien Situationen draußen, aber nur mit dem angeleinten Hund und belohnen Sie sein Hoch- oder Umschauen sofort mit einem ganz besonders schmackhaften Leckerchen oder seinem Lieblingsspielzeug.

Diese beiden Übungen wiederholen Sie gleichzeitig mit der Grundübung wiederum täglich mehrmals während weiterer zehn Tage.

• • Danach gestalten Sie die Übung schwieriger, indem Sie ein Versteckspiel innerhalb der Wohnung mit dem Hund machen. Verstecken Sie sich hinter Türen, unter, hinter oder auf einem Tisch, unter, auf oder hinter dem Bett oder Schrank. Das Signal, Sie zu suchen, soll für den Hund der Pfiff sein.

Pfeifen Sie draußen den unangeleinten Hund in ablenkungsfreien Situationen zu sich heran. Achten Sie darauf, zunächst nur zu pfeifen, wenn Ihr Hund Sie gerade anschaut.

Belohnen Sie Ihren Hund für eine erfolgreiche Suche und ein braves Kommen jedesmal überschwänglich und steigern Sie den Schwierigkeitsgrad entsprechend dem Geschick Ihres Hundes. Üben Sie dieses Spiel für mindestens zehn Tage mehrmals täglich, ruhig auch in Kombination mit der Grundübung.

• • • Wenn Sie das Gefühl haben, dass Ihr Hund die Anforderungen der letzten Übung gut erfüllt, können Sie langsam den Anspruch steigern.

Benutzen Sie die Pfeife nun auch in zunächst leichten, später schwierigeren Ablenkungssituationen. Pfeifen Sie Ihren Hund nicht nur heran, wenn er definitiv kommen soll, sondern immer wieder auch „nur zur Übung" zwischendurch auf dem Spaziergang. Belohnen Sie Ihren Hund nicht mehr jedesmal sondern nur noch in unregelmäßigen Abständen. Setzen Sie aber immer wieder auch eine ganz besonders tolle Belohnung ein, damit das Rückrufsignal für Ihren Hund eine besondere Bedeutung behält.

30 Begegnungen mit Hunden

Für den Hund als Rudeltier sind soziale Kontakte nicht nur eine Freude im Alltag, sondern ein ganz wichtiger Baustein in der normalen Entwicklung. Im Umgang mit Artgenossen lernen Hunde ihre Grenzen kennen. Kleinere Rangeleien gehören genauso zum Hundealltag wie friedliches Schnüffeln oder Spielen. Erschrecken Sie nicht gleich, falls es einmal zu einer Auseinandersetzung kommen sollte, und machen Sie nicht den großen Fehler, Kontakten aus dem Weg zu gehen, bloß weil es hier und da einmal Ärger gibt.

Lassen Sie die Hunde agieren, solange es sich um gut sozialisierte Tiere handelt. Sie werden sehen, dass sich in der großen Mehrzahl der Fälle in solchen „Kämpfen" die Fronten ohne Verletzungen klären lassen. Die Verletzungsgefahr ist in der Regel ungleich höher, wenn sich die Besitzer der Hunde in den Kampf einmischen, als wenn sie die Tiere gewähren lassen.

Hinweis
Die beste Methode ist es, wenn die Besitzer zweier kämpfender Hunde getrennte Richtungen einschlagen und die Hunde zu sich rufen. Das nimmt dem Hund das Stärkegefühl, das er hat, wenn Sie als Besitzer neben ihm stehen oder sich sogar einmischen.

Falls Ihr Hund zu einer aggressiven Problemgruppe gehören sollte, vielleicht aufgrund schlechter Erfahrungen, können Sie durch gezieltes Training Abhilfe schaffen, (vgl. Übung 34: Superwort oder entsprechende Fachliteratur). Oder wenden Sie sich an einen auf Verhaltenstherapie spezialisierten Tierarzt.

Vielleicht hat Ihr Hund ja auch einen oder mehrere Kumpels, mit denen er besonders gerne zusammen ist, um zu spielen oder andere Dinge zu unternehmen. Intensivieren Sie solche Hundefreundschaften ruhig weiter, beispielsweise durch gezieltes Verabreden mit dem jeweiligen Besitzer. Soziale Kontakte dieser Art sind außerordentlich wichtig für das Wohlbefinden des Hundes. Ein einsamer Hund wird auf Dauer lustlos, was bedeutet, dass er nur noch hinter Ihnen hertippelt. Bei jeder Art von sozialem Beisammensein muss aber gewährleistet bleiben, dass Ihr Hund Sie weiterhin als Teamchef akzeptiert. Üben Sie seinen Gehorsam mit kleinen Übungen während des Treffens und lassen Sie ihn dann weiterspielen.

31 Begegnungen mit Gegenständen

Lassen Sie Ihren Hund viel erleben, d.h. ermuntern Sie ihn dazu, hier und da einmal auf einen Stein, eine Bank oder auf einen gefällten Baumstamm zu springen oder Ähnliches (Foto Seite 79). Durch diese Aktionen verliert Ihr Hund nicht nur die Scheu vor Ungewohntem; er gewinnt vielmehr eine Menge Selbstvertrauen und auch Vertrauen zu Ihnen.

Sollte dennoch einmal ein ungewohntes Hindernis im Weg stehen, vor dem sich der Hund fürchtet, gehen Sie darauf zu, fassen Sie es an und rufen Ihren Hund unter fröhlichem Zureden herbei. Die negative Wirkung eines beruhigenden oder mitleidigen Tonfalles ist auch in dieser Situation unbedingt zu vermeiden! Sträubt er sich aber, so ziehen Sie ihn nicht. Er sollte Ihnen aus eigenem Antrieb folgen und die Möglichkeit haben zu schnuppern. Fürchtet sich Ihr Hund z.B. vor einem Rollstuhl, bitten Sie den betreffenden Fahrer, doch einen Moment anzuhalten, so dass sich die beiden kennen lernen können. Oftmals ist der Damm schon gebrochen, wenn der Hund einmal gemerkt hat, dass im Grunde keine Gefahr droht.

Scheut Ihr Hund immer wieder vor ein und demselben Gegenstand zurück, wählen Sie bewusst die Konfrontation, indem Sie mit dem angeleinten Hund selbstsicher auf den betreffenden Gegenstand zugehen und ihn beispielsweise mit einem Spielzeug oder Leckerchen ablenken (vgl. Übung 32: Ängste und Übung 34: Superwort). Belohnen Sie Ihren Hund, wenn er sich ein Stückchen weiter herangetraut hat, bis er schließlich mit Ihnen zusammen ohne Furcht zu dem betreffenden Gegenstand geht. Abwechslung stärkt das Selbstvertrauen des Hundes und er lernt dabei entweder Fremdes zu ignorieren oder aber nachzusehen, was los ist. Sie als Besitzer können sich notfalls als Vermittler einschalten und Ihren Hund in seinem Tun bestärken.

32 Ängste und Unsicherheit

Ängste und Unsicherheit sind bei Hunden keine Seltenheit. Manch ein Hund leidet sogar an einer Phobie. Die Gründe für die Ängste können mannigfaltig sein. Hier ist die Hilfe eines Fachmannes gefragt – beispielsweise ein auf Verhaltenstherapie spezialisierter Tierarzt (im Anhang finden Sie die Adresse der Tierärztlichen Gesellschaft für Tierverhaltenstherapie). Geben Sie sich auch zum Wohle Ihres Hundes nicht damit zufrieden, mit der Angst zu leben. In den meisten Fällen schafft man es nämlich durchaus, Ängste abzubauen – auch wenn eine „Heilung" nicht immer erreicht werden kann.

Wichtig
Strafe und Schimpfen sind bei Ängsten absolut unangebracht. Versuchen Sie lieber, den Grund der Angst zu ergründen, um sie dann langsam abbauen zu können.

Bedenken Sie im Umgang mit einem ängstlichen Hund in besonderer Weise, dass Lernen nur in stressfreien Situationen möglich ist! Wenn Sie an

einem Angstproblem arbeiten wollen, müssen die Trainingsschritte deshalb so ausgerichtet sein, dass der Hund in den Übungen völlig angstfrei sein kann. Eine solche Therapie ist zwar langwierig, erhöht aber enorm die Lebensqualität.

33 Jagdtrieb

Wenn Sie nicht jagdlich mit Ihrem Hund arbeiten und dies auch in Zukunft nicht tun wollen, empfiehlt es sich, den Jagdtrieb des Hundes so einzudämmen, dass er nicht unerwartet mit einem Satz verschwindet, bloß weil er ein Kaninchen oder einen Vogel gesichtet hat. Dieses Verhalten liegt in der Natur des Hundes und ist somit nicht als Fehlverhalten, sondern als – in diesem besonderen Fall unerwünschtes – Instinktverhalten zu werten und auch nur unter diesem Gesichtspunkt in den Griff zu bekommen.

Ziel dieser Übung ist es, dass Ihr Hund auf dem Spaziergang alle Tiere, die er gerne jagen würde, ignoriert. Sie vermeiden so unter Umständen gefährliche Zwischenfälle. Lassen Sie ihn ansonsten ruhig viele fremdartige Tiere kennenlernen. Er wird umso weniger Interesse an der Jagd dieser Tiere haben, je näher er sie kennen gelernt hat.

Es gibt zwei Erfolg versprechende Methoden, dem Hund beizubringen, Wild zu ignorieren:

• Einmal arbeitet man nach dem Prinzip der **Ablenkung**, was folgendermaßen funktioniert: Gebüsche und Gebiete, in denen der Jagdtrieb in besonderer Weise gefördert wird, sind tabu und

Nutzen Sie jede Gelegenheit, Ihren Hund mit ungewöhnlichen Gegenständen wie solch einem Baumstumpf vertraut zu machen! Das lässt ihn die Scheu vor fremden Dingen verlieren (siehe Übung 31).

Beim Befehl „Down!" muss sich der Hund sofort ganz flach auf den Boden werfen und auch den Kopf zwischen die Pfoten legen. Dabei verliert er das Wild aus den Augen und hört konzentriert auf Ihre Kommandos.

werden dauerhaft mit einem Verbot belegt. Kommt man nun doch einmal in die Situation, vor einem Jagdobjekt nicht ausweichen zu können, lenkt man den Hund durch ein Spiel, durch andere Befehle oder aber, falls er es schon kennt, durch sein „Superwort" ab. Diese Methode ist jedoch nur solange von Erfolg gekrönt, solange der Hund nicht die Gelegenheit hat, einmal eigenmächtig ins Gebüsch zu gelangen oder nicht die Situation eintritt, dass er den Hasen oder Vogel vor Ihnen entdeckt hat. Aufgrund dieser Einschränkungen bevorzugen viele Hundetrainer die zweite Methode.

Hierbei vermeidet man, wie im ersten Fall auch, ein eigenmächtiges Jagen im Unterholz, sucht aber zum Trainieren dieser Übung Orte auf, in denen die Ablenkung recht groß ist, z. B. ein Feld, auf dem erfahrungsgemäß viele Mäuse und Kaninchen leben. Üben Sie zunächst an langer Leine das Gehen auf Wegen um das Feld herum und achten Sie darauf, dass der Hund auf Zuruf Abstand davon nimmt, in das Feld vorzupreschen.

Gelingt diese Übung gut, gehen Sie zur zweiten Phase über, in der Sie mit dem nach wie vor angeleinten Hund in das Feld gehen und eine Begegnung mit einem zu jagenden Tier provozieren. Belohnen Sie Ihren Hund stets dafür, wenn er Sie in dieser Ablenkungssituation anguckt. Nach einiger Zeit wird dieses Training dazu führen, dass der Hund Witterungen weitestgehend ignoriert und Ihnen brav durch das Feld folgt.

• • Die nächste Schwierigkeitsstufe ist das **Ignorieren eines sichtbaren Objektes**. Mit ein bisschen Glück werden Sie abends am Feldrand immer wieder einmal auf ein Kaninchen stoßen. Gehen Sie so vor, dass Sie den Hund absitzen lassen und mit „Bleib!" zur Ruhe anhalten. Belohnen Sie Ihren Hund auch hier, wenn er Sie anschaut. Gelingt dies auch beim weglaufenden Tier, gehen Sie langsam dazu über, all diese Übungen ohne Leine zu trainieren. Lassen Sie sich jedoch bei dem Schritt von der Leine zum freien Folgen ausreichend Zeit. Ein Misserfolg – wenn Ihr Hund trotzdem plötzlich hetzt – macht ein ganzes Stück Arbeit zunichte. Legen Sie also keinen falschen Ehrgeiz an den Tag, denn hier geht es darum, einen seiner Urinstinkte auf ein Ersatzverhalten umzulenken. Das dauert erfahrungsgemäß länger als das Erlernen einer einfachen „Sitz!"-Übung.

• • • Beginnen Sie die Phase, in der Ihr Hund ohne Leine mit Ihnen durch das Feld geht, zunächst so, dass Sie ihn „Bei Fuß!" laufen lassen. Erst wenn er dies beherrscht, lassen Sie ihn vorlaufen. Einen bereits hetzenden Hund zum Stehen zu veranlassen ist ungleich schwerer, als ihm zu verbieten, einem Kaninchen hinterherzulaufen. Erreichen kann man dies durch die Befehle „Steh!" oder „Down!". Die Hemmung für den Hund weiterzulaufen ist bei „Down!" wesentlich größer und somit bei Hunden mit viel Jagdpassion dem „Steh!" vorzuziehen. Hunde, die weniger Jagdpassion

besitzen, können im Allgemeinen schon durch ein langsam gesprochenes „Bleib!" dazu veranlasst werden, das Wild nicht zu hetzen. Von Fall zu Fall kann es hilfreich sein, auch bei den anderen Hunden den gegebenen Befehl zusätzlich mit „Bleib!" zu koppeln. Der Befehl, den ich bei meinen Hunden verwende, lautet: „Der Hase bleibt!". Mit diesem Befehl kann ich mit ihnen an dem jeweiligen Tier und auch an anderen Dingen, die auf die Hunde eine große Faszination ausüben, vorbeigehen, ohne dass sie sich darum kümmern. Ich spreche den Befehl bewusst langsam, und auch meinen Gang verlangsame ich hierbei etwas, um die Hunde nicht zum Lospreschen zu animieren.

> **Hinweis**
> Machen Sie nicht den Fehler, den Hund zu bestrafen, wenn er gerade wiederkommt, denn dies würde beim nächsten Mal sein Kommen nur verzögern – aus Furcht vor erneuter Strafe. Häufen sich die Misserfolge, fangen Sie mit dieser Übung noch einmal ganz von vorne an.

34 Superwort

Das Superwort ist ein ganz besonderer Baustein in der Hundeausbildung. Ziel des Superwortes ist es, alle Aufmerksamkeit des Hundes auf sich zu ziehen, um ihn so unter Umständen von anderen für ihn sehr interessanten Dingen abzulenken oder um ihn mit aller Konzentration auf eine neue Übung vorzubereiten. Das Superwort kann man in mannigfaltiger Weise einsetzen. Hervorragende Erfolge erzielt man damit beispielsweise auch bei der Gewöhnung von aggressiven Hunden an ein „normales" Hundeleben. Des Weiteren kann man es einsetzen, wenn der Hund von einem Jagdobjekt oder einem Angst auslösenden Reiz abgelenkt werden soll.

• Bei der Fixierung auf ein Superwort geht man folgendermaßen vor: Zunächst überlegt man sich eingehend, was dem Hund am meisten Spaß macht. Im folgenden Fallbeispiel sei es das Spiel mit einem alten Strumpf, an dem der Hund ziehen und zerren darf. Nun wählt man ein Wort für das Superwort – günstigenfalls auch einen Laut, den der Hund vielleicht besonders gerne hat und auf den er leicht reagiert. Gibt es für Ihren Hund kein Lieblingswort, nehmen Sie einfach „Pass auf!", sofern es nicht schon mit einem Befehl belegt ist.

Das Superwort trainiert man zweckmäßigerweise zunächst ohne die geringste Ablenkung, indem man den Hund während des Spazierganges ruft, schnell den Strumpf hervorzaubert und unter „Pass auf!" den Hund zum Spiel animiert. Laufen Sie ruhig selbst ein Stück, die meisten Hunde spielen dann besonders ausgelassen! Loben Sie den Hund und schmeicheln Sie ihm ein wenig mit seinem Namen. Brechen Sie das Spiel nach kurzer Zeit ab, loben Sie ihn kräftig und stecken Sie ihm ruhig ein Leckerchen zu. Durch tägliches Üben wird es Ihnen bald gelingen, den Hund mit dem Zuruf „Pass auf!" an sein tolles Spiel zu erinnern, er wird zu Ihnen kommen und mit Ihnen mit seinem Strumpf spielen wollen. Diese ganze Aktion

muss so weit gefestigt werden, dass sie zu etwas ganz Besonderem im Leben Ihres Hundes wird.

• • Ist eine gewisse Festigung vorhanden, können Sie einen Schritt weitergehen und eine erste Ablenkung riskieren. Ist Ihr Hund beispielsweise aggressiv gegenüber anderen Hunden, leinen Sie ihn zunächst an und gehen in einiger Entfernung, den Hund durch das Superwort und sein Spiel ablenkend, an einem anderen Hund vorbei. Es empfiehlt sich, die Entfernung für den Anfang so groß zu wählen, dass die ohne Superwort zu erwartende Reaktion ohnehin nicht allzu auffallend wäre. Läuft die entfernte Begegnung mit dem Einsatz des Superwortes ohne Zwischenfälle ab, gehen Sie am nächsten Tag einige Meter näher an einem Hund vorbei. Der Erfolg bei der vorhergegangenen Übung ist immer ausschlaggebend für das weitere Vorgehen.

Wichtig
Lassen Sie sich viel Zeit und wählen Sie die Schritte, in denen Sie vorgehen wollen, nicht zu groß. Bei schwierigen Fällen mag es ein Jahr und länger dauern, bis ein vollkommen zwischenfallfreies Spazierengehen möglich ist. Nach und nach sollte es aber möglich sein, den Hund in unmittelbarer Nähe und später auch ohne Leine an Artgenossen vorbeizuführen, während er diese vollkommen ignoriert.

Jeder Zwischenfall trübt das lustvolle und sorgenfreie Zusammenleben mit dem Hund ein wenig. Das Superwort darf nur von Grund auf positive Gefühle in Ihrem Hund wecken, und nie – auch bei einem Zwischenfall nicht – mit etwas Negativem wie Strafe oder Missmut gekoppelt werden. Zeigt der Hund in unserem Beispiel Aggressionen gegen einen Hund, der gerade um die Ecke kommt – wir ihn also nicht schon von Weitem sehen konnten –, wäre es am Anfang des Trainings falsch zu versuchen, ihn mit dem Superwort abzulenken, denn die Chance, dass er dann darauf reagiert, ist noch sehr gering. Richtiger ist es hier, sein Verhalten schlichtweg zu ignorieren. Erst wenn er den anderen Hund völlig vergessen hat und ruhig und ausgeglichen ist, sollte man ohne Ablenkung im fröhlichen Spielton den Hund an das Superwort erinnern, um es so mit einer neuen Spielsequenz wieder zu festigen. Wenn Sie merken, dass der Hund gut auf das Superwort reagiert und andere Hunde ignoriert, während er sich auf sein Spiel konzentriert, was zu Beginn nur bei der Begegnung mit weiter entfernten Hunden der Fall sein wird, stärkt dies mit der Zeit auch das Vertrauensverhältnis. Nach und nach erlangen Sie dadurch mehr Gelassenheit und neue Zuversicht für eine erfolgreiche Umerziehung Ihres Hundes.

• • • Nach einem Rückschlag sollte man zunächst Situationen meiden, die zu dem Fehlverhalten geführt haben, bis die nötige Festigung erreicht ist und man wieder Ablenkungen provozieren kann. Das Superwort muss immer, wenn Sie es einsetzen, überschwängliche Lobkaskaden nach sich ziehen, auch wenn der Hund es schon lange kennt und sich gut verhält. Sonst verliert es seine positive Bedeu-

Das Superwort muss für den Hund so verlockend sein, dass er alles andere vergisst und sich völlig auf Sie konzentriert.

tung und kann dann nicht mehr in entsprechender Form genutzt werden.

Ist das, was Ihr Hund am liebsten mag, kein Spielzeug sondern ein bestimmtes Leckerchen, geht man auf ähnliche Weise vor. Man muss sich allerdings etwas einfallen lassen, um die Spannung des Hundes lange genug aufrecht zu erhalten, bis man beispielsweise an der kritischen Stelle vorbeigegangen ist. Am einfachsten erreicht man das, indem man sich einige Leckerchen in die Hand nimmt und dem Hund im Spiel und unter freudigem Zureden nur hin und wieder eins gibt oder ihn die Leckerchen aus der nahezu geschlossenen Hand heraus lecken lässt.

Hinweis

Es bedarf einiger Geduld und großen Einfühlungsvermögens, einen aggressiven Hund dazu zu bringen, Artgenossen zu ignorieren. Wunder sind auch vom Superwort nicht zu erwarten. Es ist jedoch eine bewährte Methode, die Schwerpunkte in der Hundepsyche umzugewichten, so dass eines Tages die Angst oder Aggression von dem positiven Gefühl überlagert wird, Ihre volle Aufmerksamkeit und Anerkennung zu ergattern.

Für das Superwort bzw. für die Schwierigkeit, einen aggressiven Hund zum verträglichen Artgenossen zu machen, gilt ebenso wie für das Ignorieren von anderen zu jagenden Tieren, dass der Erfolg oder Misserfolg wesentlich von Ihrem persönlichen Spannungszustand abhängt. Spürt der Hund bei Ihnen Nervosität, wird er leichter ein Fehlverhalten an den Tag legen als wenn Sie Ruhe, Vertrauen und Gelassenheit ausstrahlen. Versuchen Sie, Ihr eventuell aufkommendes ungutes Gefühl abzubauen, auch wenn Ihr Hund seit geraumer Zeit ein Problemverhalten an den Tag legt. Halten Sie sich lieber die Fortschritte vor Augen, die er bei den bisher schon gelernten Übungen gemacht hat.

35 „Lauf!"

Es ist gut, beim Arbeiten mit seinem Hund als Ende der Übungsphase ein **Freizeitzeichen** einzusetzen, das ihm bedeutet, dass er ab jetzt schnüffeln

oder herumtoben darf, ohne dass man im Augenblick etwas Konkretes von ihm verlangt. Mit diesem Lautzeichen kommt also für den Hund die Phase, in der er das tun kann, was er möchte. Gibt man einen neuen Befehl, indem man den Hund zu sich heranruft oder ihn eine Übung machen lässt, endet für ihn die Freizeitphase. Man kann schon von Anfang an, d.h. beim ersten Spaziergang, ein Freizeitzeichen einführen.

Hinweis

Am schnellsten begreift Ihr Hund diese Übung sicherlich, wenn Sie ihm nie erlauben loszulaufen, bevor Sie den Befehl gegeben haben. Auf diese Weise erreichen Sie, dass er sich immer ganz auf Sie und Ihre Befehle konzentriert.

• Nehmen wir einmal an, Ihr Lautzeichen sei „Lauf!", dann sollten Sie zweckmäßigerweise mit einer zum Laufen animierenden Handbewegung dieses Zeichen unterstützen. Laufen Sie auch ruhig selbst die ersten paar Schritte mit, damit der Hund Ihre Handlung unmissverständlich als Spielsituation deuten kann. Sehr schnell wird Ihr Hund begreifen, dass „Lauf!" die Zeit ist, in der er nach Belieben schnüffeln oder toben kann oder in der vielleicht sogar Sie ein ausgelassenes Spiel mit ihm beginnen.

• • Rufen Sie Ihren Hund zur besseren Gewöhnung öfter einmal grundlos heran – besonders dann, wenn es sich noch um einen jungen Hund handelt oder um einen, der noch nicht lange bei Ihnen ist. Verlangen Sie dann eine

Das Freizeitzeichen – z.B. „Lauf!" – signalisiert dem Hund, dass er nach Lust und Laune losrennen darf.

ganz einfache Übung wie z. B. „Sitz!" oder „Hier ran!" (Übungen 4 und 38), schicken Sie ihn danach wieder mit „Lauf!" los, und lassen Sie ihn eine Weile gewähren, damit er nicht den Eindruck hat, jeder Befehl, der „Lauf!" unterbricht, bedeutet das Ende seiner Freizeitphase – er würde dann nur unwillig auf einen neuen Befehl reagieren.

36   Bordstein

Eine besondere Gefahr für frei laufende Hunde ist der Straßenverkehr. Eine kleine Hilfe bei der Erziehung zum verkehrssicheren Hund bieten die Bordsteinkanten, da sie für den Hund optisch gut zu erkennen sind. Es ist hilfreich, sich dies zunutze zu machen und eine innere Hemmung im Hund aufzubauen, nie ohne Befehl den Gehsteig zu verlassen. Hierzu stehen uns verschiedene Befehle zur Verfügung, die der Hund von Anfang an kennen gelernt hat.

Die größte Hemmschwelle, seinen Weg fortzusetzen, hat der Hund bei „Down!", doch stört die aufwendige „Down!"-Stellung bei zügigem Spazierengehen erheblich. Anders ist es bei einem bloßen „Steh!". Ein stehender Hund wird immer relativ leicht geneigt sein, weiterzulaufen, da ein kurzes Arretieren an der Bordsteinkante den Hund kaum beeindruckt. Ein gesundes Mittelmaß ist die „Sitz!"-

stellung, da sie ein sehr schneller Bewegungsablauf ist, der augenblicklich wieder aufgehoben werden kann. Anders als der Blindenhund, der stehen bleibt, um die Bordsteinstufe anzuzeigen und den Verkehr abzupassen, soll der verkehrssichere Begleithund ohne Befehl nicht über die Straße laufen. Deshalb baut man die zusätzliche Pflicht des Sitzens ein.

• Ein Hund, der an den Stadtlärm gewöhnt ist, wird oft keine besondere Scheu vor Autos, Motorrädern, Mofas oder Fahrrädern haben. In diesem Fall kann man, wenn man sich mit Freunden abspricht, eine Situation schaffen, in der der Hund eine kleine Abreibung durch ein vorbeifahrendes Auto oder Mofa bekommt. Sinnvoll ist diese Handlung natürlich nur in dem Moment, wenn der Hund gerade unerlaubt die Straße betreten hat. Als Abreibung kann unsere Hilfsperson beispielsweise eine Handvoll Kieselsteinchen aus dem Auto heraus vor die Pfoten des Hundes werfen, so dass er erschrocken zurückweicht. Damit er die Handlung weder auf die fahrzeugführende Person noch auf Sie bezieht, sollte bei dieser Aktion mit dem Hund nicht geredet und ihm auch bei seinem Schrecken keine Beachtung geschenkt werden, so dass für ihn die „Bedrohung" durch das Fahrzeug selbst ausgelöst wurde.

•• Wiederholen Sie die Begegnung ruhig einige Male an verschiedenen Orten und mit verschiedenen Fahrzeugen und Personen. Lassen Sie ansonsten bei der „Sitz!"-Übung am Bordstein besondere Konsequenz walten. Nur so wird Ihr Hund einen grundlegenden Zusammenhang zwischen der „Sitz!"-Übung und dem Überqueren der Straße erkennen können. Zum darauf folgenden Überqueren der Straße verwendet man zweckmäßigerweise stets nur ein und dasselbe Wort, z. B. „Los!". Üben Sie ruhig auch einmal mit anderen Worten. Jedes Vergehen, sei es, dass der Hund ganz ohne Befehl oder beim falschen Wort auf die Straße läuft, ahnden Sie mit einem „Nein!" oder mit den Discscheiben, wenn der Hund sie mit einem Frustrationsgefühl verknüpft hat (vgl. Seite 56). Mit der Zeit werden Sie erreichen, dass Ihr Hund an der Straße zurückhaltend stehen bleibt, sich auch ohne einen Befehl setzt und wartet, bis Ihr Kommando ertönt, die Straße zu überqueren.

Üben Sie dann auf verkehrsarmen Straßen ruhig einmal den Fall, dass Sie den unangeleinten Hund wortlos verlassen, indem Sie die Straßenseite wechseln.

Greifen Sie auch hier mit den Discs sofort ein für den Fall, dass er Ihnen folgt. Bleibt er brav auf der anderen Straßenseite, gehen Sie nach kurzer Zeit zurück und loben ihn dort ausgiebig.

In den seltensten Fällen wird es gelingen, die Verknüpfung Bordstein – Straße völlig fehlerfrei zu vermitteln. Das liegt daran, dass es Straßen mit flachen oder hohen Bordsteinkanten gibt und die Verkehrssituationen so vielfältig sind.

••• Seien Sie unnachgiebig, auch wenn Sie es einmal eilig haben, sonst verderben Sie die gesamte vorherige Arbeit. Nehmen Sie es lieber in Kauf, dass Ihr Hund einmal zögert, einen Weg oder eine Stufe zu überschreiten,

Das Absitzen am Bordstein ist wichtig, um Unfällen vorzubeugen. Ein Helfer wirft dem Hund vom Fahrrad aus Kieselsteine vor die Füße, so dass das Tier einen tüchtigen Schrecken bekommt.

Einfache Übung mit großer Wirkung: Ein Hund, der am Bordstein stets „Sitz!" befolgt, läuft kaum Gefahr, unter die Räder zu kommen.

und auf Ihren Abruf wartet, als dass er doch einmal blindlings eine Straße überquert, weil Sie die Übung nicht intensiv und konsequent genug aufgebaut haben.

37   „Achtung!"

Hilfreich zur **Konzentrations- und Motivationsförderung** ist ein Reizwort wie z. B. „Achtung!", das immer vor Übungen benutzt wird, die eine gesteigerte Aufmerksamkeit verlangen. Anders als das Superwort ist es aber nicht zwangsläufig mit einem

Lob oder einer Belohnung gekoppelt, sondern zeigt dem Hund nur an, dass eine Aufgabe folgt, auf die er sich konzentrieren soll.

• Trainieren Sie „Achtung!" zunächst mit Übungen, die Ihr Hund besonders liebt.

Lassen Sie ihn zuerst absitzen, und geben Sie dann einen mit „Achtung!" gekoppelten Befehl, z. B. „Achtung, Fido, such den Handschuh!". Bald schon wird Ihr Hund die Verknüpfung von „Achtung!" mit einem darauf folgenden Befehl vollbracht haben und sich Ihnen auch dann interessiert zuwenden, wenn Sie nur „Achtung!" gesagt haben. Nutzen Sie dann die hundertprozentige Aufmerksamkeit Ihres Hundes für den anschließenden Befehl oder die danach zu absolvierende Übung aus.

Bei „Hier ran!" muss sich der Hund richtig an Ihr Bein schmiegen.

38 „Hier ran!"

Auf den Befehl „Hier ran!" hin soll der Hund links von Ihnen so nah wie möglich an Ihre Seite kommen. Das bedeutet im Normalfall, dass sein Kopf Ihr Bein je nach Größe des Hundes weiter oben oder weiter unten eng berührt. Sitzend sollte sich der Hund bei diesem Befehl regelrecht anlehnen. Unterstützendes Sichtzeichen ist der Einfachheit halber das aufmunternde Klopfen mit der flachen Hand auf den Oberschenkel.

Diese Übung verstärkt die Bindung zu Ihrem Hund durch die bei der Ausführung erforderliche Nähe. Für ängstliche sowie sehr forsche Hunde ist die Übung gleichermaßen geeignet, denn sie vermittelt zum einen ein Gefühl von Sicherheit und Obhut, zum anderen hilft sie, die Beziehung zu einem recht unabhängigen Hund zu intensivieren. Gerade die besonders unabhängig wirkenden Hunde sind es, die ihre volle Leistung erst unter konsequenter Führung erbringen werden.

• Der Befehl „Hier ran!" ist ziemlich leicht zu erlernen, indem Sie den Kopf des Hundes unter „Hier ran!" sanft gegen Ihr Bein drücken und sofort ausgelassen loben. Stecken Sie Ihrem Hund ein Leckerchen zu, sobald Sie den Kopf an Ihrem Bein spüren. Wie bei allen Übungen ist auch hier gutes Timing beim Loben ausschlaggebend für den Erfolg.

• • Wiederholen Sie diese Übung vor wichtigen Augenblicken wie z. B. vor dem Spaziergang oder vor dem Fressen. Machen Sie sich diese Übung auch zunutze, wenn Ihr Hund beim „Bei-Fuß!"-Gehen zu weit vorn läuft oder beim Absitzen links an der Seite zu viel Platz lässt. Gewöhnen Sie ihn doch wie im Hundesport üblich von Anfang an daran, dass er, wenn er von vorne auf Sie zuläuft und den Befehl „Hier ran!" bekommt, sich nicht etwa an Ihrer linken Seite umständlich in Position bringt, sondern wie bei den Wendungen in Übung 7 („Fuß!") rechts um Sie herumgeht, um dann links von Ihnen in der erwünschten Haltung zu verharren. Dies ist sehr einfach zu erreichen, wenn Sie ihn ein paar Mal mit einem Leckerchen um sich herumlocken oder aber ihn mit Sichtzeichen dirigieren.

39 „Down!"

Der Befehl „Down!" wird oftmals bei der Jagd verwendet und dient dort dazu, den Hund aus der Hatz heraus zu stoppen.

Für den normalen Begleithund kann dieser Befehl möglicherweise einmal lebensrettend sein, wenn er beispielsweise einer Katze nachrennt und dabei in ein Auto zu laufen droht. Diesen Befehl kann man mit dreierlei Signalen koppeln: mit dem verbalen **Lautzeichen** „Down!", dem **Trillerton** einer Hundeflöte und dem **Sichtzeichen**. Dabei streckt man einen Arm mit offener Hand gerade nach oben. Bei der Jagd oder auch auf dem Spaziergang hat dieses Sichtzeichen den Vorteil, weithin erkennbar zu sein.

„Down!" wird leicht aus der „Platz!"-Stellung heraus gelernt. Es gilt, dem Hund zu vermitteln, den Kopf flach auf den Boden zu legen, am besten zwischen die Vorderpfoten.

Dem jagdlich unerfahrenen Hundeführer mag das zunächst vielleicht etwas seltsam vorkommen, doch lässt sich die Bedeutung dieser ungewöhnlichen Stellung leicht erklären. Die ganze Aufmerksamkeit und Strenge muss bei diesem Befehl darauf gerichtet werden, dass sich der Hund sofort nach dem Befehl auf den Boden legt und auch den Kopf sofort herunternimmt. Denn hieraus zieht man mehrere Vorteile: Zum einen ist die „Down!"-Stellung ein ungleich größeres Hemmnis für den Hund weiterzulaufen, als wenn er nur stehenbleiben muss. Den Kopf herunterzunehmen birgt den weiteren Vorteil, dass der Hund das Gejagte meist nicht mehr sehen kann und somit den visuellen Reiz zur Jagd verliert. Die Komplexität dieser Übung – der Hund muss zunächst stoppen, sich dann hinlegen, den Kopf herunternehmen und noch dazu alles so schnell wie möglich ausführen – bedeutet aber auch, dass wir im Ernstfall mehr Spielraum haben, beispielsweise einem Unfall zu entgehen, selbst wenn die Übung als solche nicht korrekt ausgeführt wurde. Das heißt, auch wenn der Hund z. B. den Kopf nicht auf den Boden legt, ist er dennoch stehengeblieben oder hat sich hingelegt. Bei dem Befehl „Steh!" hingegen würde eine schlampige Ausführung bereits bedeuten, dass er doch weiterläuft.

Beim Einüben des Befehls „Down!" muss allerdings auch die kleinste Schlamperei des Hundes unnachgiebig geahndet werden, denn er soll „Down!" als sofortige Sperre für alle anderen Aktionen anerkennen und sofort flach am Boden verharren. Nur ein sauber und konsequent erlernter Befehl wird so im Ernstfall einmal eine Katastrophe verhindern können.

Am besten teilen wir die Übung wieder in verschiedene Phasen ein.

• Zunächst muss der Hund begreifen, auf „Down!" aus der „Platz!"-Stellung heraus den Kopf flach auf den Boden zu legen. Drücken Sie hierzu unter „Down!" seinen Kopf auf den Boden, indem Sie mit einer Hand den Hinterkopf des Hundes umfassen. Belohnen Sie ruhig mit Leckerchen. Die „Down!"-Stellung muss Ihrem Hund in Fleisch und Blut übergehen.

Wichtig
Ein erfahrener Hund wirft sich beim Befehl „Down!", auch aus vollem Tempo heraus, förmlich auf den Boden. Versuchen Sie, das mit Ihrem Hund zu erreichen. Es könnte einmal sein Leben retten.

Ein leichter Druck auf den Kopf bewirkt, dass der Hund die Position „Down!" einnimmt. Das Sichtzeichen dafür ist der nach oben gestreckte Arm.

Dann gehen wir dazu über, den Hund auf „Down!" zu veranlassen, sich aus dem Stand hinzulegen.

Seien Sie hierbei absolut unnachgiebig. „Down!" ist kein Befehl, auf dessen Ausführung man warten kann. Der Hund muss sofort liegen. Unsaubere Ausführungen wie z. B. das Auf-den-Boden-Legen des Kopfes neben die Pfoten oder ähnliches ist kein Grund zum Verzagen; es zählt hier nicht die Formschönheit der Ausführung, sondern die Schnelligkeit.

•• In der zweiten Phase lassen Sie den Hund aus dem Gehen und Laufen

Aus der Platz-Stellung (oben) lässt sich der Befehl „Down!" gut erlernen.

heraus „Down!" machen. Auch hier führt Konsequenz zum Erfolg. Drücken Sie weiterhin seinen Kopf herunter, wenn er die Übung nicht korrekt absolviert. Belohnen Sie ihn aber stets überschwänglich, wenn er alles richtig gemacht hat! Den Kopf aufnehmen oder gar aufstehen darf der Hund erst auf Befehl. Befindet sich der Hund in einiger Entfernung, sollten Sie ihn am besten dort abholen, wo er in der „Down!"-Stellung verharrt. Er verknüpft den Befehl dann damit, dass er sich nicht alleine aus dieser Stellung wegbewegen darf.

• • • In der dritten Phase, wenn der Hund die Übung im Grunde schon gut beherrscht, gilt es, die Übung zwischendurch immer wieder einmal zu verlangen und notfalls konsequent zu korrigieren, wenn es nicht so recht klappt. Die „Down!"-Übung sollte dem Hund auf ähnliche Weise wie das Superwort in Fleisch und Blut übergehen, damit man auch im Ernstfall immer auf die korrekte und schnelle Ausführung zählen kann.

40 „Laut!" und „Aus Laut!"

Das Lautgeben zu lehren ist wichtig für alle, die später mit ihrem Hund jagdlich, im Rettungs-, Schutz- oder Wachdienst arbeiten wollen. Es gibt nur wenige Hunde, die von sich aus nicht bellen. Diese werden sich etwas schwerer tun als die anderen.

• Passen Sie eine Situation ab, in der der Hund sowieso bellt. Das ist z. B. dann der Fall, wenn beim Apport-Spiel etwa mit einem Ball nach Mei-

nung des Hundes bis zu Ihrem erneuten Wurf zu viel Zeit vergeht, obwohl Sie den Hund vielleicht durch Antäuschen und Hüpfen zum Spiel ermutigen. Koppeln Sie das Bellen immer mit dem Befehl „Laut!" und loben Sie ausgiebig. Bald wird Ihr Hund die Verknüpfung hergestellt haben.

Eine andere Methode ist es, den Hund einige Stunden hungern zu lassen und sich dann mit auffällig duftendem Futter wie etwa einer frischen Wurst oder ähnlichem vor ihn hinzusetzen, ihm das Futter zwar anzubieten, aber nicht zu geben und ihn z. B. mit den Worten „Oh, guck mal, ist das lecker, mmmh" etc. anzureizen, bis er früher oder später einen Muckser von sich gibt. Loben Sie dies ausgiebig mit „Brav!", „Laut!" und lassen Sie ihn dann einen Happen essen, bevor Sie auf die gleiche Weise fortfahren.

• Den Befehl „Aus Laut!" als Ende des Bellens zu vermitteln, gestaltet sich etwas schwieriger. Oft hilft es aber schon, den Reiz – z. B. den Ball – verschwinden zu lassen oder eine Unterordnungsübung vom Hund zu verlangen – etwa „Platz!" –, um ihn durch diese Konzentrationsübung vom Bellen abzubringen. Loben Sie den Hund kräftig, wenn er aufgehört hat zu bellen.

Eine weitere Möglichkeit ist die, dem Hund nach einem leisen und langsam gesprochenen „Aus Laut!" einfach ein kleines Leckerchen zuzustecken, so dass er zwangsläufig mit dem Bellen aufhören muss, um es zu fressen. Nach einigen Wiederholungen wird er die Verknüpfung für den neuen Befehl hergestellt haben.

93

41 „Auf die Seite!"

Richtungsanweisungen sind im Alltag hilfreich. Sie können so den Hund je nach Situation leicht hin- und herdirigieren. Immer wieder praktisch ist dieser Befehl auch im Zusammenhang mit dem Fahrrad, wo es in engen Gassen, beim Schieben oder ähnlichem öfter erforderlich ist, den Hund auf die eine oder andere Seite zu lotsen.

Mit der Übung „Auf die Seite!" soll erreicht werden, dass sich der Hund auf Zuruf und durch zusätzliches Anzeigen einer Seite an den angewiesenen Wegrand bzw. an Ihre rechte oder linke Seite begibt.

Eine Vorbereitung der Übung ist, dem Hund das Stehen oder Sitzen sowohl an Ihrer linken als auch an Ihrer rechten Seite beizubringen, auch wenn er es unter Umständen schon gewöhnt ist, ausschließlich links zu laufen.

Mit dem Befehl „Auf die Seite!" können Sie den Hund auch dann richtig dirigieren, wenn es auf dem Weg eng wird oder Fahrradfahrer entgegenkommen.

• Rufen Sie ihn hierzu zu sich und lassen ihn zunächst an der linken Seite sitzen. Gehen Sie gemeinsam los und loben Sie im Gehen und im folgenden Stehenbleiben den Hund mit „Auf die Seite, brav!", indem Sie sich aufmunternd auf den linken Schenkel klopfen. Dasselbe wiederholen Sie mit der rechten Seite.

• • In der zweiten Phase lassen Sie Ihren Hund frontal absitzen und rufen ihn nun mit „Auf die Seite!" zu sich, indem Sie die gewünschte Seite durch ein Klopfen mit der Hand auf Ihren Schenkel anzeigen. Loben Sie den Hund überschwänglich, wenn er die richtige Seite eingeschlagen hat und neben Ihnen steht.

• • • Später können Sie die Übung abändern, indem Sie frei mit dem ausgestreckten Arm nur noch die Richtung anzeigen. Zur Unterstützung können Sie mit den Fingern schnippen, um durch das Lautzeichen den Blick auf den ausgestreckten Arm noch zu unterstützen (vgl. Übung 55: Führigkeit auf Distanz).

42 „Zurück!"

Das Rückwärtslaufen ist im Alltag immer wieder praktisch einzusetzen, z. B. wenn eine Tür geöffnet werden soll, der Hund aber zu nah davorsteht. Will er selbst durch diese Tür hindurch, ist es leichter, ihn durch „Zurück!" ein wenig zurückweichen zu lassen, als ihn z. B. durch „Hier!" oder einen anderen Befehl zum Weg-bewegen von der Tür zu veranlassen.

Auf den Befehl „Zurück!" soll der Hund rückwärts gehen, und zwar möglichst gerade. Dies wird ein Hund immer recht langsam und vorsichtig machen, da es ihm ein bisschen un-heimlich ist, längere Strecken rück-wärts gehend zurückzulegen.

Achten Sie darauf, dass es durch das Rückwärtsgehen nicht zu Zwi-schenfällen kommt und der Hund etwa stolpert oder sich auf andere Art und Weise erschreckt, denn dann ver-liert er in den meisten Fällen, zumin-dest für eine Zeitlang, den Spaß an dieser Übung.

• Besonders leicht können Sie dem Hund den Befehl vermitteln, indem Sie mit ihm zum Training dieses Befehls in einen sehr engen Gang gehen oder sich provisorisch einen kleinen Gang bauen, der oben, hinten und vorne offen und an den Seiten mindestens hundhoch sein muss. Las-sen Sie den Hund in den Gang hinein-laufen und kommen Sie ihm von dem entgegengesetzten Ende her entgegen oder stellen Sie sich frontal zum Hund hin. Gehen Sie nun langsam auf Ihren Hund zu und sagen Sie das Komman-dowort „Zurück!" bei jedem Schritt, den Ihr Hund rückwärts läuft. Auch diese Übung können Sie mit einem Sichtzeichen kombinieren. Loben Sie ihn dabei oder belohnen Sie ihn nach ein paar Schritten auch mit einem Leckerchen.

• • Loben Sie Ihren Hund in der zwei-ten Trainingsphase vor allem für

selbstständiges Mitarbeiten. Verrin-gern Sie nach und nach die Hilfe, indem Sie immer weniger auf ihn zugehen. Eine tolle Belohnung, wenn er eigenständig auf Ihr Kommando hin ein paar Schritte rückwärts läuft darf auf keinen Fall fehlen! Dehnen Sie erst dann schrittweise die Distanz aus.

43   Schnelles und lang-sams Gehen

Wie schon in den Übungen 7 („Fuß!") und 3 (Leinenführigkeit) erläutert, hat es in bestimmten Fällen viel für sich, wenn sich der Hund dem Tempo des Hundeführers anpaßt.

• Dies können Sie gezielt üben, indem Sie ein kurzes Stück rennen und dabei den Hund durch „Tempo!" und durch Klopfen auf Ihren Schenkel oder durch In-die-Hände-Klatschen dazu an-halten, mitzurennen. Im umgekehrten Fall gehen Sie besonders langsam und veranlassen durch „Langsam!" den Hund dazu, sich Ihrer Geschwindigkeit anzupassen. Langsames Gehen erfor-dert – besonders bei jungen Tieren – mehr Konzentration. Deshalb können Sie Ihrem Hund entgegenkommen, indem Sie „Langsam!" in sehr unweg-samem Gelände üben, wo er sowieso nicht schnell laufen kann.

Die Begriffe „Tempo!" und „Lang-sam!" sind hervorragend für den Ein-satz bei Führigkeit auf Distanz geeig-net (vgl. Übung 55: Führigkeit auf Distanz und Übung 73: Karren).

44 „Such!"

Das Suchen, Auffinden und Apportieren von beliebigen Gegenständen macht fast allen Hunden Spaß und wird relativ leicht erlernt.

• In der ersten Lernphase muss der Hund begreifen, dass er erst auf „Such!" hin loslegen darf. Zunächst aber muss man ihm einen Anreiz geben. Nehmen Sie einen beliebigen Gegenstand, am besten einen aus seinem Apportspiel-Repertoire, und verstecken Sie ihn vor seinen Augen. Schicken Sie den Hund dann mit „Such!" und „Apport!" los. Kennt er den Begriff des Gegenstandes, z. B. den Ball, heißt der Befehl „Such den Ball!". Es soll ja im Grunde immer ein spezieller Gegenstand gezielt gesucht werden.

• • Das Suchen können Sie in beliebiger Weise dem Lernstadium des Hundes anpassen, und zwar zum einen, indem Sie die Entfernung zum Gegenstand, den Sie suchen lassen, variieren, zum anderen dadurch, dass Sie ihn entweder sichtbar oder z. B. unter Laub versteckt auslegen und ihn sofort suchen lassen oder erst, wenn die Fährte schon einige Zeit alt ist (vgl. Übung 47: „Such verloren!").

• • • Auf das jagdlich korrekte Suchen oder das spezielle Suchen bei Rettungshunden soll hier nicht näher eingegangen werden. Kurz erwähnt sei aber noch, dass darauf zu achten ist, dass der Hund bei korrektem Suchen spurtreu sucht und nicht etwa mit den Augen. Legen Sie am Anfang selbst die Fährte – das ist für den Hund besonders leicht – und beginnen Sie mit einer geraden Strecke. Da Sie den Weg ja genau kennen, können Sie auch sofort mit „Nein, such voraus!" korrigieren, wenn der Hund von der Spur abweicht oder vielleicht sogar einfach einer Ihre Spur kreuzenden Wild-Fährte folgt.

Am Ende dieser „Such!"-Übung kann eine „Apport!"-Übung angeschlossen werden, ansonsten endet die Übung mit dem „Verweisen!" (folgende Übung).

45 „Verweisen!" und „Laut Verweisen!"

Es gibt zwei verschiedene Arten von Verweisen: das stumm und das laut Verweisen. Beim **stumm Verweisen** soll der Hund den Gegenstand dadurch anzeigen, dass er die Platzstellung einnimmt und der Gegenstand hierbei zwischen oder vor seinen Vorderpfoten liegt. Beim **laut Verweisen** soll der Hund zusätzlich Laut geben, bis Sie ihn durch „Aus Laut!" unterbrechen.

• Bei beiden Übungen macht man sich für das Anlernen zunutze, dass man selbst genau weiß, wo der Gegenstand deponiert ist. Greifen Sie rechtzeitig – bevor der Hund den Fund aufnimmt – mit „Platz!" und „Verweisen!" oder mit „Platz!", „Laut Verweisen!" ein. Mit genügend Übung versteht der Hund bald, was verlangt ist.

• • Soll er nur verweisen und nie im Anschluss an die Suche apportieren, lässt man den Befehl „Verweisen!" weg, denn er fällt dann mit unter den Befehl „Such!", der für den Hund mit dem Verweisen endet. Gesucht und

Das Verweisen ist eine Übung, die bei der Jagd und auch bei der Polizeihundeausbildung eingesetzt wird. Als Abschluss der „Such!"-Übung kann sie jeder Hund erlernen.

verwiesen werden können bei jagdlicher Nutzung Wild oder ansonsten alle erdenklichen Gegenstände und Personen. Beim Verweisen von Personen ist darauf zu achten, dass der Hund die Person nicht begrüßen sollte. In der Anlernphase sollte ihm die Person bekannt sein. Greifen Sie mit „Platz!" oder „Steh!" und „Verweisen!" früh genug ein, notfalls an langer Leine, um ihn schon kurz vor Erreichen der Person anzuhalten, bis der Hund schließlich wie verlangt nur vor dem Fund abliegt oder stehenbleibt, wenn erwünscht „Laut!" gibt und sonst nur auf Sie oder weitere Befehle wartet.

Das Verweisen von Gegenständen sollte im Gelände zunächst auf einer geradlinigen Fährte erfolgen, auf der ein Gegenstand ausgelegt worden ist, der – beispielsweise durch das vorherige Tragen in der Hosentasche – einen für den Hund starken Eigengeruch angenommen hat.

• • • Hat der Hund das Grundprinzip erst einmal verstanden, können später mehrere Gegenstände ausgelegt und auch Winkel mit in die Fährte eingebaut werden, um die Übung interessanter zu machen.

Wollen Sie später einmal mit dem Hund eine Prüfung ablegen, achten Sie von Anfang an darauf, dass er nach dem Verweisen erst auf Befehl hin aufsteht. In einer Prüfung müssen Sie dem Prüfungsrichter mit erhobener Hand anzeigen, dass der Gegenstand gefunden wurde. Danach müssen Sie diesen sicher in Ihrer Tasche verstaut und die lange Leine wieder aufgenommen haben, bevor sie mit „Fuß!", „Hier ran!" oder einem anderen Befehl, den Ihnen der Prüfungsrichter sagt, die Übung für den Hund beenden. Bis dahin muss der Hund in seiner Position verbleiben. Sonst kann es bei der Prüfung zur Disqualifizierung kommen.

46 „Apport!"-Übungen

Aus dem großen Überbegriff „Apport" lassen sich die mannigfaltigsten Übungen gestalten, und zwar gezielte Apport-Übungen und solche, die nur das Halten bzw. Fassen eines Gegenstandes beinhalten. Mit einem apportierfreudigen Tier können Sie auch jede Menge besonders nützliche Dinge üben. Vor jeder Apport-Übung muss der Hund jedoch mit dem Gegenstand bekannt gemacht werden. Zeigt er keine Freude beim Apport, können wir ihn durch gezieltes Training zumindest zu uneingeschränkter Konzentration bei der Übung bringen (vgl. Übung 12: „Apport!").

Leine
Eine der einfachsten und gleichzeitig meist sehr beliebten Aufgaben ist der Apport der Leine. Verknüpfen Sie die erfolgreich ausgeführte Übung mit einem anschließenden Spaziergang, wird Ihr Hund schon nach wenigen Übungen die Verknüpfung hergestellt haben und Ihrer Aufforderung stets freudig nachkommen. Nach einiger Gewöhnung wird er möglicherweise von selbst einmal die Leine bringen, wenn er spazieren gehen oder spielen will. Gehen Sie dann sofort mit ihm

nach draußen. Auf diese Weise gewöhnen Sie ihm an, seine Bedürfnisse mit dem Apport der Leine anzuzeigen.

Stellen Sie sich vor, Ihr Hund hat einmal Durchfall und sitzt aufgeregt winselnd neben Ihnen, um Sie zum Öffnen der Tür zu bewegen. Für Sie ist in einem solchen Fall die Lage nicht ganz eindeutig. Mit dem Apport der Leine bleibt kein Zweifel mehr.

Ein weiterer praktischer Gebrauch ist das Aufheben der Leine und das ordentliche Ausgeben auf Befehl. Dies können Sie sich zunutze machen, wenn Ihnen die Leine z. B. einmal aus der Hand gefallen ist und Sie sich nicht bücken können, weil Sie schwer bepackt sind oder Ähnliches.

• Deponieren Sie die Leine an einem stets ohne Mühe zugänglichen Ort (z. B. am Schirmständer) und veranlassen Sie zunächst durch Zeigen unter „Die Leine, Apport!" den Hund zum Apport. Hilfreich ist es, wenn der Hund die Leine schon ein paar Mal tragen oder halten durfte.

• • Festigen Sie die Übung nach und nach, indem Sie Hilfestellungen wie das Zeigen weglassen. Entfernen Sie sich dann immer mehr von der Leine, bis Ihr Hund Ihnen eilig auf Ihren Befehl hin die Leine bringt, auch wenn Sie z. B. im Keller oder in einem entlegenen Zimmer sind.

Das Anreichen der Leine ist variabel. Bei großen Hunden empfiehlt es sich, die Leine den Hunden unter „Aus!", „Brav!" abzunehmen, bei kleineren Hunden kann man noch die Variante dazwischenschalten, dass der Hund sich mit der Leine im Fang auf die Hinterbeine stellt und sie Ihnen so

Das Aufräumen ist ein Apport-
Spiel, das in drei Stufen geübt
wird:
1. Den Gegenstand
   aufnehmen.
2. Den Gegenstand zum
   Papierkorb bringen und ihn
3. hineinfallen lassen.

anreicht. Auf diese Weise entfällt für
Sie das Bücken.

Um negative Erfahrungen von vornherein auszuschalten, ist bei dieser
Apport-Übung auf jeden Fall darauf
zu achten, dass die Leine so bereit
liegt, dass der Hund weder stolpern
kann noch irgendwo hängen bleibt.
Die einfachste Möglichkeit ist, die Leine je nach Länge doppelt oder öfter
zu falten und dann einen lockeren

Knoten zu machen, so dass der Hund
sie als Knäuel apportieren kann.

Aufräumen
Dem apportierfreudigen Hund kann
man mit wenig Mühe beibringen,
Gegenstände „aufzuräumen". Das
bedeutet, dass Ihr Hund die von Ihnen
bestimmten Gegenstände aufnehmen
und, statt sie Ihnen zu bringen, in den
jeweiligen von Ihnen angezeigten Be-

Ganz schön praktisch: ein Hund, der aufräumt!

hälter fallen lassen soll. Das kann z. B. ein Mülleimer sein, in den er auf dem Spaziergang aufgesammelten Unrat wie Büchsen, Papier oder Plastiktüten ausgibt. Sie leisten so auf Ihrem Spaziergang gleich einen aktiven Beitrag zum Umweltschutz. Sie können Ihren Hund aber auch seine Kauknochen, Bälle und Ziehtaue eigenständig in seinen Korb räumen lassen, bevor Sie saubermachen.

• Zum Erlernen des Befehls müssen Sie den Hund zunächst dazu bringen, auf Ihr Handzeichen hin den jeweiligen Gegenstand zu apportieren. Parallel dazu können Sie ihm beibringen, an einem Mülleimer einen schon gewohnten Apport-Gegenstand – z. B. einen Ball – auf Ihren Befehl hin auszulassen, und zwar so, dass er hineinfällt. Kleinen Hunden muss man zunächst beibringen, am Eimer hochzustehen, damit sie die Dinge überhaupt hineinwerfen können. Für den Anfang empfiehlt es sich, den Mülleimer zwischen sich und den Hund zu bringen, so dass der Ball sicher hineinfallen kann, sobald

Die Zeitung holen? Für Tinta kein Problem!

der Hund ihn ausgibt. Wenn Sie mit einem Ball oder einem anderen harten Gegenstand üben, sollten Sie dafür sorgen, dass der Eimer nicht leer ist, damit es nicht scheppert. So vermeiden Sie, dass der Hund sich erschreckt, was in der Anlernphase sensiblen Hunden die Freude an der Übung verleiden kann.

Telefon
Recht einfach ist es auch, dem Hund für den echten Einsatz oder als Gag das Apportieren eines schnurlosen Telefons beizubringen.

• Für den Anfang sollten Sie das Telefon auf den Boden stellen, um die Übung nicht durch ein schwieriges Erreichen unnötig zu erschweren. Haben Sie ein Funktelefon, mit dem die Übung durchgeführt werden soll, sind Ihnen und Ihrem Hund in der Distanz zum Telefon ja keine Grenzen gesetzt. Für die herkömmlichen Apparate und in jedem Fall in der Anlernphase sollten Sie die Distanz von sich zum Telefon, also die Strecke, die der Hund den Telefonhörer apportieren soll, auf keinen Fall länger als die

Schnur am Hörer wählen. Um den unbekannten und auch wenig interessanten Hörer für den Hund „schmackhaft" zu machen, reicht es meist, ihn kurzfristig mit Wurst oder Käse zu umwickeln, so dass er anfangs danach riecht oder aber, ihn dem Hund durch die „Halten!"-Übung schon vorher einmal näherzubringen. Stellen oder hocken Sie sich vor das Telefon und veranlassen Sie unter „Telefon, Apport!" den Hund dazu, Ihnen den Hörer zu bringen. Lassen Sie ihn sauber ausgeben, wobei Ihnen die beiden unter „Leine" beschriebenen Möglichkeiten zur Verfügung stehen.

Den in dieser Übung schon fortgeschrittenen Hund kann man weiter fordern, indem man beim schnurlosen Telefon die Distanz vergrößert oder aber den Befehl stets mit dem Läuten des Telefons koppelt.

Wichtig
Schreckhafte Hunde werden einige Hemmungen haben, den Hörer in dem Moment abzuheben, wenn das Telefon klingelt. Stellen Sie den Klingelton auf die leiseste Stufe und nutzen Sie in diesem Fall die Klingelpausen.

Es bleibt Ihnen überlassen, ob der Hund selbständig auf das Telefonklingeln reagieren soll oder ob Sie ihn den Hörer immer nur auf Ihren Befehl hin abheben lassen. Das selbständige Abheben erfordert ein großes Maß an Training. Dabei ist es nicht notwendig, den Klingelton in einer für unser Ohr abgestimmten Lautstärke ertönen zu lassen. Eine weitaus geringere Lautstärke reicht aus, denn der Hund reagiert aufgrund seines besseren Gehörs durchaus auch auf ein leiseres Geräusch.

Zeitung, Brötchen, Einkäufe, Regenschirm

Nahezu jeder Hund, der die Apport-Übung beherrscht, hat Spaß daran, Dinge zu transportieren. Diese Tatsache können Sie sich leicht zunutze machen, indem Sie Ihren Hund z. B. auf dem morgendlichen Spaziergang die frisch gekauften Brötchen oder die Tageszeitung nach Hause bringen lassen. Er wird umso begieriger die Aufgabe erfüllen, je mehr Bedeutung Sie der Aktion beimessen.

• Loben Sie ihn während des Tragens kräftig und vermitteln Sie ihm das Gefühl, enorm wichtig zu sein. Das stärkt sein Selbstvertrauen und erhöht die Freude bei dieser Arbeit. Die Zeitung, den Regenschirm, die Brötchen oder ähnliche leichte Gegenstände kann jeder Hund tragen. Besonders kräftige Hunde sind in der Lage, auch Einkäufe wie Obst oder ähnlich Schweres zu transportieren. Reichen Sie Ihrem Hund die Gegenstände in einer für ihn leicht zu umfassenden Form, Zeitungen also aufgerollt, Einkäufe in einem Henkelkorb usw.

Hinweis
Wichtig ist es, dass der Hund im Zuge seines Eifers die übergeordneten Befehle nicht vernachlässigt, z.B. am Bordstein stehen zu bleiben oder bei Fuß zu gehen.

• • Üben Sie mit sperrigen Gegenständen, etwa einem Schirm, trainieren Sie das Gehen und Tragen auf einer Treppe, an einem Lattenzaun vorbei und durch enge Türen. Reden Sie dem Hund geduldig zu und halten Sie ihn mit „Langsam!" dazu an, nichts zu überstürzen. Sie werden sehr erstaunt sein, wie gut ein Hund Längen einzuschätzen vermag und wie geschickt er sich auch durch knifflige Situationen schleusen kann. Ein weiteres Erschwernis beim Gehen auf der Treppe ist es, dem Hund eine verhältnismäßig lange Tüte oder ähnliches zu geben, die zwangsläufig an jeder Treppenstufe anstößt. Jeder Hund entwickelt bei diesen Schwierigkeiten seine ihm eigene Technik: Der eine geht schräg, der andere zieht sie von oben usw. Lassen Sie in solchen Situationen Ihrem Hund freie Hand und stehen Sie dann stets mit einer kleinen Belohnung und einem dicken Lob bereit, wenn er Ihnen den jeweiligen Gegenstand sauber ausgegeben hat.

Postbote
Wenn Sie Familie haben, können Sie Ihren Hund leicht zum Boten machen. Hierzu ist es notwendig, dem Hund bestimmte Begriffe wie etwa Küche oder die Namen der Familienangehörigen zu vermitteln. Beschränken Sie sich für den Anfang auf eines von beidem, etwa auf eine Person.

• Besprechen Sie die Übung mit der jeweiligen Person und weihen Sie dann den Hund ein, indem Sie immer, wenn Sie z. B. in der Wohnung der betreffenden Person begegnen, den Namen nennen, zusammen kurz stehenbleiben und den Namen nochmals wiederholen. Nach einigen Tagen können Sie sich dann in einem Zimmer gegenübersetzen und nun den Hund

z. B. unter „Zu Gila!" losschicken. Gila darf und soll den Hund rufen und loben. Er muss dort eine Weile verharren und kann dann von Ihnen abgerufen werden. Es ist nicht angebracht, ihn zwei Namen auf einmal lernen zu lassen. Das würde den Hund überfordern.

• • Die nächste Phase dieser Übung besteht darin, den Hund nach dem Anreichen z. B. seiner Apporthantel wieder mit „Zu Gila, Apport!" loszuschicken. Bei Gila muss er die Hantel sauber auf Befehl ausgeben und dort verharren, bis entweder Sie ihn abrufen oder aber Gila die Übung mit dem Freizeitzeichen „Lauf!" beendet, nachdem der Hund ausgiebig gelobt wurde. Nach und nach können Sie die Übung erschweren, indem Sie zunächst die Distanz vergrößern, später, indem andere Personen den Weg kreuzen. Weihen Sie Ihre ganze Familie ein, so dass die Personen, die Ihr Hund auf dem Weg zu Gila zufällig trifft, ihn entsprechend mit „Nein, zu Gila, Apport!" korrigieren und weiterschicken können.

• • • Kniffelig ist der Transport von Lebensmitteln, z. B. eines lecker duftenden Brötchens in einer Papiertüte. Üben Sie auch das, aber erst, wenn Ihr Hund schon ein hohes Maß an Sicherheit bei der Übung an den Tag legt. Korrigieren Sie sofort mit „Nein, Apport!", wenn Sie ihn dabei ertappen, sich über den Apport-Gegenstand herzumachen, statt ihn ordentlich abzuliefern. Schimpfen Sie aber nicht, wenn Sie irgendwelche „Überreste" erst später entdecken. Bereitet diese Erweiterung der Übung Schwierigkeiten, gehen Sie

103

Ein apportierfreudiger Hund trägt sogar Ihr Köfferchen, wenn es nicht zu schwer ist!

noch einmal zu der Phase zurück, in der Sie und die bezeichnete Person im gleichen Zimmer sind. Auf diese Weise können Sie direkt eingreifen. Geben Sie dem Hund einen kleinen Happen des Transportguts, z. B. des Brötchens, nach Abschluß der Aktion ab. So vermitteln Sie ihm, dass es ein absolutes Tabu ist, sich selbst zu bedienen und es in Ihrem Ermessen liegt, ihm die jeweilige Portion zuzuteilen, wenn er seine Aufgabe ordentlich vollendet hat.

Wäsche
Besonders viel Freude bereitet es meinen beiden Hunden Luna und Tinta stets, wenn ich auf dem Weg in die Waschküche einen Strumpf oder etwas anderes verliere und sie mir das Wäschestück hinterhertragen und

anreichen können, denn sie werden für die außerordentlich nützliche Arbeit stets durch ein besonders überschwängliches Lob belohnt.

 „Such verloren!"

Der Befehl „Such verloren!" soll den Hund veranlassen, bestimmte Sachen aufzufinden. Das kann ein Handschuh, ein Schlüsselbund oder ähnliches sein.

• Üben Sie zunächst mit Gegenständen, die Ihrem Hund als Apportgegenstand bekannt sind, z. B. dem Ball. Postieren Sie hierzu den Ball, den der Hund bis dahin auf dem Spaziergang noch nicht gesehen haben sollte, sichtbar auf dem Weg, aber ohne den

Hund dabei zusehen zu lassen. Wenige Meter hinter dem Objekt rufen Sie den Hund zu sich, erregen seine besondere Aufmerksamkeit durch „Achtung!" oder ein entsprechendes Reizwort und schicken ihn mit „Such den Ball verloren, Apport!" auf den Weg, indem Sie ihm mit der Hand die Richtung weisen. Variieren Sie in dieser ersten Lernphase die Distanz und die Sichtbarkeit des Gegenstandes, bis der Hund es gelernt hat, unter „Such verloren!" den von Ihnen vorher gegangenen Weg zurückzuverfolgen. Korrigieren Sie ihn notfalls mit „Nein, such verloren!" und einer Richtungweisung mit der Hand, wenn er nicht dem angezeigten Weg folgt. Loben Sie das Finden und den Apport stets gebührend.

• • In der zweiten Lernphase erschweren Sie die Übung dadurch, dass Sie Dinge suchen lassen, die dem Hund als Apportgegenstände unbekannt sind, aber nach Ihnen riechen, z. B. das lederne Schlüsseletui, das Sie stets im Mantel tragen oder – wie schon erwähnt – einen Handschuh.

• • • Die dritte Lernphase kann sich an diese anschließen und umfasst das Erlernen der Suche nach verlorenen fremden Gegenständen. Geruchlich muss der Hund aber eine Verknüpfung herstellen können, z. B. dadurch, dass Sie ihn an einem vergleichbaren Gegenstand schnuppern lassen. Hierzu eignet sich z. B. ein fremder Regenschirm, ein fremder Schuh oder eine Zeitung. Der Größe der Gegenstände sind keine Grenzen gesetzt; achten Sie jedoch auf deren Apportierbarkeit oder lassen Sie den Hund statt eines Apportes „Laut Verweisen!".

Das ist ein Riesenspaß für den Hund: Sie verlieren etwas, und er darf es Ihnen wieder bringen.

48 Fährte

Das jagdlich korrekte Fährtenlesen ist so komplex, dass hier nicht näher darauf eingegangen werden soll. Hinter dem Titel dieser Übung verbirgt sich vielmehr eine abgewandelte Form der Verloren-Suche, an der besonders Jagdhunde oft große Freude haben. Anders als bei der Verloren-Suche soll der Hund in diesem Fall eine kurze Strecke lang eine von einer anderen Person gelegte Fährte verfolgen und am Ende einen bestimmten Gegenstand auffinden. Im Gegensatz zum Befehl „Such!" (Übung 44) steht hier nicht der gefundene Gegenstand, sondern das spurtreue Fährtenlesen im Vordergrund.

• Hierzu lassen Sie den Hund am besten in der ersten Phase absitzen, während eine zweite Person eine bestimmte Strecke abgeht. Sie geht zu Beginn der Übung nur geradeaus, später auch mit rechtwinkligen Wendungen, und deponiert an einer Stelle einen Gegenstand, den der Hund finden soll, beispielsweise – um ihm die Übung am Anfang so leicht wie möglich zu machen – seinen Ball. Schreiten Sie dann die von der anderen Person begangene Strecke ab und weisen Sie den an langer Leine geführten Hund unter „Such!" an, die Fährte mit der Nase zu verfolgen. Die Hilfsperson sollte nach Ablegen des Gegenstandes weitergehen, bis sie außer Reichweite ist, um die Übung nicht zu stören. In dem Moment, wo Ihr Hund den jeweiligen Gegenstand findet, loben Sie ihn überschwänglich und beenden dann die Übung. Machen Sie die Übung ruhig mehrmals am Tag, aber mit größeren Pausen und an verschiedenen Stellen. Wie bereits erwähnt, wird sie erschwert, wenn die Strecke nicht mehr geradlinig verläuft oder Sie Ihren Hund auf weniger vertraute Gegenstände ansetzen.

• • Legt der Hund schon eine gewisse Sicherheit an den Tag, lassen Sie die Fährte von Ihrer Hilfsperson legen, wenn der Hund nicht dabei ist. Nach eingehendem Üben erweitern Sie die Zeitspanne zwischen dem Auslegen der Fährte und der Suche.

Falls das Auslegen schon einige Zeit zurückliegt, wundern Sie sich nicht, wenn Ihr Hund neben der Fährte läuft, denn oftmals „verfälscht" der Wind die Fährte in eine Richtung.

Hat Ihr Hund bei dieser und der vorherigen Übung 47: „Such verloren!" viel Einsatzfreude gezeigt, wird er sicherlich auch besonderen Spaß bei Suchspielen haben (Kapitel „Spiele und Spielzeug").

49 Schubladen

Das Öffnen von Schubfächern entstammt dem Bereich der Dienst- und Begleithunde für körperlich behinderte Menschen. Es kann praktische Anwendung finden, wenn man sich gleichzeitig aus der geöffneten Schublade etwas bringen lässt, z. B. die Leine vor dem Spaziergang. Erfahrungsgemäß macht diese Übung Hunden großen Spaß, zumal sie wiederum eine Übung lernen, die ein Garant für Anerkennung seitens des Besitzers ist, aber auch Außenstehende in Staunen versetzt. Bedenken Sie jedoch, bevor Sie Ihrem Hund diese Übung beibringen, dass es sein könnte, dass er später selbständig Schubladen öffnet, in denen entweder seine Leckerchen oder andere Lebensmittel aufbewahrt werden. Dies ist allerdings eine recht beachtliche Verknüpfungsleistung, der man entgegenwirken kann, indem man den Hund stets nur ein und dasselbe Schubfach öffnen lässt und alle weiteren mit Tabu belegt.

• Zum Erlernen dieses Befehls müssen Sie sich zunächst vor Augen halten, dass die Schubfachknäufe mitunter nicht so ideal dafür geschaffen sind, einen Hund hineinbeißen zu lassen. Hier kann man sich einiger Tricks bedienen. Probieren Sie zuerst aus, wie der Hund beim Festhalten des Knaufes reagiert. Zeigt er auch nach einigen Übungstagen noch eine starke Aversion, binden Sie ein Stück feste und etwas dickere Schnur oder ein breites Lederband an den Knauf, so dass der Hund künftig nur noch an diesem ziehen muss. Sind Ihre Möbel aus Holz, ist dieses Verfahren besonders zu empfehlen, um hässliche Zahnabdrücke zu vermeiden. Das Band kann man in einer vorangegangenen Übung dem Hund vertraut machen – beispielsweise durch „Halten!" (in Übung 12). Ist es später am Schubfachknauf befestigt, geben Sie dem Hund den Befehl „Schublade!" und „Apport!" und zeigen ihm das Band. Nach und nach streichen Sie den Zusatz „Apport!", so dass „Schublade!" für den Hund die richtige Bedeutung erlangt.

• • In der zweiten Phase dieser Übung sollten Sie den Hund dazu bringen, Ihnen etwas aus der Lade zu apportieren. Hierzu darf das auserkorene Schubfach nicht zu hoch gewählt werden, damit der Hund,

wenn er am Schubfach aufsteht, noch in der Lage ist, mit der Schnauze die innenliegenden Dinge zu erfassen. Ideal ist die Höhe des Schubfaches, wenn sie genau auf einer Ebene mit der Höhe der Schnauze liegt, da das Öffnen der Schublade dann für den Hund aufgrund des richtigen Winkels am einfachsten ist. Lassen Sie ihn zusehen, wie Sie seinen Ball im Schubfach deponieren und geben Sie ihm dann, nachdem er das Schubfach geöffnet hat, den Befehl „Den Ball, Apport!".

• • • Eine praktische Erweiterung dieser Übung ist selbstverständlich, den Hund dazu zu veranlassen, die Schublade wieder zuzustoßen. Hierfür gibt es grundsätzlich zwei Möglichkeiten, nämlich die Schnauze oder die Pfoten zu benutzen. Je nachdem, wie leicht- oder schwergängig das Schubfach läuft, wird der Hund unter Umständen eine individuelle Vorliebe für die eine oder die andere Methode entwickeln. Wenn nicht, versuchen Sie am besten, ihn mit dem Befehl „Pfötchen!" dazu anzuleiten, das Schubfach zuzustoßen. Achten Sie jedoch darauf, dass er sich niemals die Pfoten dabei quetschen kann!

107

50 Türen

Türen zu öffnen entstammt ebenfalls dem Aufgabenbereich von Behindertenbegleithunden, die beispielsweise auf den Rollstuhl angewiesenen Personen die Türen aufmachen, wenn diese hierzu nicht in der Lage sind. Sie sollten sich vorher genau überlegen,

Bedenken Sie die Konsequenzen, wenn Sie Ihrem Hund das Öffnen von Türen beibringen – vielleicht nutzt er diese Technik später für seine eigenen Zwecke, z.B. für einen Besuch der Speisekammer!

ob Sie Ihrem Hund diese Übung beibringen wollen, denn das Öffnen der Haustür muss natürlich tabu bleiben, damit er nicht plötzlich nach draußen verschwindet.

Wenn Sie sich dafür entscheiden, dem Hund das Türenöffnen beizubringen, haben Sie fortan nicht nur die Möglichkeit, den Hund einmal mehr als Gehilfen im Alltag einzusetzen; Sie können diese Übung auch zur Erweiterung der „Apport!"-Übung „Postbote" (Übung 46) nutzen und ihn ungehindert im ganzen Haus zu einer bestimmten Person oder in ein bestimmtes Zimmer schicken.

Suchen Sie sich zum Üben eine Tür, die nicht durch mögliche Kratzer im Lack ruiniert werden kann. Für den Hund einfacher zu begreifen ist der Befehl, wenn die Übungstür nach außen aufgeht und der Hund erst im zweiten Schritt lernt, eine nach innen aufgehende Tür mit der Pfote oder Schnauze zu öffnen, was aber der Erfahrung nach den meisten Hunden keine Schwierigkeit bereitet. Für diese Übung sind im Grunde nur große Hunde geeignet oder kleinere, die gerne und hoch springen.

• Lassen Sie Ihren Hund zu Beginn der Übung vor der Tür absitzen und zeigen Sie auf die Klinke. Locken Sie ihn mit „Auf!". Springt er, loben Sie ihn leicht und steigern Sie Ihr Lob merkbar, wenn er dabei die Klinke berührt hat. Um den Anreiz zum Sprung zu vergrößern, können Sie selbstverständlich auch ein Leckerchen so hochhalten, dass er in Richtung Türklinke springen muss. Loben Sie den Hund überschwänglich, sobald die Tür aufspringt. Geben Sie ihm immer auch ein Leckerchen im anderen Zimmer,

denn er soll ja die Verknüpfung herstellen, selbst die Tür zu öffnen, um
dann hindurch zu gehen.

• • Beherrscht der Hund nach einiger
Zeit diesen Teil der Übung, gehen Sie
einen Schritt weiter und lassen ihn im
Zimmer alleine, gehen selbst ins andere Zimmer und geben den Befehl
dann durch die geschlossene Tür.
Zuletzt muss er lernen, durch die nach
innen aufgehende Tür zu gehen.

51 Lichtschalter

Genau wie die beiden letzten Übungen entstammt dieser Befehl der breiten Palette von Aufgaben eines Behin-
dertenbegleithundes. Aber auch ein
„nicht berufstätiger" Hund wird viel
Freude daran haben, diesen Befehl zu
lernen.

• Grundvoraussetzung für diese
Übung ist das Vorhandensein eines
geeigneten Lichtschalters, den der
Hund mit der Pfote oder mit der
Schnauze betätigen soll. Ähnlich wie
beim Öffnen der Türen setzen wir ein
Leckerchen zum Anlernen ein, das wir
so über den Lichtschalter halten, dass
der Hund entweder den Schalter mit
der Nase berühren muss, um das
Leckerchen zu bekommen, oder aber
mit der Pfote danach angelt und dabei
den Schalter betätigt. Von ganz entscheidender Bedeutung ist auch hier
wieder einmal das richtige Timing
beim Loben, denn der Hund muss in
der Anlernphase lernen, eine zunächst
völlig unabsichtlich ausgeführte Bewegung mit dem Befehl und dem Lob zu
verbinden. Dies kann nur gelingen,
wenn der Hund das Leckerchen genau

in dem Moment erhält, in dem das
Licht angeht.

• • Eine lustige Komponente kann
man einbauen, indem man als akustischen Befehl die Worte „Licht an!"
und „Licht aus!" wählt, wobei man
die Betonung auf das Wort „Licht!"
legen sollte, so dass „An!" und
„Aus!" für den Hund in den Hintergrund treten. Die Wirkung, die diese
beiden Befehle auf Zuschauer haben,
wird enorm sein, da sie nicht ahnen,
dass der Hund nur auf „Licht!" reagiert, nicht aber eine echte Verknüpfung zur jeweiligen Helligkeit in dem
Raum hergestellt hat.

52 „Kriechen!"

Das Kriechen des Hundes ist ein
Befehl, der aus dem Rettungsdienst
stammt. Bei Hunden, die beispielsweise nach einem Erdbeben in den
Trümmern die Opfer aufspüren sollen,
ist es unbedingt notwendig, dass sie
lernen, nicht nur über Hindernisse zu
klettern, sondern auch unter Hindernissen hindurchzukriechen, um gegebenenfalls auch durch einen Schutt-
gang zu einem Opfer zu gelangen.
Der normale Haushund wird natürlich
selten in die Lage kommen, in irgend
etwas hinein- oder durch irgend etwas
hindurchkriechen zu müssen. Sie können diesen Befehl aber immer wieder
auf dem Spaziergang als Übung ein-
streuen, beispielsweise um den Hund
unter Geäst hindurchkriechen zu lassen.

Mit einem Hund, der kriechen kann,
kann man hervorragend schwierige
Suchspiele veranstalten, wobei der
Hund aus Geäst oder einer kleinen

Höhle Bälle oder andere Gegenstände herausholen muss und nur kriechend wieder zu Ihnen gelangen kann.

Hinweis
Hunde, die unter Hüftgelenkdysplasie (HD) leiden, sollten nicht kriechen, da ihre Gelenke dabei unnötig strapaziert werden.

• Zum Erlernen dieses Befehls ist es ratsam, den Hund vorher mit „Platz!" zum Hinlegen zu veranlassen. Das hat verschiedene Vorteile: Zum einen sieht sich ein Hund, der liegt, eher dazu veranlaßt, durch etwas hindurchzukriechen, als wenn er oben darüber hinwegguckt. Zum anderen ist „Platz!" eine geeignete Ausgangsposition zum Kriechen, da er bei dieser Übung mit der Rückenpartie stets so tief wie möglich bleiben sollte.

Liegt der Hund, haben wir verschiedene Möglichkeiten, ihm den Befehl zu vermitteln. Zum einen können Sie niedrige Hindernisse aufbauen, die breit genug sein müssen, damit der Hund seitlich nicht anstößt. Zum anderen können Sie hierbei auch Leckerchen zweckmäßig einsetzen. Bei der Leckerchenmethode ziehen Sie die Hand, in der das Leckerchen ist, gerade vor dem Hund her und bedeuten ihm unter „Kriech!", das Leckerchen zu fressen. Dies vereiteln Sie jedoch, indem Sie es gut festhalten und gleichzeitig weiter wegziehen. Steht der Hund hierbei auf, unterbrechen Sie sofort mit „Nein, Platz!" und beginnen von neuem. In der ersten Lernphase ist eine Kriechdistanz, die etwa Ihrer Armlänge entspricht, ausreichend. Gesteigert wird die Länge der Strecke erst, wenn der

Hund genau weiß, was der Befehl bedeutet.

•• Lassen Sie ab der zweiten Phase immer öfter das Leckerchen als Lockmittel weg und versuchen Sie, bei der Übung nach und nach selbst zu stehen. Geben Sie Ihrem Hund nötigenfalls Hilfen mit der Hand, die wie auch aus der Hocke heraus die Bewegung andeuten soll, oder aber Sie tippen als Erinnerung mit dem Fuß auf den Boden und ziehen ihn ein Stückchen über den Boden, so wie Sie es vorher mit der Hand gemacht haben.

••• Zu Beginn ist es für den Hund einfacher, auf Sie zuzukriechen. Beherrscht der Hund die Übung bis hierher schon gut, können Sie sie erschweren, indem Sie den Hund unter „Kriech!" von sich wegkriechen lassen. Zur Hilfe können Sie ihm eine Marke setzen, die er sieht (z. B. „Kriech zum Ball!"). Festigen Sie diese Kriech-Übung in den verschiedensten Variationen: auf sich zu, mit einem gesetzten Ziel von sich weg, unter Hindernissen hindurch und ohne alles, das heißt auf den bloßen Befehl hin. Ein fortgeschrittener Hund sollte in die von Ihnen gewiesene Richtung einige wenige Meter kriechen können.

Bei der oben angesprochenen zweiten Lehrmethode mit Hilfe von flachen Hindernissen ist darauf zu achten, dass der Hund die Verknüpfung nicht zu konkret an das Hindernis bindet, d. h. die Übung nach dem Hindernis als beendet betrachtet und aufsteht. Wie für alle anderen Übungen gilt auch hier: Sie sind es, der eine Übung beendet, nicht der Hund. Lassen Sie ihn also stets nach dem Hindernis noch ein kleines Stück weiter-

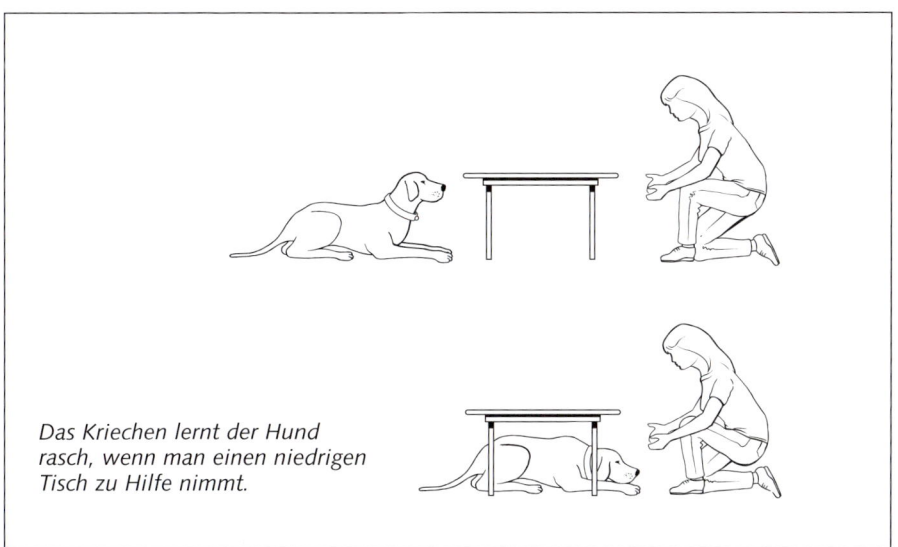

Das Kriechen lernt der Hund rasch, wenn man einen niedrigen Tisch zu Hilfe nimmt.

kriechen, und festigen Sie die Übung durch die eben beschriebenen Variationen. Für den Anfang mag es hier hilfreich sein, mehrere dünne Hindernisse zu bauen, die in einem gewissen Abstand zueinander aufgestellt werden, so dass der Hund auch die hindernisfreie Strecke kriechend überwinden muss. Der Abstand kann dann nach und nach vergrößert werden. Auf diese Weise wird der Hund auch ohne Hindernis kriechen, wenn er den entsprechenden Befehl erhält.

Sinn und Zweck des freien Kriechens ist nur die Festigung des Befehls, ansonsten fehlt bei dieser Übung für den Haus- und Begleithund der praktische Nutzen. Üben Sie später dennoch beides – mit und ohne Hindernis – und verstecken Sie bei den Such- und Apport-Spielen hin und wieder ein Bringsel in nur schwer zugänglichem Gelände. Das fordert den Hund in besonderer Weise. Durch diese Art des Einsatzes wird der Befehl weiter intensiviert und abwechslungsreicher gestaltet.

53 Laterne

Sicherlich kennen Sie die Situation, dass man mit dem an der Leine geführten Hund an einem Pfahl, einer Absperrung oder an einer Laterne „hängen bleibt", weil er sich beim Gehen nicht für die gleiche Seite des Hindernisses entschieden hat wie Sie. Zur Abhilfe gibt es zwei Möglichkeiten: Entweder Sie geben nach und gehen an der gleichen Seite um die Laterne herum wie Ihr Hund, oder aber er nimmt Ihren Weg. Der zweiten Möglichkeit ist der Vorzug zu geben, da Sie als Teamchef derjenige sind, der den Weg zu bestimmen hat. Sie sollten daher Ihrem Hund beim Umgehen eines Hindernisses bald-

Ganz schön lästig, wenn Sie und Ihr Hund sich mit der Leine um den Laternenpfahl wickeln! Aber das lässt sich vermeiden.

möglichst beibringen, stets dieselbe Seite wie Sie zu wählen, und zwar nicht nur aus Bequemlichkeit, sondern auch, um Gefahren zu vermeiden – besonders wenn Ihr Hund auch lernen soll, neben dem Fahrrad zu laufen. Bedenken Sie, was passiert, wenn Sie aus der Fahrt heraus plötzlich an einer Laterne hängenbleiben! Das könnte für Sie und für Ihren Hund schwere Verletzungen bedeuten.

• Das richtige Umgehen von Hindernissen trainiert man in drei Schritten: Zunächst einmal gilt es, dem Hund zu verdeutlichen, dass es an ihm liegt,

wenn es wegen des Hängenbleibens an einem Pfahl nicht weitergeht. Sie sollten nun sanft, aber unnachgiebig an der Leine ziehen, bis der Hund nicht mehr anders kann als um den Pfahl herumzugehen. Beim ersten Anzeichen von Nachgiebigkeit von Seiten des Hundes kann gelobt werden, spätestens aber, wenn er sich gerade aus seiner mißlichen Lage befreit hat. Gerät Ihr Hund in Panik, weil er ganz dicht an die Laterne gezogen wird, kann man eine nachgiebigere Methode wählen, indem man ihm mit der Hand – wenn nötig unter Zuhilfenahme eines Leckerchens – den Weg beschreibt.

• • Im zweiten Schritt führen Sie Ihren Hund besonders eng an einer Laterne vorbei, so dass eigentlich kaum noch Platz zwischen Ihnen und der Laterne bleibt. Entscheidet sich Ihr Hund für die falsche Seite, korrigieren Sie ihn, indem Sie stehen bleiben. Schlägt er daraufhin den richtigen Weg ein, loben Sie ihn ausgiebig. Am Ende dieser Lernphase sollte Ihr Hund in solch einer Situation stets abwarten, wo Sie entlanggehen, und dann den entsprechenden Weg einschlagen.

• • • Der letzte Schliff dieser Übung besteht darin, in der dritten Lernphase dem Hund zu vermitteln, dass nicht nur Laternen, Bäume und andere hohe Gegenstände Hindernisse darstellen, sondern auch kleine Absperrungen. Üben Sie z. B. an Absperrungen für Autos und anderen Pfählen. Da Ihr Hund das Prinzip schon längst verstanden hat, sollte es eigentlich kein Problem sein, ihm auch ein Gefühl für die Höhe von Gegenständen zu geben.

54 **„Umrunden!"**

Das „Umrunden!" von Gegenständen ist immer wieder hilfreich, z. B. wenn sich der Hund mit der Leine irgendwo verheddert hat, oder aber einfach nur, um eine bessere Führigkeit auf Distanz zu erreichen. Beim Spielen kann man den Befehl mit einer „Apport!"-Übung koppeln und diese dadurch erschweren. Sinn der Sache ist es zu erreichen, dass der Hund auf den

Das Umrunden des Baums wird Schritt für Schritt erlernt.

Befehl „Umrunden!" den von Ihnen angewiesenen Gegenstand umrundet, um dann wieder zu Ihnen zu kommen. Die meisten Hunde tun sich für den Anfang mit hohen Gegenständen wie Laternen leichter, da hier nicht die Gefahr besteht, darüber hinwegzulaufen. Das Umrunden kann wahlweise rechts oder links herum ausgeführt werden. Es kann aber auch, und das gilt besonders für fortgeschrittene Hunde, von Ihnen entweder visuell durch Anzeigen mit der Hand oder z. B. durch die Befehle „Rechte Seite!", „Linke Seite!" vorgegeben werden.

• Lassen Sie den Hund an Ihrer linken Seite absitzen – für den Anfang in geringem Abstand zu dem betreffenden Gegenstand, etwa einer Flasche, Tasche, Straßenlaterne oder einem Baum. Weisen Sie unter „Umrunden!" nach vorn in Richtung Gegenstand, dirigieren Sie ihn nötigenfalls mit „Voraus!" und „Hier!", so dass er entsprechend um den Gegenstand herumgeht. Loben Sie ihn überschwänglich. Hat er erst begriffen, worum es geht, können Sie sowohl die Gegenstände als auch den Abstand beliebig variieren.

55 Führigkeit auf Distanz

Die Führigkeit auf Distanz erleichtert in hohem Maße das tägliche Zusammenleben. Ein ganz alltägliches Beispiel: Stellen Sie sich vor, Sie lassen Ihren Hund im Gelände frei laufen, und er läuft etwa 20 Meter vor Ihnen auf dem Weg. Plötzlich kommt eine Schulklasse auf Fahrrädern angefahren, und

Sie müssen jetzt reagieren, um einen Unfall Ihres Hundes mit einem der jungen Radfahrer zu vermeiden. Ein einfaches „Steh!" führt dazu, dass der Hund mitten auf dem Weg stehenbleibt und somit weiter in der Gefahrenzone bleibt. Können Sie ihn jedoch auf Distanz dirigieren, wird er sich leicht an den von Ihnen angezeigten Wegrand begeben. Besonders leicht zu erlernen ist dieser Befehl, wenn der Hund vorher schon den Befehl „Auf die Seite!" beherrscht (Übung 41).

• Lassen Sie Ihren Hund zunächst absitzen und legen Sie in einigen Metern Entfernung ein Spielzeug oder aber ein Leckerchen am Wegrand ab, so dass er es genau gesehen haben muss. Verlassen Sie ihn unter „Bleib!" und begeben Sie sich etwa zehn Meter weg. Schicken Sie ihn dann unter „Auf die Seite!" und dem richtungsanzeigenden Sichtzeichen – z. B. einem ausgestreckten Arm – auf die entsprechende Seite zu dem Spielzeug oder zu dem Leckerchen, das er dann aufnehmen darf. Setzen Sie das Lob ganz gezielt in dem Augenblick ein, in dem der Hund den Standort erreicht hat, den er erreichen sollte.

• • Zur Führigkeit auf Distanz zählt allerdings nicht nur das „Auf-die-Seite!"-Gehen; es gehören vielmehr alle Befehle dazu, die eine Richtungsänderung bewirken. Üben Sie beliebige Befehls-Kombinationen in der Entfernung, bis Ihr Hund eine ausreichende Sicherheit an den Tag legt (vgl. Übung 43: Schnelles und langsames Gehen).

114

Tricks und Übungen – nur zum Spaß

Einführung

Dieses Kapitel ist – im Gegensatz zu den vorangegangenen nützlichen und hilfreichen Befehlen – den Tricks und Spaß-Befehlen gewidmet. Da die meisten Hunde in unserer Region als reine Familien- und Begleithunde gehalten werden, wird ein Großteil zeit seines Lebens leider auch nicht seinen Anlagen entsprechend gefordert. Wie schon erwähnt, strebt der Hund als soziales Rudeltier nach fester Führung und vor allem nach Anerkennung durch seinen Herrn. Er bringt in die Mensch-Hund-Beziehung einen unerschöpflichen Reichtum an Lernbegierde ein, den man sich leichter als bei anderen Haustieren zunutze machen und lenken kann.

Wichtig
Halten Sie sich vor Augen, dass ein Hund, der mehr Befehle beherrscht, besser alle möglichen Situationen meistern wird, als einer, mit dem man weniger intensiv gearbeitet hat. Für den Hund bedeutet das vor allem, in weitaus mehr Situationen dabei sein zu dürfen, weil sein Verhalten unkompliziert ist.

Leider gibt es nach wie vor Hundeführer, die wacker mit ihrem Hund auf den Hundeplatz gehen, um dort Spurensuche oder Schutzdienst zu trainieren, die aber mit dem Kopf schütteln, wenn man einem Hund das Männchenmachen beibringt. Da ein Hund Freude daran hat, auf Wunsch des Besitzers Befehle auszuführen, was es auch sei, gibt es keinen Grund, bestimmte Übungen als lächerlich abzutun. Um es auf einen Nenner zu bringen, auch wenn es banal klingen mag: Für den Hund ist es einerlei, ob er Männchen macht oder ein verschüttetes Opfer im Schnee sucht. Er wird in beiden Fällen mit Eifer dabei sein.

Nicht vergessen
Zwischen nützlichen, sogenannten anspruchsvollen Arbeiten und Spaß-Befehlen besteht nur für den Menschen ein Unterschied!

Die im Folgenden aufgeführten Befehle sind Spaß-Befehle und kleine Tricks, die alle unter dem gleichen Aspekt zu sehen sind: Mit dem Hund zu arbeiten und ihn gleichzeitig sowohl körperlich als auch geistig zu fordern. Als Nebeneffekt kann man damit Freunde und Bekannte immer wieder beeindrucken und überraschen. Es spielt überhaupt keine Rolle, ob Sie mit Übungen aus diesem oder einem anderen Kapitel arbeiten. Wichtig ist nur, den Hund nicht zu einem trägen, überfütterten Fellbündel verkümmern zu lassen, sondern einen treuen, lebensfrohen Kumpel und Weggefährten heranzubilden.

Dem Alter des Tieres sind hierbei keinerlei Grenzen gesetzt. Im Gegensatz zum Wolf bleiben die Haushunde ihr Leben lang spielfreudig. Dies ist ein großer Vorteil bei der Ausbildung, bedeutet aber auch, dass man mit dem Hund kontinuierlich arbeiten und spielen muss. Denn erst damit wird man seinem Hund in besonderer Weise gerecht.

Die gängigen Vorurteile, dass solch ein „Schnick-Schnack" an Befehlen und Übungen den Hund verweichlicht und er zum Einsatz bei „richtigen Arbeiten" dann nicht mehr in entsprechender Weise zu gebrauchen ist, stimmen nicht. Sie als Besitzer sehen am besten, wie lernbegierig Ihr Hund ist und können sich außerdem nach seinem Wesen richten. Der eine hat mehr Freude am Apportieren, der andere mehr bei Geschicklichkeitsübungen. Aber überfordern Sie den Hund nicht. Beginnen Sie die nächste Übung erst dann, wenn die vorhergehende schon beherrscht wird.

Dieses Kapitel ist in drei Sparten unterteilt, und zwar gemäß den Ursprüngen der Befehle. Zunächst werden einige **gängige Übungen** vorgestellt, die sich insofern nicht von den bisherigen unterscheiden, als es sich um Befehle mit Anlernphase und Festigungsphase handelt. Danach werden einige recht **komplexe Übungen** und Verknüpfungsübungen vorgestellt, bei denen die Intelligenz Ihres Hundes gefordert wird: Er muss selbst nachdenken, um den Schlüssel zu dieser Übung zu begreifen. Es geht hierbei um seine Veranlagung – ich möchte es einmal Domestikationsintelligenz nennen –, auf eigene Faust oder unter Anleitung in dem von uns geschaffenen Umfeld ein bestimmtes Ziel zu verfolgen. Und zuletzt wird noch auf die **Förderung von speziellen Eigenar-**ten eingegangen, die jeder Hund im Laufe seines Lebens entwickelt und die man mit leichter Führung gut zu Befehlen erweitern kann.

Jux-Befehle

56 Leckerchen sanft nehmen

Bei fast allen Hunden sind Leckerchen ausgesprochen beliebt und können deshalb gut als Belohnung eingesetzt werden. Viele Hunde haben jedoch die lästige Angewohnheit, ein gereichtes Leckerchen so gierig zu nehmen, dass man das Gefühl hat, sie würden am liebsten gleich die ganze Hand mit abbeißen. An sich ist dies eine hundetypische Angewohnheit, die man jedoch etwas abschwächen kann, so dass sie für den Menschen nicht unangenehm wird.

Eine Unart ist es aber, wenn Hunde ihrem Besitzer oder dritten Personen einfach Sachen aus der Hand wegschnappen, ohne dazu aufgefordert worden zu sein. Um dies zu vermeiden, kann dieser Befehl als hilfreiches Mittel eingesetzt werden.

• Als Grundvoraussetzung hierfür muss man dem Hund zunächst beibringen, Leckerchen, die ihm dargeboten werden, nicht ohne Befehl zu nehmen. Hierzu eignet sich der Befehl „Pfui!" oder auch die Korrektur mit „Nein!", falls er es doch versuchen sollte (vgl. Übung 14: „Verweigern!"). Beherrscht Ihr Hund diese Verweigerung gut, geben Sie ihm das Leckerchen mit einem Befehl, z. B. „Nimm es Dir!", halten es aber so, dass es vollständig von

Eine Ermahnung zur Langsamkeit bewirkt, dass eine ganz sanfte Hundeschnauze vorsichtig das Leckerchen aus Ihrer Hand nimmt!

einem Ihrer Finger verdeckt und festgehalten wird. Wenn Ihr Hund vorsichtig an die Sache herangeht und kein Zahn Ihre Finger berührt, darf er das Leckerchen haben. Unterbrechen Sie die Übung sofort mit einem „Nein, langsam!", sobald er zu wild an dem Bissen zieht, zu gierig und ungeduldig nach dem Leckerchen schnappt oder mit der Nase in Ihrer Hand wühlt.

Dem Hund dieses Maß an Geduld beizubringen, ist nicht unbedingt schwierig, auch wenn es ihm zunächst aus der normalen Hundelogik heraus an Verständnis mangelt. Schnell jedoch wird er begreifen, dass er den Bissen bei der Übung stets nur dann bekommt, wenn er sachte vorgeht. Durch Gier bestraft sich der Hund selbst, denn dann wird ihm der Bissen verweigert.

57 „Pfötchen!"

Das Pfötchengeben entspricht dem instinktiven Milchtritt der Welpen beim Säugen und wird zeitlebens weiter als Beschwichtigungsgeste benutzt. Die meisten Hunde lernen daher diesen Befehl besonders schnell.

Das Pfötchengeben kann im täglichen Gebrauch einen viel praktischeren Hintergrund haben, als Sie vielleicht annehmen, beispielsweise wenn Ihr Hund sich in der Leine verwickelt hat und Sie normalerweise die Leine selbst entwirren müssten. Ist die Übung schon gelernt, können Sie einfach stehenbleiben und „Pfötchen!" verlangen, so dass der Hund durch das Anheben der Pfote sich selbst aus der Verhedderung befreit.

117

Das Pfötchengeben ist eine Geste aus dem normalen Verhaltensrepertoire von Hunden. Deshalb lernen die meisten Hunde diese Übung sehr rasch.

Hat er das Geben der Pfote zu stark mit Ihrer – ihm entgegengestreckten – Hand in Verbindung gebracht, können Sie ihm als optische Hilfe zunächst ersatzweise einen Fuß anbieten.

• Die einfachste Methode, Hunden das Pfötchengeben beizubringen, ist folgende: Nehmen Sie einen bei Ihrem Hund sehr begehrten Happen in die Hand und schließen sie diese, so dass er den Leckerbissen riecht, ihn aber nicht wegnehmen kann. Lassen Sie den Hund sitzen, hocken Sie sich vor ihn hin, halten Sie ihm die Hand vor die Nase und ermuntern Sie ihn, den Bissen zu nehmen, an den er aber nicht herankommt. Warten Sie, bis er von selbst aus seinem Instinkt heraus die Pfote auf Ihre Hand legt und

geben Sie in diesem Moment das Lautzeichen „Pfötchen!" gleichzeitig mit dem Öffnen der Hand. Die meisten Hunde bohren zuerst mit der Nase und benutzen dann erst die Pfote. Loben Sie ausgiebig, sobald es geklappt hat.

Tut sich Ihr Hund etwas schwerer, können Sie mit der freien Hand seine Pfote unter wiederholtem Lautzeichen auf Ihre Hand heben, bis er die Verbindung zwischen Befehl und Aktion hergestellt hat.

• • Eine Erweiterung dieses Befehls ist, beide Pfoten mit verschiedenen Wörtern zu belegen, z. B. die rechte mit „Pfötchen!", die linke mit „Die Andere!". Üben Sie beide Formen, indem Sie wie oben beschrieben vorgehen.

118

Eine zweite, sehr praktische Anwendung findet diese Übung beim Pfotenabputzen nach dem Spaziergang. Die Hinterpfoten hochzuheben fällt dem Hund im allgemeinen etwas schwerer, als die Vorderpfoten zu geben. Als Befehle kann man für das Geben der Vorderpfoten „Pfötchen!", für das Hochheben der Hinterpfoten „Abputzen!" verwenden.

• • • Die Hinterpfoten zu heben, bringt man dem Hund stehend bei: Auf den Befehl „Abputzen!" heben Sie hierzu einen Hinterfuß des Hundes in einer anatomisch hundegerechten Stellung hoch. Ein kräftiges Lob darf natürlich nicht fehlen. Verringern Sie nach und nach die Intensität Ihrer Hilfestellung, bis der Hund die gewünschte Pfote eine Zeitlang von alleine oben hält. Später wird es reichen, wenn Sie an das entsprechende Bein – oder die Pfote – tippen, das er hochheben soll.

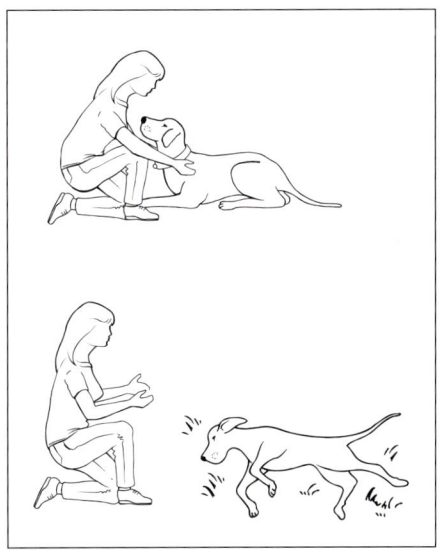

Ein sanfter Druck auf das Schulterblatt kippt den Hund auf die Seite. Das wird verknüpft mit dem Befehl „Peng!". Schon bald läßt sich der Hund beim Ertönen dieses Kommandos von alleine wie tot auf die Seite fallen.

 58 **„Peng!"**

Die Übung „Peng!" hat zum Ziel, dass sich der Hund auf die Seite oder auf den Rücken legt. Die Wortwahl ist natürlich wie in allen beschriebenen Fällen beliebig. Bei mir hat sich die Assoziation mit einem erschossenen Hund festgesetzt.
Praktisch einsetzbar ist dieser Befehl z. B. beim Abtrocknen des nassen Hundes ebenso wie bei Untersuchungen oder dem lästigen Zecken-Herausdrehen von am Bauch sitzenden Schmarotzern. Die Pose entspricht der Demutsgebärde von unterwürfigen Hunden. Ansonsten legen sich Hunde nur beim völlig entspannten

Schlafen und zum Schmusen auf den Rücken.

• Erlernt wird „Peng!" aus der „Platz!"-Stellung heraus. Sie können den Hund entweder seitlich leicht umstoßen oder ihn mit einem Leckerchen verführen Ihrer Hand zu folgen. Diese ziehen Sie langsam rechts oder links seitlich dicht am Körper des Hundes entlang, dann über seinen Rücken, so dass der Hund sich zunächst im Liegen umgucken muss. Indem Sie Ihre Hand mit dem Leckerchen weiterziehen drehen sich viele Hunde von ganz alleine auf den Rücken, um das Leckerchen nicht aus dem Blick zu verlieren. Loben Sie sofort, sobald er liegt. Überlegen Sie sich vor der Übung, ob er seitlich oder richtig auf dem Rücken liegen soll. Achten Sie auch hier strikt darauf, dass die Übung erst durch Ihr Wort beendet wird und der Hund solange in dieser Lage verharren muss.

• • Wie bei allen Übungen sollte der Befehl in der zweiten Phase durch möglichst viel Abwechslung und nach und nach stärkere Ablenkungen gefestigt werden, wenn der Hund erst einmal begriffen hat, was „Peng!" bedeutet.

59 „Männchen!"

Beim „Männchen!"-Machen soll der sitzende Hund seinen Oberkörper aufrichten und in dieser Stellung verharren, ohne dass die Vorderpfoten den Boden berühren. Dies ist besonders leicht durch ein Training mit Leckerchen zu erreichen.

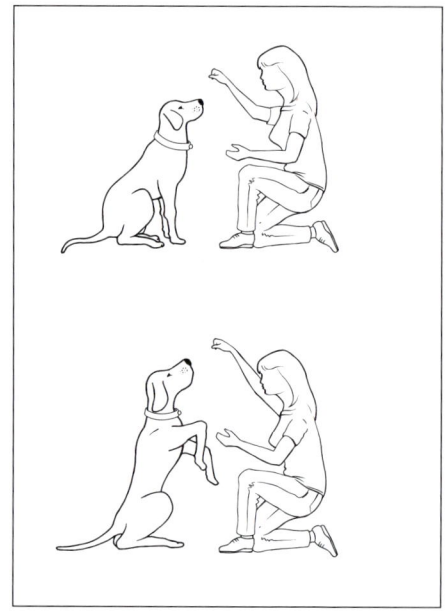

Männchen machen lässt sich mit Hilfe eines Leckerchens rasch erlernen.

• Halten Sie dem Hund ein Leckerchen so vor die Nase, dass er es Ihnen nicht wegnehmen kann, führen Sie dann die Hand etwas nach oben und hinten, bis er die gewünschte Stellung eingenommen hat. Hält sich der Hund anfangs mit den Vorderpfoten an Ihrer Hand fest, ist das nicht schlimm. Dies korrigieren Sie am besten erst, wenn er die Aktion mit dem Befehl ver-

knüpft hat. Zur eben angesprochenen Korrektur stellen Sie sich hin und halten die Hand so hoch, dass er sie mit den Pfoten nicht mehr erreichen kann. Springt er hoch oder steht er auf, korrigieren Sie mit „Nein, sitz!" und „Männchen!".

60 „Auf!"

„Auf!" ist die stehende Variante von „Männchen!", die man sich wiederum in verschiedenen Situationen praktisch zunutze machen kann. So kann Ihr Hund beispielsweise, wenn Sie den Befehl mit „Apport!" oder „Halten!" kombinieren, Dinge aufheben und sie Ihnen anreichen (vgl. Übung 12: „Apport!" und Übung 46: „Apport!"-

> **Wichtig**
> Aufgrund der anatomischen Gegebenheiten ist diese Übung eher etwas für kleine Hunde als für große oder solche mit einem langen Rücken.

Übungen). Man kann „Auf!" in zwei verschiedenen Ausführungen lehren: zum einen, indem sich der Hund abstützt, zum anderen ohne Abstützen.

> Nach Erlernen des Befehls machte sich meine Hündin Tinta „Tanzen!" völlig eigenständig zunutze, indem sie sich beim Spaziergang plötzlich hinstellte, um über ein hochgewachsenes Getreidefeld zu gucken, über das ein Kaninchen lief. Seither ist es bei ihr ein beliebtes Mittel geworden, „die Lage" nach eigenem Gutdünken visuell zu sondieren.

• Gehen Sie wieder mit der beim Hund beliebten Leckerchen-Methode vor und halten Sie Ihre Hand nur so hoch, dass er nicht springen muss, um an das Leckerchen zu gelangen. Korrigieren Sie notfalls mit „Nein, auf!". Stellt sich Ihr Hund nicht auf die Hinterbeine, um an das Leckerchen zu gelangen, ermuntern Sie ihn mit „Such!" oder ähnlichen Reizworten. Halten Sie das Leckerchen vor sich und klopfen Sie sich mit der flachen Hand ermunternd auf den Bauch. Das wird für den Hund bestimmt ein Anreiz sein, sich an Ihnen aufzustellen.

• • Da die Variante ohne Abstützen eigentlich keinen praktischen Nutzen hat, können Sie beide Variationen mit unterschiedlichen Befehlen belegen, z. B. „Auf!" und „Tanzen!". Auf diese

Die Position „Auf!" gibt es frei stehend (oben) oder mit Abstützen an der Hundeführerin (unten).

121

Die Übungen „Auf!" oder „Tanzen!" sollte der Hund nur kurz zeigen, damit seine Hüften und die Wirbelsäule nicht zu stark belastet werden.

Weise erhalten die Aktionen für den Hund verschiedene Bedeutungen und werden besser differenziert.

61 „Hopp!"

Unter „Hopp!" soll Ihr Hund auf jedes von Ihnen angewiesene Hindernis springen und dort verweilen. Dies können Bänke, Baumstämme, große Steine, Stühle oder andere Dinge sein. Diese Übung ist beispielsweise dann angebracht, wenn Sie einen sensiblen Hund nach einem Tadel wieder aufmuntern wollen oder wenn er lustlos ist. Man sollte stets darauf achten, dass Korrekturen, wenn sie sein müssen, so auf die Hundepsyche abgestimmt sind, dass es zu keinem Ver-

trauensverlust kommt. Wenn Ihr Hund missmutig ist, weil Sie ihm etwas verboten haben, ist die Übung „Hopp!" immer wieder Gold wert. Das gemeinsame Erklimmen eines Gegenstandes bereitet dem Hund viel Freude und steigert gleichzeitig enorm das Selbstvertrauen, die Aufmerksamkeit und das Zusammengehörigkeitsgefühl.

• Klopfen Sie zum Erlernen dieses Befehls auf das Hindernis, das der Hund erklimmen soll. Locken Sie ihn auch ruhig mit einem leckeren Happen oder geben Sie ihm Hilfestellung. Sagen Sie „Hopp!" in dem Moment, in dem der Hund springt. Oben angekommen loben Sie kräftig, hindern ihn aber gleichzeitig durch sanftes Festhalten und den Befehl „Bleib!" oder „Steh!" daran, sofort wieder herunterzuspringen. Ansonsten setzt sich nur die Verbindung: Sprung = Lob fest und führt zum Darüberhinwegspringen.

• • Warten Sie eine Weile und festigen Sie den Befehl, indem Sie langsam weg gehen, hüpfen oder den Hund anderweitig ablenken. Lassen Sie den Hund nur auf Ihren Befehl hin wieder herunter springen.

• • • Eine im Schwierigkeitsgrad schon gesteigerte Variante ist es, den Hund auf den Rücken eines Pferdes – am besten eines Ponys – springen zu lassen, wobei er sitzen oder stehen bleiben muss, während das Pferd im Schritttempo geht. Dies geht aber nur mit einem ruhigen Pferd und auch nur dann, wenn beide Tiere gut aneinander gewöhnt sind. Ansonsten können Sie selbst experimentieren. Wenn Sie einen nicht zu großen ruhigen Hund haben, können Sie ihn z. B. auch

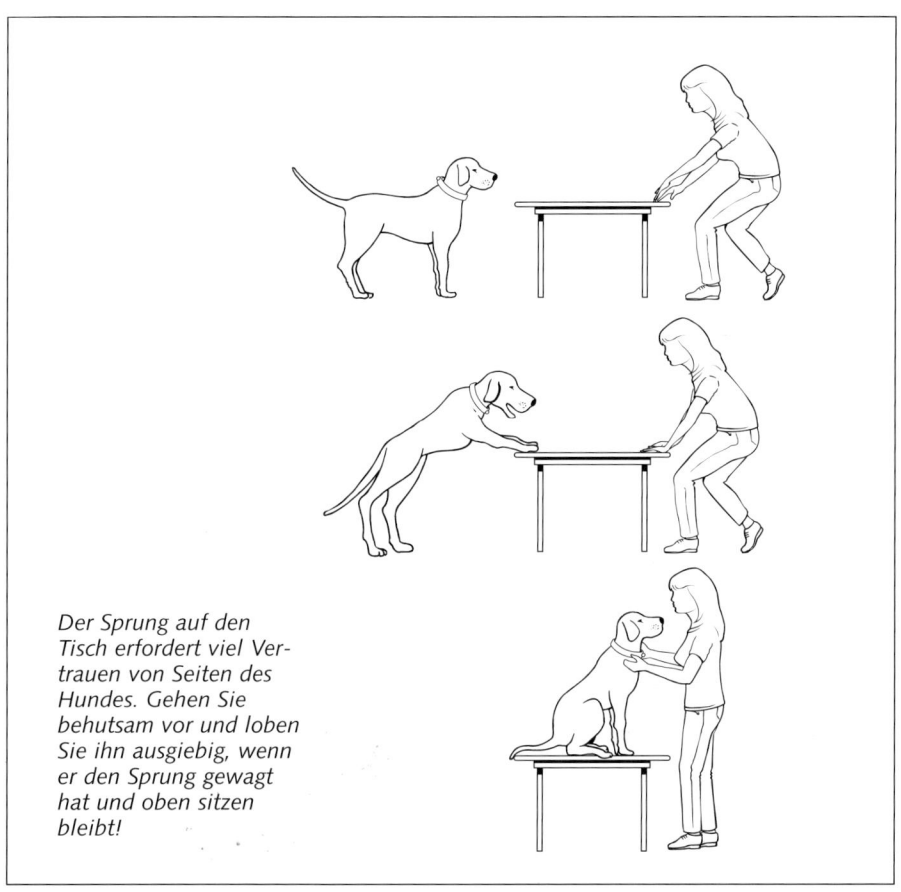

Der Sprung auf den Tisch erfordert viel Vertrauen von Seiten des Hundes. Gehen Sie behutsam vor und loben Sie ihn ausgiebig, wenn er den Sprung gewagt hat und oben sitzen bleibt!

einmal auf Ihren Rücken springen lassen oder ähnliche Späße mit ihm machen.

Wichtig

Neigt Ihr Hund zu Aggressionen oder versucht er, Sie zu dominieren, empfiehlt sich die Rücken-Variante nicht!

62 „Seil springen!"

Ein Aufsehen erregendes Kunststück ist es, den Hund seilspringen zu lassen.

• Bringen Sie ihm zunächst bei, auf „Spring!" mit Ihnen völlig zeitgleich hochzuspringen. Beherrscht er dies, bitten Sie zwei Personen, ein langes Seil hin- und herzuschwingen, über das Sie dann gemeinsam mit Ihrem Hund springen. Erst wenn dies eine Zeitlang fehlerfrei geklappt hat, können Sie das Seil über Ihre Köpfe schwingen lassen. Gute Springer kann man dann auch daran gewöhnen, alleine zu springen, während Sie mit einer Hilfsperson das Seil schwingen.

Wichtig

Bei dieser Übung ist es sehr wichtig, dass es nicht zu Zwischenfällen kommt. Ein Hund, der einen unbeabsichtigten Schlag mit dem schwingenden Seil abbekommen hat, wird nur noch schwer für diese Übung zu begeistern sein, da er seine Aktion mit der Strafe – dem Schlag – verbinden wird.

•• Eine andere Variante des Seilspringens ist die, dem Hund beizubringen, sich beim Sprung mit den Vorderpfoten auf Ihren Oberschenkeln abzustützen, so dass Sie dann mit dem Hund zusammen seilspringen können, ohne dass eine weitere Hilfsperson notwendig ist.

63 „Drehen!"

Das Drehen kann man im Alltag bei zwei verschiedenen Situationen einsetzen. Die Übung ist zum einen hilfreich, wenn sich der Hund in seiner Leine verheddert hat – was besonders jungen Hunden immer wieder gerne passiert; zum anderen, wenn sich der Hund beispielsweise zur Ohrenpflege auf dem Tisch befindet und man an das andere Ohr heran will. Der Tierarzt hat entsprechende Lampen, um den Hund von jeder Stellung ausreichend beleuchten zu können. Diese fehlen zu Hause meist. Mit „Drehen!" wird Ihnen Ihr Hund, wenn er den Befehl beherrscht, sofort die gewünschte Seite zuwenden.

• „Drehen!" ist dem Hund am besten auf einem Tisch beizubringen, der groß genug ist, dass er sich gerade einmal umdrehen kann. Lassen Sie ihn so auf den Tisch springen, dass sein Kopf beispielsweise rechts von Ihnen ist. Halten Sie nun einen von ihm begehrten Happen hinter den Hund und befehlen Sie „Drehen!". Helfen Sie gegebenenfalls nach, indem Sie den Weg vor seiner Schnauze mit der Hand beschreiben, bis er sich um 180 Grad gedreht hat und dann das Leckerchen und natürlich auch ein dickes Lob erhält.

• • Trainieren Sie dies später, wenn er begriffen hat, was Sie von ihm verlangen, an einem Ort, an dem er mehr Bewegungsfreiheit hat. Aus dieser Übung kann man leicht die folgende ableiten.

64 „Kreisel!"

Dies ist ein reiner Jux-Befehl, denn das Drehen des Hundes um 360 Grad ist im Grunde in keiner Situation hilfreich; der Hund jedoch hat Spaß daran zu gefallen, nämlich dadurch, dass er einen Befehl mehr beherrscht.

Viele Hunde lieben das Wälzen. „Rollen!" ist deshalb ein Befehl, der Spaß macht.

• Hierzu lässt man den Hund, am besten durch einen visuellen Befehl, also das Führen mit dem Finger, eine komplette Drehung um die eigene Achse ausführen. Der visuelle Befehl kann in der Anlernphase durchaus durch ein Leckerchen in der Hand verstärkt werden.
   Sie können diese Übung auch in zwei Übungen unterteilen und „Rechts Kreisel!" und „Links Kreisel!" üben. Die Richtung, in die Ihr Hund sich drehen soll, beschreiben Sie am Besten mit der Hand, in der Sie das Leckerchen halten. Verringern Sie nach und nach die Hilfestellung, bis schließlich ein kleiner Fingerzeig genügt.

65 „Rollen!"

Locken Sie den Hund aus der „Peng!"-Stellung heraus mit einem Leckerchen weiter, so dass er sich über den Rücken auf die andere Seite dreht. Durch entsprechendes Loben wird Ihr Hund bald verstehen, was Sie von ihm

möchten. Nun können Sie dazu übergehen, die Übung ohne die „Peng!"-Übung zu verlangen. Geben Sie ruhig visuelle Hilfestellungen, ganz gleich welcher Art, die später auch als visuelle Befehle eingesetzt werden können. Ob Sie die Übung so aufbauen, dass Ihr Hund zum Schluss steht oder nur auf der anderen Seite liegt, hängt von Ihnen und der Intensität Ihrer Hilfestellung ab.

66 „Tschüss!"

Bei der „Tschüss!"-Übung ist das Ziel, den Hund dazu zu bringen, aus der „Sitz!"-Stellung heraus wahlweise mit der rechten oder der linken Pfote zu winken. Hierzu sollte er das Pfötchengeben bereits beherrschen.
   Lassen Sie den Hund frontal absitzen, bleiben Sie stehen und geben Sie den Befehl „Pfötchen!" und „Tschüss!". Gibt der Hund das Pfötchen ins Leere und rudert dabei wie beim Winken mit der Pfote in der Luft, haben Sie die erste Lernphase

125

schon abgeschlossen. Bringen Sie ihn nun noch dazu, länger zu „winken" und hierbei die Pfote hochzuhalten, indem Sie z. B. ein Leckerchen oder nur die Hand mit gestrecktem Zeigefinger hochhalten und Ihr Lob entsprechend einsetzen.

67 „Zählen!"

Im Gegensatz zu einigen Vogel- und Affenarten sind Hunde nicht (oder nur in ganz beschränktem Maße) befähigt, abstrakt zu denken. Man kann aber durchaus trainieren, dass der Hund auf ein von uns gegebenes Zeichen hin anfängt, beispielsweise die Pfote zu heben oder zu bellen, bis er auf ein erneutes Zeichen wieder aufhört. So entsteht der Eindruck, als ob der Hund zählt bzw. eine Rechenaufgabe löst.

Bei diesem Gag setzen wir – wenn der Hund die entsprechende Zahl durch Heben der Pfote anzeigen soll – die Übungen 57 („Pfötchen!") oder 66 („Tschüss!") bzw. – wenn die jeweilige Zahl durch Bellen angegeben werden soll – die Übung 40 („Laut!" und „Aus Laut!") ein, und zwar jeweils in Verbindung mit einem Sichtzeichen (z. B. einem Taschentuch o. Ä.).

• Wichtig ist, dass der Hund die Verknüpfung zwischen dem Befehl, den er zunächst fehlerfrei beherrschen muss, und dem Sichtzeichen herstellt, also Beginn und Ende des Zählens (z. B. Hochhalten bzw. Wegstecken eines Taschentuchs). Dies ist leicht zu schaffen, wenn wir ihn immer erst dann belohnen, wenn wir das Sichtzeichen wegnehmen und der Hund bis dahin von uns – wenn nötig durch

das Wiederholen des verbalen Befehls – ständig angehalten wurde, mit der Ausführung seiner Handlung fortzufahren. Bereits nach ein paar Tagen mit kurzen Trainingssitzungen wird er die Verbindung hergestellt haben und fortan auf das Sichtzeichen reagieren.

68 „Slalom!"

Dieser Befehl entspringt dem Bereich des Hundesports: Es handelt sich um eine Disziplin des Agility-Parcours (siehe S. 158). Auf den Befehl „Slalom!" hin soll der Hund durch eine gerade Reihe von Hindernissen – Stöcke, Fähnchen oder auch andere Gegenstände – Slalom laufen. Falls Ihnen zum Üben dieses Befehls kein Agility-Parcours zur Verfügung steht, können Sie leicht Abhilfe schaffen. Zum Erbauen einer kleinen Slalomstrecke benötigen Sie nur ein paar Stöcke, die Sie im geeigneten Abstand als gerade Strecke einfach in den Boden stecken. Der Abstand sollte nicht zu weit sein, da der Hund dann seine Wendungen nicht mit dem Hindernis in Verbindung bringen kann, aber auch nicht so eng, dass er die Stöcke umstößt.

Es gibt die verschiedensten Möglichkeiten, dem Hund das Slalomlaufen beizubringen. Zwei seien hier kurz beschrieben:

• Leinen Sie Ihren Hund zum Erlernen dieses Befehls an und lassen Sie ihn zunächst bei Fuß an dem einen Ende der Strecke absitzen. Gehen Sie nun unter „Fuß!", „Slalom!" gemeinsam los, und zwar indem Sie Ihre Slalomstrecke zügig durchschreiten. Halten Sie die Leine ausreichend kurz – der Befehl „Fuß!" sollte Ihren Hund ohne-

Das Slalom ist ein Hindernis, zu dessen Bewältigung viel Geduld und Lob gehören.

hin dazu veranlassen, dicht neben Ihnen zu gehen. Auf diese Weise kann der Hund gar nicht anders, als mit Ihnen die Wendungen mitzugehen. Nach einigen Gängen wird ihm das Hin und Her schon geläufig sein, so dass Sie zur zweiten Phase der Übung schreiten können.

• • Kappen Sie hierzu die Stöcke für den Fall, dass sie sehr lang sein sollten, auf eine Höhe ab, dass Sie Ihren Arm gut darüberführen können. Starten Sie zusammen mit dem Hund wieder in gewohnter Weise, doch diesmal ausschließlich mit „Slalom!". Sie gehen rechts an den Stangen vorbei, während

127

Ihr Hund den Parcours bewältigen muss. Geben Sie ihm mit der Leine ruhig Hilfestellung, indem Ihr Arm über den Stangen den Slalom mitmacht. Ein zügiges Gehen erleichtert dem Hund die Aufgabe, da er auf diese Weise nicht auf die Idee kommen kann, seitwärts auszubrechen.

Mit einiger Übung wird Ihr Hund immer weniger Hilfestellung benötigen. Ein dickes Lob nach Durchlaufen der Strecke sollte ihm dann natürlich sicher sein.

• • • Üben Sie dann später dieselbe Strecke ohne Leine und auch, indem Sie links an der Slalomstrecke vorbeigehen.

Eine andere Möglichkeit, dem Hund das „Slalom!"-Gehen beizubringen, ist folgende:

• Lassen Sie Ihren Hund unangeleint mit „Slalom!" losgehen, und zwar so, dass Sie außen an den Stangen vorbeilaufen, während Ihr Hund Slalom um die Stangen läuft. Halten Sie Ihre Hände in Kopfhöhe des Hundes, um auf diese Weise den Hund besser leicht wegdrücken oder z. B. durch leises Klatschen oder Schnalzen zu sich locken zu können. Sie haben die Wahl, diese Aktion noch zusätzlich mit den Worten „Hin!", „Weg!" zu untermalen, um so einen gewissen Rhythmus in das ganze Geschehen zu bringen.

Im Kapitel „Freizeit und Sport" sind die genauen Abstände der Slalomstangen für den Agility-Parcours aufgezeigt (vgl. Übung 100). Für eine rein zum Vergnügen durchgeführte Übung müssen diese selbstverständlich nicht berücksichtigt werden.

• • Ein wenig Abwechslung können Sie in die Slalom-Übung bringen, indem Sie den Hund z. B. durch aufgestellte Flaschen oder ähnliches Slalom laufen lassen oder aber auf dem Spaziergang, sofern Sie z. B. einen slalomgeeigneten Zaun finden. Zusätzlich können Sie die Übung auch entweder dadurch erschweren, dass Sie den Hund die Slalomstrecke alleine bewältigen lassen, während Sie am Anfang oder am Ziel der Strecke warten, oder aber dadurch, dass Sie ihn unter „Hier!" und „Slalom!" dazu veranlassen, die Strecke auch wieder zurückzugehen. Letzteres bedarf jedoch eines besonderen Trainings. Geübt wird hierbei zunächst mit weniger Stangen. Führigkeit auf Distanz macht sich hier bezahlt, so dass Sie mit visuellen Hilfestellungen den Hund wieder auf die richtige Slalom-Spur bringen können. Nach und nach können Sie die Stangenanzahl natürlich wieder erhöhen.

69   Ostereier suchen

Diese Übung haben meine Hunde vor Jahren selbst ins Leben gerufen. Kurz nachdem ich für die Kinder, die gerade zu Besuch bei uns waren, Ostereier versteckt hatte, kamen sie auch schon mit den ersten Eiern in der Schnauze an. Die Kinder waren damals begeistert, und seither herrscht Ostern bei uns zu Hause stets Hochkonjunktur für diese Übung, denn dann dürfen unsere Hunde die versteckten Osterkörbe und Eier mitsuchen. Man muss dazu sagen, dass sie dies immer mit größerem Erfolg als wir selbst tun. Sogar die Hühnereier apportieren sie ganz vorsichtig, ohne dass die Schale kaputtgeht.

• Die einzige Schwierigkeit bei den mit Speck eingeriebenen Hühnereiern besteht darin, dem Hund zu vermitteln, sie möglichst vorsichtig aufzunehmen und so zu tragen, dass sie nicht kaputtgehen. Dies machen viele Hunde von sich aus sehr gut, ansonsten hilft es meist, sie mit langsamen und leiser gesprochenen Befehlen zu mehr Vorsicht anzuhalten. Lassen Sie Ihren Hund am besten immer wieder dasselbe Ei suchen, das Sie ihm an verschiedenen Stellen verstecken können, während der Rest der Familie selbst mit Suchen beschäftigt ist. Vielleicht können Sie ihm ja auch als besondere Belohnung das hartgekochte Ei am Schluss ganz überlassen.

Welche Freude für den Hund, wenn er beim Ostereier suchen mitspielen darf!

 70   **„Schnapp!"**

Das Schnappen ist eine beim Hund in den meisten Fällen sehr beliebte Übung, da man sie am besten anfänglich mit gezielt geworfenen Leckerchen übt.

• Werfen Sie die Leckerchen unter „Schnapp!" so, dass Ihr Hund sie, wenn er nicht schnappt, ins Gesicht bekommt. Dies reicht zum Schnappen meist als Reiz aus. Lassen Sie den Hund während dieser Übung ausschließlich die geschnappten Leckerchen fressen. Sonst hätte die Übung als Befehl keinen Sinn, da sie sich für den Hund dann nämlich nur als willkommener Leckerchenregen darstellt.

•• Eine weitere Methode, dem Hund das Schnappen von Leckerchen beizu-

bringen, ist die, dass Sie ein beliebtes Leckerchen hochhalten, bis der Hund sich aufstellt. Springen sollte er allerdings nicht. Steht er nun auf den Hinterläufen und streckt seine Nase in die Luft, lassen Sie das Leckerchen genau auf bzw. bei geöffneter Schnauze in seine Schnauze fallen. Je gieriger der Hund ist, desto schneller

Den Befehl „Schnapp!" erlernen die meisten Hunde mit Hilfe einiger Leckerchen sehr rasch.

Zuerst wird das Leckerchen auf die Nase gelegt (oben), dann kommt der Befehl „Schnapp!" (Mitte) – und schon landet die Belohnung zwischen den Zähnen (unten)!

wird er lernen, dass „Schnapp!" die schnellste Möglichkeit ist, an ein Leckerchen zu kommen.

Die „Schnapp!"-Übung mit Leckerchen ist der Vorläufer für das Schnappen von Bällen, was bei Apport-Spielen gut einzusetzen ist, oder das Aus-der-Luft-Fangen von Frisbeescheiben, wenn Sie mit dem Hund in diese Richtung freizeitsportlich arbeiten wollen. Sie ist auch Grundvoraussetzung für die folgende Übung.

71 Balancieren von Leckerchen auf der Nase

Vor dem Erlernen dieser Übung muss der Hund bereits die „Schnapp!"-Übung beherrschen.

• Lassen Sie Ihren Hund frontal absitzen und hocken Sie sich vor ihn hin. Umgreifen Sie mit einer Hand die Schnauze, die Sie in der Waagerechten ruhig halten, und legen Sie ein Leckerchen vorn auf die Hundenase. Mit „Bleib!" veranlassen Sie dann den Hund, sich in dieser Stellung nicht zu bewegen. Es gilt, auf die Hilfestellung durch Ihre Hand nach und nach zu verzichten. Die erste Schwierigkeit dieser Übung ist gemeistert, wenn der Hund beliebig lange mit dem Leckerchen auf der Nase ruhig sitzen bleibt, ohne dass es herunterfällt. Gehen Sie dann dazu über, durch Andeuten eines Wurfes den Hund zum Schnappen zu veranlassen. Hierbei fliegt das balancierte Leckerchen in die Luft und soll vom Hund aufgeschnappt werden.

Das geht umso einfacher, je weiter vorne das Leckerchen auf der Nase

Mit so einem großen Würfel kann beim Mensch-ärgere-Dich-nicht nur noch einer gewinnen: der Hund!

liegt. Achten Sie darauf, dass Ihr Hund stets nur auf Ihren Befehl hin das Leckerchen durch seine Kopfbewegung hochfliegen lässt, um es dann zu schnappen. Er darf es nicht schon hochwerfen, wenn Sie es gerade erst zum Balancieren hingelegt haben.

 72   „Würfeln!"

Es gibt in Spielwarenläden für Kleinkinder große Würfel aus Stoff zu kaufen, die hervorragend dafür geeignet sind, den Hund z. B. an einem verregneten Winternachmittag, wenn die ganze Familie gerade dabei ist, ein Gesellschaftsspiel zu spielen, an der Runde in besonderer Weise teilhaben zu lassen.

Durch die Befehle „Apport!" (Übung 12) und „Aus!" (Übung 9) können Sie den Hund leicht dazu bewegen, für Sie zu würfeln. Nach und nach können Sie auch versuchen,

die Befehle „Apport!" und „Aus!" zu löschen und statt dessen z. B. „Du bist dran!" oder „Würfeln!" einzuführen. Falls Ihr Hund die Angewohnheit hat, auf den Befehl „Laut!" den Kopf beim Bellen in den Nacken zu werfen, können Sie auch durch eine anfängliche Kombination der Befehle „Apport!", „Würfeln!" und „Laut!" zu erreichen versuchen, dass er den Würfel hochwirft. Belohnt wird der Hund sofort, nachdem er den Würfel hochgewor-

Hinweis
Achten Sie darauf, aus welchem Material der Würfel besteht; Schaumgummi alleine geht zwar relativ schnell kaputt, ist jedoch gut geeignet, wenn es mit einem Stoffüberzug versehen ist. Außerdem sollte der Würfel groß genug sein, damit er vom Hund nicht verschluckt werden kann.

131

fen hat, egal ob er dabei gebellt hat oder nicht – schließlich setzen wir den Befehl „Laut!" in diesem Fall nur als Hilfe ein.

Nach und nach lässt man „Laut!" als zusätzlichen Befehl weg und festigt durch gezieltes Loben im richtigen Moment die Verknüpfung mit dem eigentlichen Befehl, in unserem Beispiel also „Würfeln!". Andernfalls beschränken Sie sich auf die Befehle „Apport!" und „Aus!". Denn auch das bloße Fallenlassen des aufgenommenen Würfels kann Ihnen eine Sechs in Ihrem Spiel bescheren.

73 „Karren!"

Ist Ihr Hund nicht zu klein und einigermaßen kräftig gebaut, können Sie ihn als Zughund einsetzen, indem Sie ihn vor einen geeigneten Karren spannen. Je nach Stärke des Hundes können Sie beispielsweise Einkäufe auf diese Weise bequem transportieren und verschaffen zugleich dem Hund eine sinnvolle Aufgabe.

Vorsicht
Der Karren muß so konstruiert sein, dass der Abstand zu den Hinterläufen ausreichend groß ist. Sonst kann es zu Verletzungen kommen.

• Gewöhnen Sie den Hund zunächst nur an das Zuggeschirr, bevor Sie ihn vor den Karren spannen. Fangen Sie danach mit dem Ziehen des Karrens auf geraden Strecken an. Hat sich Ihr Hund erst an den Zug gewöhnt, ist es eigentlich keine Schwierigkeit, ihn dazu zu bringen, auch den bepackten Karren zu ziehen, solange dieser nicht

zu schwer ist. Üben Sie nach und nach erst weite Bögen und später auch engere Kurven. Bleibt ein sensibler Hund am Anfang der Lernphase mit dem Karren hängen und erschrickt, werden Sie ihn nur mit viel Geduld wieder zum Ziehen bringen können. Achten Sie am Anfang daher strikt auf diese Dinge, und gestalten Sie die Übung komplikationslos. Lassen Sie den Hund stets den gleichen Karren ziehen, da er nach und nach die Länge des Karrens einzuschätzen lernt. Im Winter kann man den Hund auch einen kleinen Schlitten ziehen lassen.

• • Hervorragend geeignet ist das Ziehen eines Karrens für die Begriffvermittlung von „Langsam!" und „Tempo!". Zieht der Hund den Karren mit Freude, suchen Sie eine Stelle mit holprigem Boden auf. Dort geben Sie den Befehl „Langsam!" Bei starkem Gerucke im Geschirr wird kein Hund besonders schnell gehen wollen – nutzen Sie das aus. Auf ebenen, asphaltierten Strecken können Sie Ihren Hund durch eine flotte Gangart unter „Tempo!" zum schnellen Gehen anregen (vgl. Übung 43: Schnelles und langsames Gehen).

74 Balancieren auf Gegenständen

Hunde sind keinesfalls so geschickte Kletterer wie etwa Katzen. Es gibt unter Hunden besonders trittfeste, und weniger sichere. In jedem Fall können Sie Ihren Hund jedoch dazu bringen, auf bestimmten von Ihnen angezeigten Gegenständen und Geräten zu balancieren. Die einfachste Grundform, die für einige vielleicht schon reichen mag, ist folgende, die als kleines Erlebnis den Spaziergang auflockern kann:

• Lassen Sie Ihren Hund mit „Hopp!" auf einen Baumstamm oder auch ein Gartenmäuerchen springen, und veranlassen Sie ihn, unter „Langsam!" bis zum Ende zu gehen. Der Abgang darf nur auf Ihren Befehl hin erfolgen. Für geschickte Hunde kann man die Übung erschweren, indem die Breite des Stammes oder des jeweiligen Gerätes verringert wird. Die Hundepfote verfügt nicht über spitze Krallen wie die einer Katze, deshalb sind glatte Oberflächen für den Balanceakt zu meiden.

• • Reden Sie dem Hund beim langsamen Vortasten auf dem Gerät mit „Brav, Langsam!" gut zu, und geben Sie ruhig anfangs Hilfestellung; das gibt dem Hund bei dieser mitunter recht schwierigen Aufgabe die nötige Sicherheit.

• • • Durch Kurven und Winkel kann man die Übung später zusätzlich erschweren, ebenso wie durch den Befehl „Zurück!".

Wichtig
Achten Sie immer darauf, dass Ihr Hund nicht herunterfällt, und greifen Sie rechtzeitig mit „Bleib!" oder „Hopp!" ein, bevor er sich erschreckt oder verletzt und somit das Vertrauen zu dieser Übung oder gar zu Ihnen verliert.

Bei besonders unsicheren Hunden hat es sich bewährt, durch eine Körpermassage, die vom Rücken ausgehend an den Beinen herunter bis zu den Zehen und wieder zurück durchgeführt wird, die Trittsicherheit und somit auch das Selbstvertrauen des Hundes zu erhöhen. Die Hunde bekommen durch die Massage ein besseres Gefühl für ihren eigenen Körper und somit auch dafür, wo sie ihre Füße hinstellen.

75 Treppe

Das Erklimmen einer Treppe lernen auch kleine bzw. junge Hunde sehr schnell, wenn es darum geht, Ihnen zu folgen. Trotzdem sollten Sie sich vor Augen halten, dass das Auf- und Absteigen auf Treppen für Hunde anatomisch begründete Schwierigkeiten mit sich bringen kann. Rassen mit langem Rücken wie Dackel oder Bassets bekommen bei häufigem Springen und Treppensteigen oft die so genannte Dackellähme (was einem Bandscheibenvorfall entspricht). Besonders große Rassen leiden dagegen oft an einer Missbildung des Hüftgelenkes, der so genannten Hüftgelenkdysplasie (HD). In solchen Fällen ist es ratsam, den Hund nach Möglichkeit die Treppen hinauf- und herunterzutragen. Wegen der Größe wird dies allerdings unter Umständen nicht immer möglich sein.

Als Übung an Treppen kann man sowohl für diejenigen Hunde, die getragen werden sollen, als auch für die, die selber Treppen gehen können, beispielsweise ein Warten einbauen, das aus dem Wirkungsbereich der Blindenhunde entnommen ist. Beim Auf- und Abstieg soll der Hund vor der Treppe oder dem Treppenabsatz stehen bleiben.

• Dies ist leicht zu erreichen, indem Sie den Hund zunächst mit der Leine an den Absatz führen und ihn mit „Steh!" zum Anhalten und Verharren bewegen. Geben Sie dann, wenn auch Sie die Treppe hinuntergehen wollen, den Befehl „Lauf!", um die Übung aufzuheben, oder nutzen Sie sein ruhiges Stehen als Möglichkeit, ihn hochzunehmen. Achten Sie beim Tragen darauf, dass eine Hand den Brustkorb abstützt, während die andere Hinterläufe und Gesäß unterstützt. Tragen Sie Ihren Hund stets gegen Ihren Körper gedrückt. Das ist das angenehmste für den Hund und auch für Sie die leichteste Form.

Hinweis
Welpen sollten nur als Übung ab und zu Treppen laufen, aber sonst über Treppen getragen werden, um das sich noch im Wachstum befindliche Skelett nicht auf unnatürliche Art überzustrapazieren.

• • Beim Treppenaufstieg lässt man den Hund praktischerweise so anhalten, dass er mit den Vorderläufen auf der ersten Stufe steht. Wirken Sie wiederum mit „Steh!" auf den angeleinten Hund ein, so dass er in dieser Position verharren muss. Nutzen Sie diese Position aus, um ihn hochzunehmen und lösen Sie sonst die Übung wie gehabt nach einem Lob durch „Lauf!" auf.

Hinweis
Bedenken Sie bei der Treppe auch, dass die allermeisten Hunde, besonders wenn sie Treppen noch nicht so gewöhnt sind, lieber an der Wandseite gehen als an der Geländerseite, vermutlich weil die Wandseite ihnen subjektiv mehr Schutz bietet.

Welpen sollten nur ab und zu zur Übung Treppen laufen und ansonsten getragen werden, bis der Bewegungsapparat kräftiger geworden ist. Eine Hand unterstützt die Brust, auf der anderen ruht das Hinterteil des Welpen.

76   Leiter

Das Besteigen einer Leiter erfordert vom Hund ähnlich viel Geschick wie das Balancieren. Um keine Verletzungen zu riskieren, sollte der Hund schon eine gewisse Ruhe an den Tag legen und nicht ein quirliger Junghund sein, der eigentlich toben will. Je nach Größe des Hundes dürfen die

Diese Übung kommt aus der Rettungshundeausbildung. Sie müssen vorsichtig vorgehen, damit Ihr Hund keine schlechten Erfahrungen mit der Leiter macht.

Das Gehen über eine Leiter stammt aus dem Repertoire der Rettungshunde. Geben Sie dem Hund bei dieser schwierigen Übung genügend Halt und Hilfestellung, bis er sich ganz sicher fühlt.

Leitersprossen nicht zu weit auseinander sein. In jedem Fall sollten sie ausreichend breit und angerauht sein, so dass der Hund sicher darauf stehen kann. Geübt wird zunächst auf einer waagerecht aufgelegten Leiter.

• Lassen Sie Ihren Hund von einem Stuhl oder einem Tisch aus starten,

Hinweis
Da Hunde nur wenig Halt auf den Sprossen finden, ist für sie ein Abstieg auf einer steilen Leiter nicht möglich!

auf dem die Leiter aufliegt, und geben Sie ihm am besten mit einer weiteren Person Hilfestellung. Reden Sie ihm aufmunternd zu und veranlassen Sie ihn, ganz langsam zu laufen, um mit jedem Tritt eine Sprosse zu erreichen. Loben Sie ihn kräftig, wenn er auf der anderen Seite angekommen ist. Es gilt hier, besonders strikt darauf zu achten, dass der Hund nie eine schlechte Erfahrung bei dieser Übung macht, denn das wird ihm den Spaß an dieser neuen Übung für lange Zeit verleiden.

• • Bedenken Sie, dass der Hund niemals das sanfte Geschick einer Katze an den Tag legen wird, die mit ihren Pfoten auf kleinsten Flächen immer noch sicher steht.

Dem Hund ist anatomisch bedingt nur ein sehr mäßiges Festkrallen möglich. Überfordern Sie ihn am Anfang nicht, indem Sie ihn mehr als zweimal über die Leiter laufen lassen. Wiederholen Sie die Übung am besten täglich, bis er sie gut beherrscht.

Gehen Sie dann dazu über, nach und nach die Leiter etwas schräger zu stellen. Auch hier gilt, dass Sie bedenken müssen, dass ein Hund kein Kletterer ist; er wird also über einen bestimmten Winkel nicht hinauskommen.

77 „Singen!"

Abgesehen vom Bellen haben Hunde die Fähigkeit auch noch eine ganze Reihe anderer Töne von sich zu geben, was Sie auch zu einer Übung umgestalten können. Durch gute Beobachtung werden Sie schnell herausfinden, in welcher Situation welche Laute von Ihrem Hund benutzt werden.

Meine Hunde beispielsweise singen regelrecht bei meiner Rückkehr, wenn sie eine Weile alleine bleiben mussten.

• Will man erreichen, dass der Hund seine Töne auch auf Befehl wiedergibt, ist bei der Belohnung der richtige Moment von größter Bedeutung, damit er seine Handlung auch mit dem neu eingeführten Lautzeichen in Verbindung bringen kann.

78 „Zieh feste!"

Hunde sind in der Lage, Dinge zu ziehen, die zu schwer oder zu groß sind, um von ihnen getragen zu werden. Allerdings muss gewährleistet sein, dass der Gegenstand oder ein Teil von ihm gut mit der Schnauze umfasst werden kann.

• Machen Sie Ihrem Hund den Gegenstand schmackhaft, beispielsweise dadurch, dass Sie ihn mit einem Stück Wurst oder Speck abreiben. Schicken Sie den Hund mit „Apport!" zu dem Gegenstand und loben Sie ihn, wenn er versucht, ihn aufzunehmen. Unterstützen Sie ihn mit einem aufmunternden „Zieh feste!" und „Apport!", Ihnen den Gegenstand zu bringen. Ein Hund, der die Apport-Übung beherrscht, wird leicht verstehen, was man von ihm verlangt, und den Gegenstand heranschleppen. Wenn der Gegenstand schwer ist, wählen Sie eine nicht zu große Distanz, um ihn nicht zu überfordern.

• • Bei Gegenständen, die zwar leicht, aber groß und unhandlich sind, kann man später die Übung dadurch erschweren, dass man den Hund den Gegenstand beispielsweise um eine Ecke oder durch eine Tür ziehen lässt. Für eine solch knifflige Aufgabe muss der Hund sein ganzes Geschick einsetzen, um Erfolg zu haben. Honorieren Sie eine gelungene Übung mit entsprechend viel Lob und Aufmerksamkeit.

79 Fußball!

Die meisten Hunde, besonders aber junge und temperamentvolle, haben viel Spaß an schwungvollen und bewegungsreichen Aktivitäten. Das Fußballspielen eignet sich deshalb in besonderer Weise dazu, es in einer abgewandelten Form als Übung einzuführen. Grundsätzlich gibt es zwei Varianten: Bei der einen soll der Hund den Ball mit der Nase, vielleicht auch unter Zuhilfenahme seiner Vorderbeine vorantreiben, bei der anderen nimmt man keinen Ball, sondern einen Luftballon und spielt quasi „Nasenball" mit dem Hund.

Bei dieser Übung hängt alles davon ab, ob der Hund überhaupt Gefallen daran findet, denn wenn nicht, wird man ihn nur schwer dafür begeistern können.

• Führen Sie zu Beginn dieser Übung den Ball oder Ballon unter großem Tamtam ein, so dass das Interesse des Hundes geweckt wird. Dirigieren Sie nun mit viel Lob und aufmunternden Worten den Hund mit dem Ball von hier nach dort oder vielleicht sogar auf ein Ziel oder Tor zu. Versucht er, den

Den Luftballon darf man beim Fußballspiel leider nur sachte mit der Nase stupsen, sonst ist er gleich kaputt.

Ball mit den Zähnen zu fassen, korrigieren Sie ihn mit „Nein!", und belohnen Sie ihn, wenn er wieder richtig „weiterdribbelt".

80 Das Hunde-Duo

Sollten Sie zwei Hunde haben, gibt es selbstverständlich die Möglichkeit, beide Tiere zusammen eine Übung absolvieren zu lassen. Auch hier gibt es natürlich sehr viele Variationsmöglichkeiten. Zunächst werden zwei Übungen vorgestellt, die nur möglich sind, wenn sich Ihre beiden Hunde uneingeschränkt gut verstehen und sie einen auffälligen Größenunterschied aufweisen, wie z. B. Bernhardiner und Yorkshireterrier.

Bremer Stadtmusikanten
Ist Ihr großer Hund sehr ruhig und der kleine ein guter Springer, lassen Sie

den kleinen doch einmal auf den Rücken des großen springen. Hierzu müssen Sie beiden Hunden vorher getrennt die jeweiligen Befehle beigebracht haben, was für den großen Hund in diesem Fall „Steh!" und für den kleinen „Hopp!" wäre.

• Zum Anlernen der eigentlichen Übung, mit der erst begonnen werden kann, wenn die Vorübungen schon gut beherrscht werden, empfiehlt es sich, den kleinen Hund an einer der beiden Breitseiten des großen absitzen zu lassen. Sie selbst sollten sich auf die andere Seite stellen und den kleinen Hund mit einem Zuruf oder Sichtzeichen dazu bewegen zu springen. Ist Ihr großer Hund auch mit einer anderen Person sehr vertraut, kann es nicht schaden, wenn diese an der Kopfseite des Hundes bleibt, ihn vielleicht streichelt oder auch mit „Nein, steh!" auf ihn einwirkt, sobald er sich von seiner angewiesenen Position fortbewegen oder sich hinsetzen will.

• • In dem Moment, in dem der kleine Hund den Rücken erklommen hat, stützen Sie ihn ab und loben Sie beide Tiere überschwänglich, und zwar am besten in der Form, dass Sie dem kleinen Hund und Ihr Helfer dem großen Hund Anerkennung zollen. Lassen Sie anschließend den kleinen Hund sofort herunterspringen. Sie sollten erst nach und nach die Zeit verlängern, in der der kleine Hund auf dem Rücken thront.

Um von Anfang an keine Aversion gegen diese Übung aufkommen zu lassen, können Sie auch eine gefaltete Decke auf dem Rücken des großen Hundes ausbreiten, damit dieser den kleinen weniger spürt. Nach und nach können Sie später die Decke Lage um Lage auffalten, bis Sie die Übung zuletzt ohne Hilfsmittel verlangen können. Wenn Sie sich des Deckentricks bedienen, achten Sie streng darauf, dass diese nicht rutscht und so dem kleinen Hund die Übung verleidet.

• • • Diese Übung kann man noch zusätzlich erschweren, wenn man den kleinen Hund zunächst aufspringen und den großen dann langsam laufen lässt. Zum Anlernen ist es am einfachsten, wenn eine Hilfsperson den großen Hund langsam führt, während Sie den kleinen nötigenfalls abstützen. Wenn Sie sehen, dass die Übung den beiden Hunden großen Spaß bereitet – zumal sie natürlich nach erfolgreicher Übung stets gebührend gelobt werden –, können Sie noch eine Stufe weitergehen und den kleinen Hund

aufspringen lassen, während der große läuft.

Beine-Tunnel

Die zweite Übung für Hunde mit auffälligem Größenunterschied sieht so aus, dass der kleinere zwischen den Beinen des großen Hundes hindurchlaufen soll. Es empfiehlt sich hierfür, mit dem großen Hund vorher separat die Übungen „Steh!" und „Bleib!" und mit dem kleinen die Übung „Komm!" bzw. „Kriechen!" geübt zu haben – je nachdem, wie gut er unter dem anderen hindurchpasst.

• Lassen Sie den kleinen Hund auf der einen Seite absitzen, während Sie auf der gegenüberliegenden Breitseite des großen Hundes stehen und den kleinen mit „Komm!" oder „Kriech!" dazu anhalten, unter dem anderen Hund hindurchzukommen.

Wenn Sie beide Übungen mit Ihren Hunden trainieren und merken, dass die Tiere Spaß daran haben, können Sie sie auch so kombinieren, dass der kleine Hund von der einen Seite auf den Rücken des großen springt, auf der anderen Seite wieder herunterspringt und dann unter ihm hindurchläuft, bis er – auf der anderen Seite angekommen – von dort wieder auf dessen Rücken springt.

Kombinierte Übungen

Weitere Übungen, die sich auch gut für zwei Hunde eignen, können aus einem Zusammenschluss von zwei sonst getrennten Übungen bestehen. Ohne die Übungen im einzelnen näher zu beschreiben, werden hier kurz einige Beispiele vorgestellt. So kann man beispielsweise trainieren, dass der eine Hund Pfötchen ins Leere

Hinweis
Auch wenn's schwerfällt: Dem
ranghöheren Hund muss man mehr
Aufmerksamkeit zukommen lassen,
indem man ihn beispielsweise
zuerst begrüßt, ihn zuerst füttert
etc. Schließlich wird die Rangordnung von den Hunden selbst aufgestellt.

gibt, was dann gleichzeitig das Sichtzeichen für den zweiten Hund ist, sich
zu setzen oder ähnliches. Lustige Szenen gemäß der Hundefutterreklame
kann man natürlich auch unter Einbe-
ziehung einiger Personen üben oder
gar filmen, wenn man mag. Des Weiteren kann man dem einen Hund beibringen, die Leine des anderen zu tragen und, und, und. Ihrer Phantasie
sind hierbei keine Grenzen gesetzt!
Hier eine Übung, die die Disziplin
Ihrer Hunde schult: Lassen Sie den
einen Hund abliegen, während Sie mit
dem anderen eine Übung machen,
und wechseln Sie dann. Achten Sie
darauf, dass hierbei nie Eifersucht zwischen den Hunden entsteht! Loben
Sie den Hund, der an einem Ort
verharren soll, genauso wie den anderen, wenn die Übung ordentlich ausgeführt wurde. In vielen Haushalten
mit zwei Hunden ist eine regelrechte
„Hackordnung" zu beobachten, wenn
einmal gestraft wurde. Wird beispielsweise nur der in der Hunderangordnung höher gestellte Hund gerügt,
kann es unter Umständen passieren,

*Mit zwei unterschiedlich großen Hunden
lassen sich viele Kunststückchen üben,
wenn sie sich so gut verstehen wie dieser
Havaneser und der Berner Sennenhund.*

dass dieser seinen Frust sofort an dem
anderen auslässt und ihm eine Lektion
erteilt, sobald sich hierfür eine Gelegenheit bietet.

Beide Hunde sollten ihren Anlagen
entsprechend gefordert und von
Ihnen gemäß ihrer eigenen
Hunderangordnung behandelt werden. Wenn Sie sich danach richten,
werden die beiden Hunde sicherlich
viel Spaß an den neuen Übungen
haben.

Übungen für Intelligenzbestien

Die sieben im Folgenden aufgeführten
Übungen sind etwas für den fortgeschrittenen Hund, der in den vorangegangenen Übungen schon bewiesen
hat, dass er über eine überdurch-
schnittliche Auffassungsgabe verfügt
und viel Spaß bei der Arbeit hat.
Es handelt sich zum einen um **komplexe Übungen** (Übungen 81 – 84),
die aus vielen einzelnen Unterübungen bestehen, und zum anderen um
Verknüpfungsübungen (Übungen
85 – 87), bei denen vom Hund ein
gehöriges Maß an Eigenständigkeit
gefordert wird.

81 „Spiel es noch einmal, Sam!"

Bei dieser Übung werden die schon
besprochenen Übungen „Pfötchen!"
(Übung 57) und „Hopp!" (Übung 61)
zu einer neuen Übung kombiniert, bei
der der Hund Klavier spielen soll. Der
legendäre Satz aus dem Film Casa-
blanca: „Spiel es noch einmal, Sam!"
eignet sich gut als Spaß-Befehl.

• Zunächst muss man den Hund dazu bringen, unter „Hopp!" und einem entsprechenden Sichtzeichen, beispielsweise einem aufmunternden Armschwung, auf den Klavierhocker zu springen und dort mit Blickrichtung auf die Tastatur entweder abzusitzen oder stehen zu bleiben. Im weiteren verwendet man zunächst eine Kombination der Befehle „Pfötchen!" und „Spiel es noch einmal, Sam!", bis der Hund, der der Einfachheit halber das Pfötchengeben schon beherrschen sollte, schließlich nur auf „Spiel es noch einmal, Sam!" seine Pfote gibt. Um zu erreichen, dass der Hund den Befehl damit verbindet, dass er mit der Pfote die Tasten berühren soll, muss man mit dem Loben oder mit der Gabe eines Leckerchens genau in dem Moment einsetzen, wenn der Hund dem Klavier einen Ton entlockt hat. Hilfreich kann es sein, die Hand, in der man das Leckerchen hält, ganz dicht über die Tasten zu halten.

• • Wenn Sie sehen, dass der Hund an dieser Übung großen Spaß hat, können Sie sie auf folgende Weise erweitern: Trainieren Sie mit ihm zunächst, immer abwechselnd die eine und dann die andere Pfote zu geben (vgl. Übung 57). Wenn er dies gut beherrscht, können Sie die Übung vervollständigen, indem Sie ihn wie oben beschrieben mit „Hopp!" auf den Hocker springen lassen und dann wiederum zunächst die Befehle kombinieren, beispielsweise „Die Pfote!", „Die Andere!", „Spiel es noch einmal, Sam!". Auch hier kann man nach und nach die Befehle „Die Pfote!", „Die Andere!" weglassen und den Hund nur mit dem Befehl „Spiel es noch einmal, Sam!" und dem Sichtzeichen,

auf den Hocker zu springen, die ganze Übung am Stück ausführen lassen. Bei einer entsprechenden Belohnung am Schluß dieser Übung wird sicherlich nach kurzer Zeit selbst das Sichtzeichen für den Sprung auf den Hocker überflüssig werden.

82 Einkaufswagen

Es gibt in Spielwarenläden kleine Einkaufswagen für Kinder, die für diese Übung benötigt werden. Vorweg aber noch einige Worte zur Übung selbst: Sicherlich bleibt diese Übung, in der der Hund mit den Vorderpfoten den Wagen schieben soll und auf Ihren Befehl hin verschiedene Sachen in den Wagen legen muss, ohne tieferen Sinn. Ich selbst habe diese Übung das erste Mal im Zirkus gesehen, als ich noch ein Kind war, und sie später mit meiner Hündin Tinta ausprobiert. Die Übung entbehrte nicht einer gewissen Komik, und auch der Hund hatte viel Spaß daran.

Aufgrund der vielen kleinen Teilübungen während der Gesamtübung wird diese Übung zu einer recht komplexen Angelegenheit, die nur ein Hund erlernen kann, der schon die erforderlichen Teilübungen beherrscht.

• In der ersten Phase müssen Sie, um dem Hund die nötige Sicherheit bei dieser Übung zu geben, zunächst den Wagen unten so beschweren, dass er nicht umkippen kann, wenn der Hund sich dagegenlehnt. Halten Sie dann so fest gegen den Wagen, dass er sich nicht bewegt, wenn Sie den Hund beispielsweise mit einem Leckerchen dazu bringen, am Wagen mit den Vorderpfoten abgestützt aufzustehen.

142

Mit Hilfe einiger Leckerbissen lässt sich selbst das Schieben eines Kinderwagens oder Einkaufwagens erlernen.

Achten Sie streng darauf, dass er erst wieder heruntergeht, wenn er den ausdrücklichen Befehl hierfür von Ihnen erhalten hat. Sträubt er sich, können Sie ihm diese Vorübung angenehmer machen, indem Sie ihn über den Wagen hinweg zusätzlich am Ohr kraulen.

• • Hat er diese Übung schon einige Male gemacht, können Sie zur zweiten Phase übergehen, in der Sie ihm das Wagenschieben beibringen müssen. Auch hierzu stützen Sie den Wagen ab, aber nicht so stark, und lassen den Hund wiederum am Wagen aufstehen. Nun geben Sie ihm aber nicht sofort den Happen, sondern lassen etwas den Druck vom Wagen weg, so dass der Hund ganz langsam vorwärtsgehen muss. Das Leckerchen halten Sie ihm so vor die Schnauze, dass er es nicht erreichen kann. Ein knapper Meter muss für die erste Übung reichen! Loben Sie den Hund überschwänglich.

Üben Sie an den darauffolgenden Tagen das Gehen immer ein bisschen weiter und mit immer weniger Hilfestellung Ihrerseits. Ziel dieser Teilübung ist es, dass der Hund auf einen beliebigen Befehl hin, z. B. „Einkaufen!", den Wagen solange schiebt, bis Sie die Übung beenden. Achten Sie nur darauf, dass er eine ausreichend lange ebene Strecke vor sich hat, ohne dass ein Teppich oder eine Zimmerecke die Weiterfahrt vereitelt.

● ● ● Beherrscht er das Schieben des Einkaufswagens, können Sie Ihren Hund dazu veranlassen, verschiedene Dinge in den Wagen zu legen. Hierfür eignet sich grundsätzlich alles, was Sie ihm vorher unmißverständlich gezeigt haben. Wenn er vorher schon den Befehl „Aufräumen!" (Übung 46) gelernt hat, ist diese Übung natürlich relativ einfach. Die Schwierigkeit besteht unter Umständen darin, dass sich der Wagen bewegen kann, während der Hund den benannten Artikel „Aufräumen!" soll – je nachdem, wie die Rollen angebracht sind. Letztendlich sollte der gesamte Übungsablauf, bei dem beide Übungen kombiniert werden, so aussehen, dass der Hund den Wagen bis zu dem Gegenstand schiebt, den er „Einkaufen!" bzw. „Aufräumen!" soll, und dann ohne einen weiteren Zwischenbefehl – der

zum Erlernen natürlich unerlässlich ist – den Wagen bis zum nächsten Gegenstand weiterschiebt, den er in den Wagen legen soll usw.

83 Tisch decken

Die Idee zu dieser Übung stammt ebenfalls aus dem Zirkus. Es handelt sich hierbei um eine kleine Show, bei der der Hund zusammen mit einer Person agiert, die einen Tisch decken will.

Teller, ein Blumenstrauß und Servietten werden von der Person zunächst auf einem Hocker abgestellt, um das Tischtuch aufzulegen. In dieser Zeit stiehlt der Hund die Teller und stellt sie in einiger Entfernung auf dem Boden ab. Die Person bemerkt, dass die Teller fehlen und geht neue holen. In ihrer Abwesenheit stiehlt der Hund den Blumenstrauß, und während die Person wiederum einen anderen Blumenstrauß holen geht, stiehlt der Hund schließlich auch noch die Servietten und stellt alles in einiger Entfernung auf dem Boden wieder richtig auf.

Zum Höhepunkt des Sketches kommt eine zweite Person mit Hund herein, und dieser Hund setzt sich sofort zu dem ersten an den auf dem Boden gedeckten Platz.

Um die Abfolge zu erreichen, muss man den neuen Befehl in der Anlernphase selbstverständlich zunächst mit dem Befehl koppeln, der dem Hund für seine Teilhandlung schon bekannt ist.

● Dies sei hier nur beispielhaft an den ersten beiden Teilübungen erläutert: Zunächst koppelt man den Befehl

Hinweis

Wenn es darum geht, dem Hund eine lange Handlungskette beizubringen, die er auf einen einzigen Befehl hin hintereinander ausführen soll, ist es wichtig, dass man ihm die einzelnen Teilübungsschritte in **umgekehrter Reihenfolge** beibringt, damit er das Lob auch erst nach der letzten Handlung erwartet und nicht denkt, dass die Übung z.B. in diesem Fall nur darin besteht, die Gegenstände vom Hocker zu „stehlen".

„Bleib!" mit „Tisch decken!" und lobt den Hund überschwänglich, wenn er brav sitzen bleibt, so wie er es am Schluß dieser Übung tun soll. Dann geht man zum nächsten Schritt über und koppelt „Aufräumen!" mit „Tisch decken!". „Tisch decken!" hat für den Hund aus der vorherigen Übungseinheit bereits die Bedeutung, dass er an dem Platz brav sitzen soll; er wird also erst den angewiesenen Gegenstand aufräumen und sich dann hinsetzen. Der Befehl „Aufräumen!" wird in etwas abgewandelter Form benutzt: Der Hund soll die Gegenstände an markierten Stellen auf dem Boden abstellen, statt sie in einen Behälter fallen zu lassen. Dank der Ähnlichkeit dieser beiden Aktionen ist diese neue Bedeutung des Befehls für den Hund in der Regel jedoch leicht zu begreifen. So geht man Schritt für Schritt vor, bis man die recht schwierige Übung aufgebaut hat und der Hund auf „Tisch decken!" hin die ganze Übung ausführt – in der Gewißheit, dass er Ihr Lob nach dem Sitzen am Platz erhalten wird.

•• Am gedeckten Platz soll Ihr Hund mit „Bleib!" dazu veranlasst werden, sitzen zu bleiben, während der zweite Hund – der nur unter der Voraussetzung mitwirken kann, dass er bereits die Befehle „Voraus!", „Sitz!" und „Bleib!" beherrscht – sich ihm gegenüber hinsetzt. In der Anlernphase ist es für den zweiten Hund hilfreich, wenn man an der Stelle, wo er sich hinsetzen soll, ein Leckerchen oder sein Lieblingsspielzeug auslegt. An diesem Ort soll er dann ebenfalls verharren, bis die Übung durch eine großartige Belohnung für beide Hunde beendet wird.

Für das richtige Aufstellen der Teller, des Blumenstraußes und der Servietten muss der Hund bereits den Befehl „Aufräumen!" (Übung 46) beherrschen. Markieren Sie die Stellen, an denen er die Sachen hinstellen soll, durch Leckerchen, die er jeweils fressen darf, nachdem er die Sachen abgestellt hat. Korrigieren Sie ihn durch „Nein!", falls er mehrere Leckerchen hintereinander fressen will.

Auch das „Stehlen" der Sachen von dem Hocker, auf den die Person die Gegenstände zu Beginn abgestellt hatte, besteht aus einer „Apport!"-Übung.

Ein gutes Timing zwischen dem Hund und der mit ihm agierenden Person ist wichtig, damit es auf den Zuschauer perfekt wirkt. Durch besonders langsam gesprochene Befehle bewirkt man im allgemeinen auch eine langsamere Ausführung, während man durch schwungvolle, etwas lauter und zackig gegebene Befehle den Hund dazu anstachelt, schneller zu arbeiten.

• • • Die Brillanz dieser Übung liegt darin, die Hilfen – also die am Anfang notwendigen Zwischenkommandos und auch die Leckerchen – so unauffällig wie möglich zu geben. Das bedeutet, dass in der genügend langen Festigungsphase, in der nach und nach die einzelnen Teilübungen hintereinandergeschaltet werden, nur ganz kleine Happen gegeben werden, so dass es für den Zuschauer nicht ersichtlich ist, dass der Hund zwischendurch etwas frisst.

84   Zeitung bringen

Diese Übung besteht ebenfalls aus einer Aneinanderreihung verschiedener Unterübungen und wird dadurch

Die einzelnen Trainingsabschnitte bestehen aus:

- dem Halten und Apport der Zeitung sowie dem sauberen Ausgeben auf Befehl mit anschließender Belohnung (Übungen 9, 12 und 46),
- dem Vertrautmachen mit der Strecke, zunächst ohne Hindernisse (Übung 46),
- dem Türenöffnen (Übung 48),
- dem Aufnehmen der Zeitung vom Fußboden oder aus dem Briefschlitz (Übungen 12 und 46),
- dem Einüben des gesamten Streckenablaufs mit gleichzeitigem Apport der Zeitung auf dem Rückweg, sowie aus
- der Festigung der kompletten Übung durch tägliche Wiederholung.

sehr komplex. Der Einfachheit halber werden hier nur umrißartig die einzelnen Arbeitsschritte benannt, da die Übungsanleitungen bereits in vorausgegangenen Übungen beschrieben wurden.

Wenn Sie über ein Zeitungsabonnement verfügen, können Sie Ihren Hund wunderbar abrichten, die Zeitung jeden Morgen an der Tür abzuholen und sie Ihnen ans Bett oder an den Frühstückstisch zu bringen.

Bei den **Verknüpfungsübungen** handelt es sich um Übungen, die den Hund vor ein Problem stellen, das er selbst lösen kann und soll, wenn man ihn dazu ermutigt. Einige dieser Übungen werden auch in den für Hunde entwickelten Intelligenztests gefordert. Wenn Sie Ihrer Phantasie freien Lauf lassen, fallen Ihnen sicherlich noch andere Varianten ein.

85   Wie kommt der Hund an die Wurst?

Beispiel 1:
Man leint den Hund an und befestigt die Leine an einem starren Gegenstand, so dass dem Hund ein Bewegungsradius von höchstens einem Meter gegeben ist. Dann legt man außerhalb dieses Radius beispielsweise eine leckere Wurstscheibe, an der eine Schnur befestigt ist, gut sichtbar hin, und lässt die Schnur bis in den Wirkungskreis des Hundes hineinreichen.

Nun gilt es abzuwarten, ob der Hund selbst in der Lage ist, die Verknüpfung herzustellen, nämlich an der Schnur zu ziehen, um an die leckere Wurst zu kommen. Ihre Aufgabe besteht darin, ihn zu ermutigen, sich selbst etwas einfallen zu lassen.

Beispiel 2:
Nehmen Sie zwei Schüsseln oder zwei Eimer, die man in einander stellen kann. Legen Sie in den unteren die Futterbelohnung (beispielsweise ein Stück Trockenpansen) und stellen Sie den zweiten Eimer/die zweite Schüssel drauf. Lassen Sie den Hund dann selbstständig basteln und arbeiten, bis er das obere Gefäß entfernt hat und ans Futter kommt.

Beispiel 3:
Bauen Sie in kleines Labyrinth mit verschiedenen Hindernissen (so dass der Hund einmal kriechen muss, um unter einer Öffnung hindurchzukommen, ein anderes Mal unter einem quer gespannten Handtuch hindurchschlüpfen oder über ein kleines Hindernis springen muss etc.) und ruhig auch ein oder zwei Sackgassen. Legen Sie am Ende des Labyrinths eine Futterbelohnung aus, die der Hund ruhig auch riechen sollte, damit er den Anreiz hat, sich durch das Labyrinth zu wuseln.

Beispiel 4:
Nehmen Sie eine dicke Röhre (beispielsweise ein Abflussrohr) und bohren Sie an verschiedenen Stellen ein paar Löcher quer hindurch. Schneiden Sie die Röhre von unten ca. 15 cm weit ein und schneiden Sie dann die eine Hälfte des unteren Röhrenendes ab, so dass unten nur noch ein halbes Rohr übrig bleibt. Stecken Sie in die gebohrten Löcher jeweils einen dünnen Stock und füllen Sie von oben auf jeden Stock ein Stück Pansen oder einen großen Hundekuchen, der

auf dem Stöckchen liegen bleibt. Stellen Sie dann die Röhre stabil auf und lassen Sie den Hund daran arbeiten. Schafft er es den Stock wegzuziehen, fällt die Futterbelohnung entweder eine Etage tiefer oder ganz unten aus der Röhre heraus. Mit der Zeit lernt der Hund auch die richtige Reihenfolge der Stöckchen einzuschätzen, um möglichst prompt an die Belohnungen heranzukommen.

86 Wie kommt der Hund durch die Tür?

Hängen Sie ein Handtuch so in eine Tür, dass Ihr Hund nicht darüber hinweggucken kann. Stellen Sie sich dann auf die andere Seite und rufen Sie ihn. Loben Sie ihn überschwänglich, wenn er klug genug ist, unter dem Handtuch hindurch zu Ihnen zu gelangen.

87 Wie kommt der Hund zu seinem Herrn?

Gehen Sie mit Ihrem Hund an einem Zaun entlang, der es Ihnen durch ein Tor ermöglicht, auf die andere Seite des Zaunes zu wechseln und dort weiterzugehen, während Ihr Hund auf der bisherigen Seite bleibt. Rennen Sie dann ruhig auch ein Stückchen, um den Hund davon abzulenken, dass er von Ihnen durch den Zaun getrennt ist. Nach einem Weilchen bleiben Sie stehen und rufen Ihren Hund zu sich heran. Ein ganz dickes Lob hat er sich verdient, wenn er selbst die Verknüpfung herstellt und zum Tor zurückläuft, um zu Ihnen zu gelangen. Ermutigen Sie ihn dazu, indem Sie mit der Hand die Richtung weisen und ihn nochmals rufen oder gegebenenfalls auch ein kleines Stück zurückgehen.

Endogene Reize und Eigenarten

Bei nahezu jedem Hund kristallisieren sich kleine Eigenarten in seinem Verhaltensmuster heraus. Hierzu zähle ich beispielsweise Angewohnheiten wie im Handstand zu pinkeln, wie es Gipsy, die kleine Mischlingshündin meiner Freundin tut, oder aber Tennisbälle in Pfützen oder auch unter dem Rasensprenger zu „waschen", was sich meine Hündin Tinta angewöhnt hat.

Ihre Aufgabe besteht jetzt darin, durch gezieltes Loben eine dauerhafte Verknüpfung herzustellen, um die individuelle Eigenart Ihres Hundes somit zum Befehl zu formen. Ist die Verknüpfung geglückt, kann der Befehl von Ihnen jederzeit verlangt werden.

Sehr nützlich ist es beispielsweise, wenn Ihr Hund sich nach einem Regenspaziergang auf Befehl **vor** der Haustüre schüttelt und nicht erst im Wohnzimmer!

Im Allgemeinen dauert eine solche Verknüpfung etwas länger, da das von Ihnen gegebene Hörzeichen mit anschließendem Lob, z. B. „Waschen!", „Brav!", während der Aktion des Hundes zunächst nicht klar als Befehl von ihm erkannt wird. Mit der Zeit können Sie aber versuchen, ihn mit dem jeweiligen Lautzeichen, das er ja dann schon kennt, zu der angestrebten Handlung zu reizen. Loben Sie überschwänglich in dem Moment, in dem der Hund mit der gewünschten Handlung einsetzt. Günstig zum Erlernen dieses Befehls ist es, das jeweilige Lautzeichen kurz vor und während der Aktion zu geben, wenn diese von Ihnen im Vorfeld schon erkannt werden kann. Im übrigen lernt der Hund umso schneller, seine Handlung mit dem zu Beginn völlig überraschenden Lob zu verknüpfen, je lieber er die Belohnung hat, aber auch je seltener er diese bekommt. Setzen Sie also beispielsweise sein Lieblingsspielzeug ein, das Sie ihm eine Zeitlang vorenthalten haben, oder ein besonders begehrtes Leckerchen. Mit etwas Geduld wird sich sicher das gewünschte Resultat einstellen, wobei anfangs der Hund praktisch selbst bestimmt, wann die „Übung" eingeschoben wird.

Da die Eigenarten mannigfaltig sind, sollen hier nur einige Verhaltensmuster, die wohl jeder Hund an den Tag legt, und auch solche, die durch eine gewisse Manipulation leicht zu provozieren sind, als Befehle beschrieben werden.

88   Strecken

Nach dem Schlafen recken und strecken sich fast alle Hunde, bevor sie wieder richtig auf Trab kommen. Hat Ihr Hund die Angewohnheit, sich so zu strecken, dass er den Vorderkörper senkt und das Hinterteil in die Höhe streckt, können Sie dies als Verbeugung umfunktionieren.

Wenn ein Hund einen anderen zum Spiel auffordern will, nimmt er ebenfalls eine Position ein, die an eine Verbeugung erinnert. Im normalen Spielverlauf wird er nun in dieser Haltung

Äußerst nützlich nach einem Regenspaziergang: das Schütteln auf Befehl!

149

Das genüssliche Strecken können Hunde ebenfalls auf Befehl vorführen.

bellen oder losspringen. Wir machen uns jedoch nur zunutze, dass diese Position dem normalen Hundeverhalten entspricht und keinesfalls atypisch ist. Wie z. B. auch beim Pfötchengeben entnehmen wir also einen Baustein aus dem Sozialverhalten der Hunde, um diesem als Befehl eine zusätzliche Bedeutung zu geben.

• Zum Lehren dieses Befehls gibt es zwei Möglichkeiten: Zum einen die, dass Sie z. B. „Diener!" immer in dem Moment sagen, wenn Ihr Hund beim Sich-Strecken den Vorderkörper senkt, und ihn dann überschwänglich loben, bis er eine Verknüpfung der Aktion mit dem Wort hergestellt hat. Oder aber Sie gehen nach der herkömmlichen Methode vor, nach der Sie den Hund durch Hilfestellungen dazu anhalten, die gewünschte Position

einzunehmen: Als Ausgangsstellung zum Erlernen dieses Befehls benutzen Sie die „Steh!"-Stellung, wobei Sie sich zweckmäßigerweise selbst neben Ihren Hund hocken. Unter „Diener!" und einer eleganten Handbewegung, die Sie später als Sichzeichen nutzen können, indem Sie Ihren Hund z. B. zur Begrüßung Ihrer Gäste einen Diener machen lassen, veranlassen Sie ihn entweder durch gleichzeitiges „Platz!" oder aber durch Locken mit einem Leckerchen dazu, sich vorne herunterzubeugen. Dass Ihr Hund sich auf „Platz!" hin ganz hinlegt, verhindern Sie durch Ihre andere Hand, die Sie dem Hund mit nach oben gespreizten Fingern unter den Bauch halten. Lassen Sie den Hund einige Sekunden in dieser Stellung verharren, loben Sie dann kräftig und belohnen Sie ihn mit dem Leckerchen. Verhindern Sie auf jeden Fall, dass er sich nach dem Loben hinlegt. Beendet ist der Befehl erst, wenn der Hund wieder steht. Nach und nach vermindern Sie Ihre Hilfestellungen, bis er schließlich einen Diener macht, während Sie stehen und ihm nur den Befehl oder Ihr Zeichen geben.

89 Kratzen

Das Kratzen kann bei Hunden verschiedene Ursachen haben: Geschieht es wegen Juckreiz, weil der Hund von Ungeziefer befallen ist, muss man unbedingt dagegen vorgehen. Kratzen ist auch eine Geste, die Hunde zur Beschwichtigung einsetzen.

• Wenn Sie Situationen kennen, in denen sich Ihr Hund immer wieder einmal kratzt, schaffen Sie eine solche Situation künstlich, um ihn zu seiner Handlung anzuhalten, und kombinieren Sie auch hier wieder seine Aktion mit Ihrem Lautzeichen, z. B. „Wo ist der Floh?", und einem ausgiebigen Lob, bis der Hund es als Aufforderung versteht, seine Handlung auszuführen.

90 Gähnen

Auch das Gähnen setzen Hunde als Beschwichtigungsgeste ein. Im Training geht man in der gleichen Weise vor wie beim Kratzen. Man paßt auch hier eine Situation ab, in der der Hund gähnt, und versucht, ihm durch ein Lob im richtigen Moment den Zusammenhang zwischen seiner

Handlung, der Belohnung und dem gleichzeitig mit dem Lob gegebenen Laut- oder Sichtzeichen – z. B. „Bist Du müde?" – zu vermitteln.

Bei geglückter Verknüpfung darf man auch in anderen Situationen auf „Bist Du müde?" erwarten, dass der Hund brav gähnt.

91 Lecken

Auch wenn Hunde im Allgemeinen nicht die pingelige Reinlichkeit einer Katze an den Tag legen, gehört es selbstverständlich auch zum normalen Verhalten eines Hundes, sich im Rahmen der Körperpflege z. B. die Pfoten oder die Schnauze zu lecken.

Das Lecken können wir uns hervorragend zunutze machen, um einen neuen Befehl einzuführen, beispielsweise „Hast Du saubere Füße?" oder „Hat's geschmeckt?". Wie in den vorangegangenen drei Übungen belohnen wir den Hund immer genau dann, wenn er das entsprechende Verhalten gerade zeigt.

Aber auch in diesem Fall haben wir die Möglichkeit, sein Verhalten zu provozieren.

• Schmieren Sie hierzu ein bisschen Leberwurst oder Schmierkäse entweder an die Lefzen oder auf eine Pfote und ermuntern Sie den Hund dies abzulecken, während Sie gleichzeitig das gewählte Lautzeichen geben. Führt Ihr Hund die entsprechende Handlung aus, belohnen Sie ihn danach überschwänglich mit einem Spielzeug oder einem anderen Leckerchen, bis er die endgültige Verbindung hergestellt hat.

Freizeit und Sport

Einführung

In diesem Kapitel werden einige Sportarten aufgeführt, die aus der großen Anzahl der Hundesportarten ausgewählt wurden. Sie vereinen entweder in besonderer Weise sportliche Leistungen mit Gehorsam und Teamarbeit oder sind besonders einfach auszuführen, weil keine Vereinszugehörigkeit oder spezielle Sportutensilien notwendig sind.

92 Rad fahren

Zu der Streitfrage, ob man Hunde am Rad laufen lassen sollte – ob es ungesund oder gar Tierquälerei ist –, sollen hier nur kurz einige Denkanstöße gegeben werden: Der Hund stammt vom Wolf ab und ist somit ein Jäger, der ursprünglich enorm weite Strecken hauptsächlich trabend zurückgelegt hat. Auch die domestizierten Hütehunde treiben trabend. Trotz der jahrtausendelangen Domestikation bleibt der Hund ein Lauftier, so dass man auch dem normalen Stadthund meist mit einem Spaziergang nicht gerecht werden kann, zumal ihm in den meisten Fällen das Jagen verwehrt wird. Der Bewegungsdrang ist aber vorhanden, so dass man gezwungen ist, Abhilfe zu schaffen.

Kaum ein Mensch kann täglich zwei Stunden lang am Stück in einem bestimmten Tempo mit dem nebenhertrabenden Hund joggen, um ihm das natürliche Bedürfnis nach Bewegung zu bieten. Insgesamt ist daher das Radfahren mit Hund sicher artgerechter als ein Spaziergang an der Leine, und sei er noch so lang. Ähnliches gilt für das Begleiten beim Ausritt. Wenn Pferd und Hund aneinander gewöhnt sind und man den Hund nicht durch zu weite Distanzen oder eine zu schnelle Gangart überstrapaziert, ist dagegen meiner Meinung nach nichts einzuwenden.

Gegen einen Jogger mit Hund haben selbst die Leute meist nichts, die sich aufregen, wenn man den Hund neben dem Rad laufen lässt. In beiden Fällen macht der Hund jedoch nichts anderes, als trabend oder für kurze Strecken vielleicht auch einmal galoppierend neben seinem Herrn herzulaufen.

Wenn der Hund bei guter Gesundheit ist, halte ich langsames Radeln, bei dem der Hund nebenhertraben kann, für gut. Allerdings muss Zeit zum Schnüffeln bleiben. Ebenso müssen konditionelle Aspekte und das Wetter berücksichtigt werden. Überanstrengung durch zu schnelles Tempo oder zu lange Strecken ist zu vermeiden, ebenso das Radeln bei hohen Temperaturen. Der Hund sollte, wenn er nebenherläuft, soviel Respekt vor dem Rad haben, dass er nicht vor oder gar ins Rad läuft.

Eine gute Vorübung ist, das Fahrrad auf den Spaziergang mitzunehmen aber zunächst zu schieben. Sollte der Hund die Tendenz haben ins

Bei einer Begegnung mit Joggern sollte Ihr Hund ruhig und gelassen weitergehen, ohne den Jogger zu beachten.

oder direkt vor das Rad zu laufen, kann man ihm leicht vermitteln, was passiert, indem man das Rad weiter schiebt. Beim Schieben des Rades braucht man im Gegensatz zu einer echten Fahrt keine große Sorge vor Verletzungen zu haben.

• Wenn Sie Ihren Hund **an der Leine** am Rad laufen lassen, halten Sie diese locker in der Hand, um sie notfalls loslassen zu können, damit Sie nicht stürzen und dabei sich und andere oder den Hund selbst verletzen, falls er einmal plötzlich stehenbleibt oder wegzieht. Bringen Sie Ihrem Hund bei, nicht die Seite zu wechseln, während Sie fahren. Nehmen Sie ihm durch entsprechendes Kurzfassen der Leine die Möglichkeit dazu.

153

Das weich überzogene Hundefrisbee kann keine Verletzungen an den Lefzen verursachen. Zum Spiel mit der bunten Scheibe gehört allerdings einige Geschicklichkeit – beim Werfer wie beim Fänger!

•• Auch **unangeleint** sollte Ihr Hund natürlich nicht vor oder gar ins Fahrrad laufen. Tut er dies immer wieder, können Sie einmal einen mit Wasser gefüllten Luftballon mitnehmen, den Sie auf den Hund werfen, wenn dieser

Hinweis
Am besten lässt man den Hund grundsätzlich nur rechts am Fahrrad laufen, um auf der Straße immer das Rad zwischen Hund und Straßenverkehr zu haben. Auf diese Weise setzt man den Hund nicht unnötigen Gefahren aus. Besser ist natürlich das Radeln auf Rad- und Feldwegen.

gerade wieder einen „Unfall" mit Ihnen provoziert.

93 Frisbee

Das Spielen mit dem Frisbee ist besonders in Amerika zu einem echten Sport geworden, wo mit viel Anklang Wettkämpfe abgehalten werden. Zum Frisbee-Spielen mit dem Hund eignen sich die herkömmlichen Frisbees aus Plastik jedoch wenig, da sie beim Schnappen aus der Luft die Lefzen des Hundes verletzen oder ihm schlimmstenfalls gar einen Zahn abschlagen können. Inzwischen gibt es aber auch hierzulande spezielle Hundefrisbees, deren Rand aus einem stoffüberzogenen Gummischlauch besteht.

Das Schnappen des Frisbees aus der Luft erfordert beim Hund gleichermaßen Geschick wie bei Ihnen, denn ein schlecht geworfenes Frisbee wird auch ein guter Springer oft nicht mehr erwischen. Mit ein wenig Übung werden Sie und Ihr Hund aber bald ein eingespieltes Team sein und viel Freude am Spiel haben. Es ist immer wieder beeindruckend zu beobachten, wie der Hund genau im richtigen Augenblick zum Sprung ansetzt, um das Frisbee aus der Luft zu schnappen.

• Viele Hunde schnappen das Frisbee nach einigen Würfen selbst aus der Luft – aus Spaß daran, es ihrem Herrchen besonders schnell zu bringen. Andere müssen das korrekte Greifen aus der Luft lernen. Das erreicht man zunächst am besten durch das Spielen mit einem hoch abspringenden Ball und dem zusätzlichen Befehl „Schnapp!" (Übung 70). Nach kurzem Üben werden Sie feststellen, dass das Werfen einer Frisbeescheibe im Vergleich zum Ballspiel weniger kraftaufwändig ist. Es ist also auch für ältere Hundeführer sehr zu empfehlen, die ihren Hund durch ein fröhliches und schnelles Spiel fit halten möchten.

• • Hat Ihr Hund zu Beginn der Übung Hemmungen, das Frisbee aufzunehmen, üben Sie das Aufnehmen der Frisbeescheibe vom Boden aus als normale „Apport!"-Übung, bis er die Scheu verliert und sie Ihnen mit Freude bringt. Gehen Sie erst dann zum Werfen über.

Hinweis
Für HD- oder dackellähmeanfällige Hunde kommt ein Frisbeespiel nicht in Frage, da die vielen Sprünge die Gelenke belasten.

94 Trimmpfad

Trimmpfade sind eine hervorragende Freizeitbeschäftigung, da man mit dem Hund auf einem Trimmpfad eine Fülle von Übungen machen kann. Ein Trimmpfad hat den enormen Vorteil, dass er – wie Übungsplätze auch – eine Vielzahl von Geräten auf einer speziell dafür abgesteckten Strecke vereint. Da jeder Trimmpfad etwas anders gestaltet ist, kann ich an dieser Stelle keine konkreten Übungen beschreiben, sondern vielmehr wieder nur den Denkanstoß dafür geben, dass Sie es selbst einmal ausprobieren.

• Laufen Sie Ihrer Kondition entsprechend ruhig einmal einen Teil der Trimmpfadstrecke mit Ihrem Hund

zusammen und lassen Sie dann auch Ihren Hund an den Baumstämmen und ähnlichen Geräten eine Übung absolvieren. Das kann beispielsweise ein Sprung über oder auf eine Stange oder einen Stamm sein. Oder verlangen Sie, dass er sich auf einen der Länge nach liegenden Baumstamm setzt, legt oder aber ihn von Anfang bis Ende laufend überwindet. Je mehr Übungen Sie sich im Laufe des Trimmpfades einfallen lassen, umso mehr Spaß wird Ihr Hund bei dieser Aktion haben. Lassen Sie ihn auch ruhig einmal an einer Station abliegen und laufen Sie inzwischen zur nächsten. Oder üben Sie mit ihm einen Balanceakt auf einem relativ dünnen Stamm.

Wählen Sie zum Üben am besten einen Zeitpunkt, zu dem möglichst wenig Sportler unterwegs sind. Nehmen Sie Ihren Hund bei der Begegnung mit Sportlern stets unter Kontrolle. Nach wie vor gibt es leider Hundehalter, die ihren Hund nicht festhalten oder besser erziehen, falls er die Angewohnheit hat, den Sportlern hinterherzulaufen. Dieses Verhalten begründet – zu Recht – die Zurückhaltung oder gar Angst vieler Läufer gegenüber Hunden.

Hinweis
Als verantwortungsbewusster Hundehalter sollten Sie mit Ihren Trimmpfadübungen nicht die Sportler provozieren, sondern vielmehr einmal eine kleine Unterart des zwanglosen Hundesports ausprobieren, bei dem ähnlich wie bei Agility präzise Befehlsausführung mit Sportsgeist gepaart werden (vgl. folgende Übungen).

Agility

Einführung

Die Sportform Agility – übersetzt bedeutet der Name „Flinkheit, Behendigkeit" – stammt aus England und vereint sportliche Leistungen von Hund und Herrn mit Disziplin und Gehorsam. Auf die einzelnen Wettkampfrichtlinien wird hier nicht näher eingegangen. Eine ausführliche Beschreibung würde den Rahmen dieses Buches sprengen.

Für alle diejenigen, die sich für diesen Sport interessieren, ist am Ende des Buches weiterführende Literatur genannt, die es mittlerweile auch in Deutschland auf dem Markt gibt.

In diesem Kapitel möchte ich Sie mit den einzelnen Übungen vertraut machen, die man natürlich auch ohne einen echten Agility-Parcours trainieren kann, wenn man über die hierfür notwendigen Geräte – oder Improvisationen – verfügt. Für kleine Hunderassen gibt es auch Mini- und Midi-Agility-Parcours, bei denen die Hindernisse entsprechend niedriger ausfallen.

Haltezonen

Im Agility-Parcours gibt es bestimmte Haltezonen, die der Hund nur auf Zuruf seines menschlichen Wettkampfpartners verlassen darf. Hierzu zählen neben den **Start- und Zielpfosten** das **Pausenviereck** und auch der **Tisch**.

95 Start- und Zielpfosten

Die Start- und Zielpfosten müssen beim Agility-Wettkampf stets sauber durchlaufen werden. Achten Sie deshalb besonders beim Start darauf, dass der Hund nicht zu früh losläuft, und halten Sie genug Abstand zur Startlinie.

Bringen Sie Ihrem Hund von Anfang an bei, erst auf Ihr Kommando hin loszulaufen und auch nach Ende des Parcours nicht noch einmal hineinzulaufen, wie es viele begeisterte Hunde zu Beginn tun.

96 Pausenviereck

Das Pausenviereck ist eine 120 x 120 cm große und mit 2 x 5 cm starken Holzlatten am Boden markierte Haltezone, in der der Hund während des Wettkampfes mindestens fünf Sekunden verharren muss und die er erst auf Zuruf oder Zeichen des Hundeführers wieder verlassen darf.

Laut Reglement darf sich nur die Rute des Tieres außerhalb der Begrenzung befinden.

In der Anfängerklasse wird innerhalb dieser Haltezone nur verlangt, dass der Hund die „Platz!"-Position einnimmt.

In der Fortgeschrittenenklasse kommen anschließend dann die „Sitz!"- und „Steh!"-Befehle dazu, die den Hund eher dazu verleiten, weiterzulaufen.

Das Pausenviereck als Haltezone darf bei einem Wettkampf nie am Anfang oder am Ende eines Parcours plaziert sein.

97 Tisch

Der Tisch ist ebenfalls eine Haltezone mit einer Größe zwischen 90 x 90 cm und 120 x 120 cm und einer Höhe von 75 cm (beim Mini-Agility 40 cm). Es ist strikt darauf zu achten, dass der Tisch kippsicher und mit einem rutschfesten Belag versehen ist.

Mit dem Befehl „Hopp!" (Übung 61) veranlasst man den Hund, auf den Tisch zu springen. Es gelten für den Tisch dieselben Bedingungen wie für das Pausenviereck.

Scheut sich Ihr Hund anfänglich davor, auf den Tisch zu springen, können Sie ruhig auch erst mit einem niedrigeren Tisch üben. So verliert er seine Scheu. Um beim Hund keine Unsicherheit aufkommen zu lassen, steigern Sie die Höhe erst, wenn er stets ohne zu zögern auf den Tisch springt und dort brav verharrt.

Hindernisse

Der restliche Teil des Agility-Parcours besteht aus den verschiedensten Hindernissen, die im Parcours von Mal zu Mal in unterschiedlicher Weise angeordnet sind.

Der Hundeführer muss den Hund durch den Parcours dirigieren und selbst mitlaufen. Dazu muss er ihn an den entsprechenden Stellen ermutigen und an anderer Stelle wieder bremsen, um mit ihm als Team den Wettkampf beziehungsweise die Übungen zu meistern.

98 Fester Tunnel

Der feste Tunnel besteht aus einem flexiblen Material, mit dem es möglich ist, einen oder mehrere Bögen zu bilden. Der innere Durchmesser des Tunnels beträgt 60 cm, die Länge 3,60 cm. Zum Anlernen empfiehlt es sich, den Tunnel zunächst ganz zusammenzuschieben und den Hund durch den so entstandenen „Reifen" zu locken. Hat der Hund begriffen, was von ihm verlangt wird, kann man den Tunnel nach und nach auf die erforderliche Länge ausdehnen. Schicken Sie dann den Hund in den Tunnel hinein, laufen selbst nebenher und kommen im Idealfall auf der anderen Seite zeitgleich an.

99 Stofftunnel

Der Stofftunnel besteht aus einem festen Rahmen als Eingang, der 60 cm hoch und 60 bis 65 cm breit sein muss, mit anschließendem Stoffteil, der eine Länge von 300 cm und ebenfalls einen Durchmesser von 60 bis 65 cm aufweist; der Stoffteil liegt flach auf dem Boden.

Scheut sich Ihr Hund, durch den Stofftunnel zu gehen, können Sie ihm eine Hilfestellung geben, indem Sie den Stoff zunächst raffen, so dass er durch einen Stoffreifen gehen kann und ihn, wie beim festen Tunnel, erst nach und nach ausdehnen. Den Stoff später zunächst straff zu halten ist eine weitere Hilfestellung für einen Hund, der in dieser Übung noch nicht ausreichend Sicherheit verspürt.

Verringern Sie dann schrittweise die Hilfestellung.

Im Agility-Sport legt der Hund im Slalom richtiges Tempo vor!

100 Slalom

Da diese Übung schon unter Übung 68 beschrieben wurde, wird hier nur noch kurz auf die für den Agility-Wettkampf festgelegten Stangenabstände hingewiesen:

Im Parcours werden Slalomstrecken mit 8, 10 oder 12 Stangen eingesetzt, wobei die Höhe der Stangen mindestens 100 cm betragen muss und der Abstand zwischen den einzelnen Pfosten von 50 bis 65 cm variieren kann. Innerhalb einer Slalomstrecke muss der Abstand von Stange zu Stange aber stets gleich sein.

Schnelligkeit gewinnt der Hund, wenn er gelernt hat rhythmisch durch die Stangen zu laufen.

158

Sprunghindernisse

Die Sprunghindernisse sind je nach Übung unterschiedlich gestaltet. Im Wettkampf führt es zu Punktabzug, wenn der Hund mit den Pfoten auf dem Hindernis aufsetzt oder die bei allen Hürden – außer beim Bogensprung – locker aufliegende oberste Stange abwirft.

101 Kavalettis

Kavalettis sind Kleinhindernisse mit einer maximalen Höhe von 30 cm; ihre Breite beträgt 120 cm. Sie werden oft in Gruppierungen von höchstens vier Elementen plaziert, wobei sich die

Hindernisse werden in der Höhe immer so gewählt, dass sie der Größe des Hundes entsprechen.

einzelnen Elemente in einem Abstand von 1,6 bis 2 m befinden. Pro Parcours ist der Abstand allerdings immer gleich, so dass der Hund bei diesem Hindernis eine rhythmische Sprungfolge zu bewältigen hat.

102 Viadukt und Mauer

Die Höhe des Viaduktes und der Mauer beträgt jeweils 75 cm bzw. beim Mini-Agility 40 cm, die Länge 120 cm und die Mauerdicke 20 cm. Genau wie bei den Hürden muss das oberste Element dieses Hindernisses immer locker aufgelegt sein, so dass es bei Berührung durch den Hund beim Sprung abfallen kann. Die Mauer als vollgeschlossene Hürde wird beim Üben weniger Schwierigkeiten bereiten als das Viadukt, das bis zu zwei tunnelartige Bögen aufweisen kann, die den Hund dazu verleiten können, hindurchzulaufen. Achten Sie beim Üben darauf, dass dies nicht geschieht, und verbauen Sie notfalls die Öffnungen so lange, bis gewährleistet ist, dass der Hund die Übung sicher beherrscht. Kennt er das Hindernis und weiß er, wie er es überwinden soll, wird er auch keine anderen Wege mehr suchen, um die Hürde zu bewältigen.

103 Weitsprung

Das Weitsprunghindernis besteht aus vier bis fünf Elementen mit einer Tiefe von 15 cm, die kontinuierlich höher werden. Sie werden so aufgestellt, dass der Hund alle Elemente in einem Sprung von 120 bis 150 cm zu bewältigen hat. Das letzte und höchste Element darf dabei nicht höher als

Der Viadukt gehört zu den spektakulärsten Hindernissen im Agility-Parcours.

28 cm, das erste und kleinste nicht niedriger als 15 cm sein; ihre Breite beträgt jeweils 120 cm.

Zum Anlernen dieser Übung können Sie die Elemente ruhig zusammenschieben, um den Hund dann praktisch über ein tiefes zusammenhängendes Hindernis springen zu lassen. Um eine Fehlverknüpfung von vornherein auszuschließen, können Sie eine offene Hürde vor das erste Element stellen; so sieht der Hund, dass dahinter noch andere Elemente stehen, springt aber von Anfang an hoch genug und somit auch weit genug, und er kommt nicht auf die Idee, über die Hindernisse zu laufen, denn das würde im Wettkampf als Fehler gewertet werden.

104 Wassergraben

Der Wassergraben hat eine Tiefe von 10 cm und eine Oberfläche von 1,20 x 1,20 m. Der Hund darf bei dieser Übung die Wasseroberfläche nicht berühren, was Sie beim Üben leicht verhindern können, indem Sie beispielsweise an der Absprungstelle ein Kleinhindernis hinstellen. Beim Wettkampf liegt es im Ermessen des Richters, vor den Graben eine maximal 40 cm hohe Hürde zu stellen.

105 Reifen

Dieses Hindernis ist ein an Seilen oder Ketten aufgehängter Autoreifenman-

Der Sprung durch den Reifen sieht aufregend aus, ist aber gar nicht schwer zu lernen.

tel, der unten ausgefüllt ist, um Verletzungsgefahren vorzubeugen. Der innere Durchmesser des Reifens muss mindestens 38 cm und soll höchstens 60 cm betragen.

Zum Anlernen dieser Übung sollten Sie den Reifen auf den Boden stellen oder die niedrigste Höhe wählen, die möglich ist. (Im Wettkampf wird ein Abstand von 90 cm bzw. beim Mini-Agility von 55 cm zwischen Reifenmitte und Boden verlangt.) Sollte Ihr Hund versuchen, seitlich zwischen dem Reifen und den Ketten, an denen der Reifen aufgehängt ist, hindurchzuspringen, können Sie, bis er die Übung sicher beherrscht, zunächst einige Tücher so aufhängen,

Eine Schrägwand findet man auf den meisten Hundesportplätzen.

dass diese Durchgänge verdeckt sind und er nunmehr keine andere Möglichkeit hat, als durch den Reifen zu springen.

Kontaktzonenhindernisse
Zu den Kontaktzonenhindernissen zählen die nachfolgend beschriebenen Hindernisse **Schrägwand**, **Laufsteg** und **Wippe**. Im Wettkampf ist darauf zu achten, dass der Hund die Kontaktzone mit mindestens einer Pfote berührt.

106 Schrägwand

Die Schrägwand als Agility-Hindernis besteht aus zwei Holzwänden, die im Wettkampf in einem 90-Grad-Winkel miteinander verbunden sind. Der Scheitelpunkt ist mit einer Firstleiste aus Gummi versehen. Die Breite des Hindernisses muss mindestens 90 cm betragen. Es ist gestattet, das Hindernis zum Boden hin auf 115 cm zu verbreitern. Auf den Holzwänden sind quer verlaufend dünne Leisten angebracht, die dem Hund den Auf- und Abstieg erleichtern. Die Kontaktzone, die farblich gekennzeichnet ist, befindet sich auf beiden Brettern jeweils vom Boden aus gemessen bis in einer Höhe von 1,06 m.

Zum Anlernen dieses Hindernisses wird die Schrägwand so flach wie möglich aufgestellt und der Hund mit gutem Zureden darübergeführt. Nach und nach wird die Höhe heraufgesetzt, bis schließlich die im Wettkampf vorgeschriebene Höhe von 190 bzw. 170 cm erreicht ist. Um zu gewährleisten, dass der Hund die Kontaktzone ordnungsgemäß mit mindestens einer Pfote berührt, gibt

Der Laufsteg erfordert volle Konzentration beim Hund-Mensch-Team.

es mehrere Möglichkeiten. Eine ist folgende: Halten Sie dem Hund einen Reifen, den er durchlaufen soll, so vor den Auf- und Abstieg, dass er von ganz vorne bzw. bis zuletzt auf dem Hindernis bleiben muss, um durch den Reifen gehen zu können. Auf diese Weise verhindern Sie, dass er die Kontaktzone überspringt. Oder aber Sie stellen sich mit gegrätschten Beinen so vor die Kontaktzone, dass der Hund, wenn er durch Ihre Beine

läuft, die Schrägwand flach auf- bzw. absteigen muss.

107 Laufsteg

Der Laufsteg besteht aus einem langen Brett mit endständigen Rampen, die mit kleinen Querleisten versehen sind, damit der Hund besseren Halt findet. Die Kontaktzonen befinden sich vom Boden aus gemessen bis in

163

Geduld ist das Wichtigste beim Vertraut-machen des Hundes mit der Wippe.

einer Höhe von 90 cm an den Rampen. Das ganze Element muss eine Länge von 360 bis 420 cm aufweisen, wobei die Höhe mindestens 120 cm und höchstens 135 cm betragen sollte, die Breite des Laufstegs muss zwischen 30 und 40 cm liegen.

108 Wippe

Die Wippe ist das dritte und schwierigste Kontaktzonenhindernis, das aber bei einem sauberen Übungsauf-

bau leicht erlernt werden kann, besonders wenn der Hund schon die beiden anderen Kontaktzonenhindernisse beherrscht. Die Höhe der Mittelachse zum Boden beträgt ein Sechstel der Länge des Brettes, die zwischen 365 und 425 cm liegen muss, die Breite des Brettes sollte zwischen 30 und 40 cm liegen. Genau wie beim Laufsteg sind die Kontaktzonen an den Enden des Brettes jeweils 90 cm lang und farbig markiert.

In der Anlernphase ist eine zweite Person notwendig, die die Wippe am hinteren Ende festhält, damit sie nicht plötzlich überschlägt und auf diese Weise dem Hund die Übung verleidet. Lassen Sie, während Sie selbst neben der Wippe hergehen, den Hund möglichst langsam an den Umschlagpunkt herankommen, stoppen Sie dort Ihr eigenes Tempo ebenfalls ab und lassen Sie ihn danach nur im Schrittempo weitergehen, bis er nach und nach merkt, dass er selbst es ist, der die Wippe zum Umschlagen bringt.

Hinweis
Achten Sie darauf, dass der Hund, wenn er die Übung schon beherrscht, nicht zu schnell läuft, denn „im Eifer des Gefechts" überspringen viele Hunde die Kontaktzone, was im Wettkampf zu Punktabzug führt.

Spiele und Spielzeug

Einführung

Mit Artgenossen oder mit dem Hundehalter zu spielen steht für viele Hunde hoch im Kurs. Die Spielfreudigkeit ist allerdings nicht bei jedem Hund in gleichem Maße ausgeprägt. Aber auch 15jährige Tiere, die noch spielen, sind keine Seltenheit.

Genau wie in der Wildnis lernen auch die Haushunde in ihrem jugendlichen Spiel lebenswichtige soziale Regeln, aber auch, die Kräfte besser einzuschätzen sowie die Geschicklichkeit zu trainieren. Unterbindet man bei Welpen und jungen Hunden das Spielen, so werden sie – je nachdem, in welcher sensiblen Phase sie sich gerade befinden – weder ihren Geist noch ihr soziales Verhalten richtig ausbilden können. Wie schon erwähnt, belegen Studien, dass ein Hund, der in seiner frühen Kindheit nichts Abwechslungsreiches erlebt hat, weniger aufnahmefähig sein wird als einer, der vergleichsweise schlechtere Erbanlagen mitbringt, dafür aber stark gefördert wurde, indem er spielen durfte und zusammen mit seinem Herrn viele Dinge erlebt hat. Diese Tatsache ist auf interneuronale Verknüpfungen zurückzuführen, die nur in bestimmten sensiblen Phasen wirkungsvoll angelegt werden können.

Ähnlich ist es mit dem Sozialverhalten, das den Hunden nicht – wie viele Menschen annehmen – mit in die Wiege gelegt wird, sondern sich erst durch soziale Kontakte ausbilden kann. Die

Spiele der wild lebenden Tiere beziehen sich immer direkt auf ihre Lebensweise und spiegeln Verhaltensweisen wider, die dem Nahrungserwerb, der Verteidigung oder Ähnlichem dienen. So sind die beiden häufigsten Spiele in erster Linie **Jagdspiele** – bei denen einer der Gejagte ist und die anderen ihn jagen – und **Balgereien**, bei denen Kräfte erprobt und soziale Stellungen durchgespielt werden. Der Untergebene kann im nächsten Spiel durchaus der Sieger sein. Hunde als Rudeltiere sind im Übrigen nicht darauf fixiert, zu zweit zu spielen, sondern laufen manchmal erst richtig zur Hochform auf, wenn eine ganze Hundemeute mittobt. Für unerfahrene Zuschauer wirken solche Spiele oft sehr beängstigend, da es laut und unwirsch zugeht. Bei spielenden Hunden wird es jedoch, abgesehen von Schrammen durch Stürze und Raufereien, die auch ein spielender Hund einmal davontragen kann, zu keiner ernsthaften Verletzung kommen.

Da Haushunde bis ins Alter verspielt bleiben, sollen Sie Ihrem Hund, egal – ob Sie ihn nun privat als Haus- und Begleithund halten oder ob er ein Diensthund ist – sein Leben lang die Möglichkeit offenhalten, mindestens einmal am Tag zu toben. Tut er dies irgendwann nicht mehr aus eigenem Antrieb mit Artgenossen, sind Sie als Bezugsperson von da an in fast allen Fällen der auserkorene Spielkamerad.

Es gibt eine Fülle von Spielarten, die dem Hund gerecht werden. Einige werden hier vorgestellt und kurz beschrieben.

Besonders junge Tiere steigern sich gerne in ihr Spiel hinein, so dass sie sich für einen Moment nicht mehr auf die erhaltenen Befehle konzentrieren. Streuen Sie einfach zwischendurch ein „Sitz!", „Platz!" oder „Steh!" ein, um auf diese Weise den Gehorsam zu trainieren. Nutzen Sie hierfür am Anfang Situationen im Spiel aus, in denen Sie sicher sein können, dass Ihre Befehle auch sofort ausgeführt werden, loben Sie dann kräftig. Auf diese Weise steigern Sie das Selbstvertrauen Ihres Hundes erheblich, denn nichts ist schöner für ihn, als mit seinem Meister herumzutoben und dann noch besondere Anerkennung durch sein Lob zu bekommen.

Gehen Sie nicht das Risiko ein, den Hund erst korrigieren zu müssen, weil Ihr Befehl nicht sachgemäß ausgeführt wurde. Das kann bei ihm leicht zu Frustrationen führen. Sollten Sie dennoch einmal in die Lage kommen, Ihren Hund während eines Spiels korrigieren zu müssen, geben Sie ihm danach umgehend die Möglichkeit, sein „Vergehen" durch die korrekte Ausführung eines anderen, von ihm sicher beherrschten Befehls wettzumachen, bevor Sie weiterspielen. Oder brechen Sie das Spiel an dieser Stelle ab und gehen Sie zum Gehorsamstraining über – mit Übungen, die Ihrem Hund vertraut sind.

Im Spiel wird Ihnen einmal mehr in eindeutiger Weise klar werden, dass der Hund Ihnen auf vielerlei Weise haushoch überlegen ist: So ist er nicht nur um ein Vielfaches schneller, er ist neben dieser Geschwindigkeit auch flinker in seinen Bewegungen, und je nach Rasse und Größe bzw. Alter des Hundes wird er Sie womöglich auch an Kräften weit übertreffen. Doch trotz dieser Unterlegenheit Ihrerseits auf diesen Gebieten sind Sie als Rudelführer auch im Spiel der Boss,

> **Wichtig**
> Im Spiel mit Menschen müssen vom Hund, wie auch sonst, strikt einige Regeln befolgt werden. So geht es beispielsweise nicht an, dass er nach seinem Spielpartner schnappt, ihn ernsthaft anknurrt – wenn Sie ihn gut kennen, werden Sie sein Spiel-Knurren leicht vom ernsten unterscheiden können – oder aber sonstige Machtpositionen auslebt, die er sonst nicht einnehmen darf. Das ganze Spiel muss jederzeit von Ihnen durch „Aus!" oder einen anderen Befehl, z.B. aus dem Unterordnungsprogramm, unterbrochen oder abgebrochen werden können. Auch dies gilt es zu üben.

Das gemeinsame Spiel fördert das Vertrauen zwischen Hund und Mensch. Gleichzeitig werden Aggressionen abgebaut.

167

Beim Spiel mit Artgenossen üben sich die Welpen bereits darin, ihre Zähne und ihre Kraft nur genau dosiert einzusetzen.

der jederzeit das Spiel abbrechen kann, um zur „Arbeit" überzugehen. Die Grenzen dieser beiden unterschiedlichen Positionen verschwimmen im Spiel zwar, besonders für ein unerfahrenes Auge – beispielsweise wenn Sie mit Ihrem Hund auf dem Boden balgen. In einem intakten Mensch-Hund-Gespann werden die Rangpositionen im Spiel jedoch im Allgemeinen vom Hund nicht in Frage gestellt.

Hier aber zunächst die verschiedenen Rubriken, in die sich der Oberbegriff „Spielen mit dem Hund" einteilen lässt: Der Hund als Jäger liebt **Laufspiele** ebenso sehr wie **Apport-** und **Suchspiele**, da diese ihren Ursprung im normalen Verhalten des Hundes haben. Des Weiteren kann man Hunde leicht für **Ziehspiele** begeistern, die entfernt an das Über-

mannen und Reißen eines Beutetieres erinnern. Ebenso gerne werden **Balgspiele** gespielt, die in echten Kämpfen ihren Ursprung finden, sowie **Buddelspiele**, **Spiele im Wasser** und **Geschicklichkeitsspiele**, die den Hund sowohl körperlich als auch von seiner Intelligenz her fordern. Auch **futterbezogene Spiele** finden großen Anklang. Auf den nächsten Seiten werden nun die verschiedenen Spielformen kurz vorgestellt.

Balgereien

Immer wieder kommt es zu Kontroversen in der Auffassung über diese Art des Spiels mit dem Hund. Es gibt Hundeführer, die das Balgen als Spielform für einen Menschen mit dem

Hund kategorisch ablehnen, da sie es als Machteinbuße ansehen, mit dem Hund auf dem Boden herumzutoben. Ich persönlich teile diese Auffassung nicht, denn auch im Rudel spielen ranghöhere mit rangniedrigeren Tieren, ohne dass dies irgendeine Auswirkung auf die jeweiligen Rangpositionen hätte. Die Rangordnung wird vielmehr entweder durch Kommentkämpfe bestimmt (ritualisierte Kämpfe, die nur auf Drohgebärden basieren und somit ohne körperliche Gewalt und auch ohne Verletzungen ablaufen) oder durch echte Kämpfe festgelegt. Die Festlegung der Rangposition hat selbstverständlich mit keiner Spielform mehr Ähnlichkeit.

Im Hundespiel umfassen die Tiere beim Balgen unter anderem gegenseitig die Schnauze, was außerhalb des Spiels in das Macht-Demuts-Verhaltensmuster eingegliedert ist, im Spiel jedoch von beiden Parteien ausgeführt wird und somit für die Rangordnung völlig bedeutungslos bleibt. Spielt der Hund nun mit einem Menschen statt mit einem Artgenossen, hat er als Äquivalent zur Hundeschnauze dessen Hand, die er mit der Schnauze umfassen kann. Die Hände des Menschen entsprechen in etwa der Schnauze des Hundes, wenn man die Funktionen betrachtet, die außerhalb der Nahrungsaufnahme und der Kommunikation liegen: Was wir mit den Händen tragen, trägt der Hund mit der Schnauze, und was wir beispielsweise aus Spalten mit der Hand hervorholen, holt der Hund mit der Schnauze heraus. Die Pfoten des Hundes sind im Gegensatz zu den Katzenpfoten eher Laufapparat als Arbeitswerkzeug. Das universelle

Arbeitswerkzeug des Hundes ist seine Schnauze.

Beim Spiel wird der Hund gerne mit der Schnauze arbeiten. Um im Spielschema zu bleiben, können Sie „zurückbeißen" – das wäre für den Hund eine logische Handlung. Dies geschieht, indem Sie mit Ihrer Hand einfach Unter- oder Oberkiefer des Hundes umgreifen und ein wenig drücken, genauso, wie der Hund es mit Ihnen macht. Man muss sich darüber im Klaren sein, dass jeder Hund zu jeder Zeit die volle Kontrolle über die Kraft seines Bisses hat. Die Regeln im Spiel werden von Ihnen aufgestellt. Dies gilt auch für das Beißen im Spiel. Wenn Ihnen Ihr Hund zu wild wird und Sie der Ansicht sind, dass er über seine Stränge schlägt, sollten Sie konsequent das Spiel abbrechen. Die beste Methode hierfür ist das Ignorieren, was in diesem Fall so aussieht, dass Sie Ihren Hund einfach kommentarlos stehen lassen und weggehen. Je nachdem welche Regeln Sie Ihrem Hund im Spiel antrainieren wollen, sollten Sie in diesem Punkt immer besondere Sorgfalt walten lassen. Bedenken Sie, dass Hunde sich auch im Spiel nicht vertun und beispielsweise aus Versehen zu fest in die Hand beissen. Sie tun dies in den meisten Fällen wohl auch nicht aus „böser Absicht", sondern weil es ihnen nicht besser beigebracht wurde.

Hunde und auch Katzen wissen, besonders wenn sie in ihrer Welpen- und Jugendzeit genug Gelegenheiten zum Spielen und Austoben gehabt haben, ihre Kräfte bis auf kleinste Nuancen genau zu dosieren. Ernsthafte Verletzungen braucht man im Spiel also nicht zu befürchten. Kaum jemals habe ich aus einem Spiel mit meinen

Hunden einen blauen Fleck oder eine Schramme, geschweige denn eine Wunde davongetragen. Zu solchen Verletzungen darf es im Spiel auch nicht kommen.

> **Wichtig**
> Wilde Balgspiele sind nicht zu empfehlen, wenn es sich um tendenziell aggressive, ungenügend untergeordnete oder besonders wilde Hunde handelt, denn man sollte sie nicht auch noch zusätzlich zu einem solchen Verhalten ermutigen.

Ziehspiele

Wie das Balgspiel entstammt das Ziehspiel ebenfalls dem alltäglichen Hundespiel mit Artgenossen, wobei die Tiere untereinander meist mit Stöcken spielen und zwei oder mehrere Hunde daran ziehen, bis der eine den Stock verliert. Es schließt sich oftmals eine wilde Verfolgungsjagd an, bei der es darum geht, den Stock oder zumindest ein Ende des Stockes wieder zu erobern, um dann das Ziehspiel wieder neu zu beginnen. Abgesehen von Stöcken wird auch gerne mit allen möglichen anderen Dingen gespielt, z. B. mit alten Kartoffel- oder Jutesäcken. Manchmal werden im Spiel auch Beutereste zerrissen, was allerdings meist nur junge Hunde tun. Sind Sie als Mensch der Spielpartner, können Sie natürlich die Weglaufphase im Spiel als eigenes kleines Konditionstraining nutzen. Oder Sie werfen beispielsweise einen Ball, den der Hund Ihnen dann sicherlich bringt, um mit Ihnen weiterzuspielen. Feuern Sie beim Ziehen Ihren Hund ruhig kräftig an, er wird sich dann richtig hineinsteigern und nach Kräften ziehen und schütteln. Bei diesem Spiel knurren

Beim Ziehen darf auch mal geknurrt werden – aber achten Sie darauf, dass Sie immer der Teamchef bleiben!

viele, was jedoch in den allermeisten Fällen nicht ernst gemeint ist. Sie werden leicht unterscheiden, ob Ihr Hund im Spiel oder aus böser Absicht heraus knurrt. Brechen Sie notfalls das Spiel mit einer Gehorsamsübung ab. Wichtig bei diesem Spiel ist, dass Ihr Hund auf Ihr „Aus!" hin den Gegenstand, an dem gezogen wird, sofort hergibt. Üben Sie dies in aller Ruhe und möglichst nicht durch Strafen, sondern mit viel Lob.

In diesem Spiel, bei dem es oftmals recht wild zugeht und in dem sich der Hund richtig austoben kann, werden in großem Maße aufgestaute Energien frei. In den Ziehspielen finden sich aber auch noch andere Verhaltensmuster aus dem normalen Sozialverhalten wieder. So ist neben dem Ziehen beispielsweise auch das anschließende Totschütteln der Beute wichtiger Bestandteil des Spiels. Zum Ziehen eignen sich neben den erwähnten Utensilien auch die Leine, sofern sie nicht zu dünn oder aus Metall ist, sowie alte Handtücher etc. Um eine möglichst gute Beißhemmung beim Hund zu erreichen, kann man als Spielregel aufstellen, dass weder in Anziehsachen noch in Körperteile gebissen werden darf. Alternativ bekommt er ein Spielzeug angeboten.

Dem Ziehspiel recht ähnlich ist das **Zerreißspiel**, bei dem sich der Hund in gleichem Maße austoben kann wie beim erstgenannten. Zum Zerreißen eignen sich Stöcke oder Kartons gleichermaßen. Die Stöcke, besonders solche mit dicker Rinde, werden „geschält" und die Kartons nach Herzenslust zerpflückt. Auch hierbei ist oft das Verhaltensmuster des Totschüttelns zu beobachten. Dieses Zerreißen

beendet oft ein vorangegangenes Ziehspiel, sofern der Hund das jeweilige Zieh-Objekt zerreißen kann und darf. Besonders bei ängstlichen, unsicheren Tieren kann ein Ziehspiel dazu beitragen, Ängste und Hemmungen abzubauen, wenn Sie versuchen, dem Hund durch zusätzliches Anspornen und Loben mehr Selbstvertrauen zu schenken.

Ihr Hund wird bei diesem Spiel in jedem Fall auf seine Kosten kommen und je nachdem, wie groß der Kraftunterschied zwischen Ihnen und Ihrem Hund ist, womöglich auch an seine Grenzen stoßen. Lassen Sie den ängstlichen Hund während des Spiels hin und wieder einmal gewinnen, loben Sie ihn und lassen Sie ihn seine Beute dann totschütteln und wegtragen oder spielen Sie weiter, nachdem der Hund Ihnen die Beute unter „Apport!" herangebracht hat. Bei Tieren mit einem hohen Ranganspruch sollten Sie jedoch strikt darauf achten, dass Sie als Teamchef die Trophäe am Ende des Spiels behalten und beispielsweise das alte Handtuch, mit dem Sie gespielt haben, danach nicht herumliegen lassen – verstauen Sie es als Ihre Siegesprämie sicher bis zum nächsten Spiel.

Wichtig
Ebenso wie Balgereien sind Ziehspiele für besonders wilde und aggressive Hunde nicht uneingeschränkt zu empfehlen. Für diese Hunde sind Apport- und Suchspiele geeigneter, da sie den Vorteil haben, ausgelassenes Spiel mit einem gewissen Maß an Gehorsam zu verbinden.

Nachlaufspiele

Das Nachlaufspiel ist ein sehr beliebtes Spiel, bei dem es darum geht, Jäger oder Gejagter zu sein. Dieses Spiel haben Sie sicherlich schon öfter beim Spiel Ihres Hundes mit Artgenossen beobachtet, wobei auch bei diesem Spiel die Position von Jäger oder Gejagtem beliebig oft gewechselt wird. Wenn Sie mit Ihrem Hund dieses Spiel eröffnen, werden Sie wohl von Anfang an die schlechteren Karten haben, und es wird Ihnen nur höchst selten gelingen, ihm einmal nahe zu kommen, was aber keine Rolle spielt. Wechseln auch Sie in Anlehnung an das Spiel zwischen Hunden einfach einmal die Richtung und laufen Sie weg, denn im Prinzip geht es bei diesem Spiel ja nur darum, dem nachzustellen, der wegrennt. Der Hund wird vermutlich mit großer Begeisterung Ihre Verfolgung aufnehmen, bis er Sie eingeholt hat. Stupsen Sie ihn während des Spiels, wenn er Spaß daran hat, ruhig einmal an, genauso wie auch Hunde sich während dieses Fangspiels anrempeln.

Genau wie bei allen anderen beschriebenen Spielen, die meist von dem innerartlichen Spielverhalten abgeschaut sind, brauchen Sie auch hier nicht zu befürchten, an Autorität zu verlieren, wenn Sie sich auf diese Albernheiten einlassen. Das einzige, was stets gewährleistet bleiben sollte, ist die Möglichkeit, mit einem kurzen „Aus!" oder „Schluss!" das Spiel zu unterbrechen und Ihren Hund zur Räson zu bringen. Gerade junge Hunde steigern sich leicht in eine Art Spielextase hinein, die aber mit genügend Konsequenz und Ruhe wieder gebändigt werden kann. Da sich der Hund beim Spiel mit Ihnen ganz auf Sie einlässt, sollte es nicht unmöglich für Sie sein, kurz Ruhe in das Spiel zu bringen, wenn es sehr ausgelassen zugegangen ist, um dann eine kurze und einfache Übung vom Hund zu verlangen. Dies steigert die Konzentrationskraft und den Gemeinschaftssinn des Hundes. Das Spiel kann und sollte dann nach einem kräftigen Lob weitergehen.

Suchspiele

In die große Sparte der Suchspiele gehören recht viele verschiedene Formen, auf die hier nicht im einzelnen eingegangen wird. Einige Denkanstöße sollten genügen, zumal sich die Suchspiele untereinander stark ähneln. Zunächst sollen die **Suchspiele im Freien** vorgestellt werden.

Im Freien ist ein hervorragendes Spiel für Sie und Ihren Hund oder auch für eine ganze Familie das **Verstecken**, bei dem sich ein oder mehrere Mitglieder der Familie verstecken und der Hund sie suchen muss. Zum Suchen bieten sich für den Hund zwei Möglichkeiten: Zum einen kann er selbstverständlich die Spur mit der Nase verfolgen, doch wird er von der für uns Menschen unvorstellbaren Leistungsfähigkeit oft erst dann planmäßig Gebrauch machen, wenn er eingehend darauf trainiert worden ist. In den meisten Fällen, in denen das Suchen keine Trainingseinheit, sondern wirklich nur eine Spielform darstellt, wird er auf Ihr Rufen warten und Ihren Standort dann nach seinem Gehör orten. Sie können dieses Spiel auch gut auf dem Spaziergang als Aufmerksamkeitsübung einschieben, wenn der Hund

Das geduldige Warten vor dem Start des Suchspiels fällt bestimmt schwer!

Ihnen zu weit vorgelaufen ist. Verstecken Sie sich, behalten Sie ihn aber im Auge, um ihn notfalls rufen zu können, falls er in Panik gerät und eine falsche Richtung einschlägt.

Ein weiteres Suchspiel im Freien ist das **Auffinden** verschiedenster Gegenstände, woran sich auch immer gut ein Apportspiel anschließen lässt. Als Gegenstand eignet sich eigentlich alles, was dem Hund bereits bekannt ist, oder auch diejenigen Dinge, die vom Hund eindeutig als die Ihren identifiziert werden können, wie beispielsweise Ihre Handschuhe oder Ihr Schlüsselbund. Die Variationsbreite dieses Spieles ist enorm groß: So können Sie, sofern der Hund den Befehl „Such verloren!" (Übung 47) schon beherrscht, auf Ihrem Weg Gegenstände mehr oder weniger gut sichtbar für die Verloren-Suche auslegen oder im Dickicht einen Ball so verstecken, dass der Hund ihn erst aufspüren muss, um dann mit ihm spielen zu können.

Auch **im Haus** hat man mannigfaltige Möglichkeiten, das Suchspiel mit dem Hund zu spielen, denn auch hier können Sie sich vor dem Hund verstecken, um sich dann nach Zuruf suchen zu lassen. Eine recht lustige Variante erhält das Versteckspiel, wenn Sie auch einmal auf den Tisch oder ähnliches Mobiliar steigen. Wenn der Hund Sie im Haus meist mit Gehör und Augen sucht, wird er Sie, wenn Sie sich ganz ruhig verhalten, die ersten Male nicht so leicht entdecken, weil er Sie an diesen Orten nicht vermutet. Ebenfalls können Sie – genau wie draußen – Gegenstände z. B. aus seiner Spielzeugkiste verstecken, die er suchen muss. Hier ist auch zusätzlich noch seine Geschicklichkeit gefragt, wenn es darum geht, z. B. seinen Kauknochen unter dem Läufer hervorzuholen oder mit der Schnauze den Ball unter dem Schuhschrank zu ergattern.

Eine sehr beliebte Variante ist, einige Happen zu verstecken, die Ihr Hund dann suchen darf. Die meisten Hunde werden mit Übereifer dabei sein!

Apportspiele

Die Apportspiele trainieren nicht nur die Schnelligkeit des Hundes beim Apportieren und die Geschicklichkeit beim Fangen, sondern auch seinen Gehorsam in der Form, wie er die Dinge apportiert und Ihnen ausgibt. Wollen Sie nur einfach mit Ihrem Hund spielen, ohne später einmal mit ihm eine Prüfung ablegen zu wollen,

Für Apportspiele finden sich immer geeignete Dinge – mal ein Stöckchen, mal wie hier ein Maiskolben. Auch hierbei lieben Hunde die Abwechslung.

ein Ziehspiel anschließen, wenn sich der apportierte Gegenstand für ein solches eignet, oder aber man lässt ein Suchspiel vorausgehen, bei dem der Hund einen ausgelegten Gegenstand auffinden muss oder aber eine beliebige Sache apportieren soll. Selbstverständlich kann man je nach Vorlieben des Hundes die genannten Spielformen kombinieren, ausweiten oder vereinfachen.

Für derartige Spielkombinationen eignen sich besonders gut Bälle, die Leine, wenn man sie gut zusammenknotet, so dass der Hund beim schnellen Apportieren nicht stolpert, und natürlich Frisbees, die in besonderer Weise seine Geschicklichkeit schulen, da er diese bereits aus der Luft fangen kann.

Die Regeln, sofern es welche geben soll, legen Sie natürlich selbst fest, so dass sich der Hund ganz auf Sie und das Spiel konzentrieren muss.

Im Grunde sind Spiele für den Hund in gewissem Sinne auch Aufgaben, bloß sind es solche, die besonders ausgelassen und fröhlich angegangen werden. Andersherum sind aber auch viele andere Aufgaben für den Hund keine Pflichten nach unserem Wortverständnis, sondern Forderungen von uns, die er uns zuliebe ausführt – vor

ist es selbstverständlich von untergeordnetem Interesse, ob er den geworfenen Gegenstand „nach allen Regeln der Kunst" oder nur „ganz normal" apportiert und ausgibt. Es liegt ganz an Ihnen, sich für die eine oder andere Art zu entscheiden. Beim sauberen Apport wird dem Hund mehr Disziplin abverlangt, ansonsten unterscheiden sich die jeweiligen Apportformen für das Spiel jedoch nicht weiter. Wichtig ist nur, dass Ihr Hund, wenn Sie ihn mit dem Befehl „Apport!" zum Holen eines Gegenstandes auffordern, diesen Befehl auch umgehend ausführt. Aber viele Hunde lieben das Apportspiel so sehr, dass dies keine Schwierigkeit darstellt. Dem Apportspiel kann man

Wichtig

Auch im Apportspiel kann es nicht angehen, dass der Hund den Ball einfach wegträgt, wenn Sie „Aus!" gesagt haben. Lassen Sie sich im Spiel nicht dazu verleiten, inkonsequent zu werden, denn ein Hund unterscheidet nicht so genau zwischen Spiel und Arbeit, wenn ihm die Arbeit Spaß macht.

Manche Hunde können gar nicht genug kriegen vom Buddeln und Graben! Eine eigene Buddelecke im Garten macht es möglich.

allem, um unsere Anerkennung zu bekommen.

Um ein wenig mehr Disziplin bei dem Apportspiel zu erreichen, können Sie den Hund vor dem Wurf anweisen, beispielsweise „Sitz!" oder „Platz!" zu machen und erst auf Ihren Befehl hin loszulaufen. Oder Sie stoppen ihn auf dem Weg mit „Steh!" oder „Down!". Den Variationsmöglichkeiten sind in dieser Hinsicht keine Grenzen gesetzt.

Buddelspiele

Fast alle Hunde lieben es, im Sand oder in lockerem Boden zu graben. Einige verstecken auch Spielzeug und Knochen in einem selbst gegrabenen Loch. Wenn Sie einen Garten besitzen und möglicherweise mit Ihrem Hund kontroverse Ansichten über die Nutzung von Blumenrabatten, Gemüsebeeten oder der Wiese haben, können Sie einen guten Kompromiss finden, indem Sie ihm eine kleine Stelle im Garten zuweisen, wo nichts gepflanzt ist und er nach Herzenslust buddeln darf. Um den von Ihnen auserkorenen Buddelplatz zu Beginn für Ihren Hund attraktiv zu machen, können Sie ein paar Leckerchen im Boden vergraben, nach denen er suchen darf. Auf die gleiche Weise können Sie ihn erfreuen, wenn Sie von Zeit zu Zeit die mitunter recht tiefen Löcher wieder zuschütten.

175

*Wo ist der Ball denn nun schon wieder? Das gemeinsame Spiel ist eine schöne Beloh-
nung nach anstrengenden Übungen und sollte fester Bestandteil im Tagesablauf sein.*

Lauf- und Geschicklich-
keitsspiele

Jeder Hund liebt es, mit seinem
Meister zusammen zu laufen und
„Schabernack" zu treiben. Sollte Ihre
Kondition für Trimmpfade oder das
Joggen nicht ausreichen, bedeutet
dies keinesfalls, dass diese Spiele für
Sie nicht in Frage kommen, denn für
den Hund zählt weniger Ihre Geschwindigkeit als vielmehr die Tatsache, dass Sie ganz auf ihn eingehen
und er zusammen mit Ihnen Dinge
erleben darf, die er sonst nicht erlebt.
Denken Sie sich ein paar kniffelige
Dinge aus, wie beispielsweise das Tragen von überdimensionalen Stöcken,
das Überspringen von im Weg liegenden Baumstämmen im Wald oder das
Unter- einer-Absperrung-Hindurch-
kriechen.

Für den Hund ist es aufregend und
spannend, wenn Sie beide zusammen

Wo bleibt denn nur der Ball? Hund und Besitzerin warten mit voller Konzentration darauf, dass er wieder herunterfällt!

etwas unternehmen, einen umgestürzten Baumstamm erklimmen, über ein Mäuerchen springen oder ihn anweisen im lockeren Boden ein Loch zu buddeln. Ermuntern Sie ihn, ausgelassen herumzuspringen, und laufen Sie, wenn möglich, selbst ein paar Schritte mit. Dies wird den Hund dazu verleiten, mit Ihnen herumzualbern, und in vielen Fällen wird er Ihnen von selbst anzeigen, woran er Spaß hat.

Wasserspiele

Bis auf wenige Ausnahmen lieben es Hunde, an und im Wasser zu spielen. Alle Hunde können schwimmen, jedoch gibt es große Unterschiede in ihrem Geschick und auch in ihrer Begeisterung dafür. Gehört Ihr Hund zu denjenigen, die vielleicht aufgrund schlechter Erfahrungen das Wasser meiden, setzen Sie bitte keinen falschen Ehrgeiz ein, um ihn daran zu

gewöhnen. Akzeptieren Sie vielmehr seine Abneigung und vergnügen Sie sich mit anderen Spielen.

Mit allen wasserbegeisterten Hunden kann man dagegen viel Spaß haben, indem man z. B. Apport- oder Nachlaufspiele initiiert. Probieren Sie doch auch einmal, ob Ihr Hund zu denen gehört, die sogar tauchen, um an einen Apport-Gegenstand zu gelangen! Denken Sie aber bei all dem Spaß daran, dass Schwimmen für Hunde um einiges anstrengender ist als Laufen, und überfordern Sie ihn nicht.

Futterbezogene Spiele

Wild lebende Hunde oder auch Wölfe verbringen den Großteil Ihres Tages mit der Nahrungsbeschaffung. Sie duchstöbern hierbei ein relativ großes Gelände, spüren Wild auf, um es zu jagen und zu töten. Nicht immer sind die Jagdsequenzen von Erfolg gekrönt, und nicht jeden Tag schaffen sie es, sich ausreichend Nahrung zu besorgen. An anderen Tagen hingegen sind sie sehr erfolgreich und können dann einige Zeit von ihrer Beute zehren.

Unsere Haushunde hingegen haben meist geregelte Fressenszeiten oder auch dauerhaft Zugang zu ihrem Futter. Dies ist zwar für uns Menschen praktisch, denn schließlich kann man den Hund nicht nach Belieben laufen lassen, um ihm seine Jagdabenteuer zu bieten, aber gerade das ist auch

Viele Hunde schwimmen (oben) und planschen (unten) für ihr Leben gern – geben Sie ihnen ausreichend Gelegenheit dazu!

der Grund, weshalb die meisten Haushunde unter ausgesprochener Langeweile leiden.

Bieten Sie Ihrem Hund Abwechslung, indem Sie ihn seine Futterration erarbeiten lassen!

Hierzu einige Beispiele:

- Streuen Sie eine Handvoll Trockenfutter unter ein altes Bettlaken oder eine alte Decke und lassen Sie den Hund das Futter suchen, ausbuddeln und fressen.
- Verstecken Sie jeweils einige Trockenfutterbrösel unter umgedrehten Büchsen oder Blumentöpfen.
- Streuen Sie einen Teil der Trockenfutterration im Garten weitflächig auf den Rasen.
- Richten Sie dem Hund im Garten eine kleine Ecke ein, wo Buddeln erlaubt ist, und verstecken Sie dort in der Erde ein bisschen Futter, einen Kauknochen, einen gefüllten Futterball oder Ähnliches.
- Stecken Sie ein schmackhaftes Leckerchen in eine leere Toilettenpapierrolle und biegen Sie dann die beiden Enden um. Lassen Sie Ihrem Hund den Spaß die Pappe zu zerfetzen und dann als Krönung ein Leckerchen zu bekommen.

Spielzeug und Trainingsgegenstände

Einführung

Im Folgenden wird zu den aufgezeigten Spielen und Übungen das geeignete Spielzeug bzw. einige Trainingsgegenstände vorgestellt, wobei dieser Überblick bei der heutigen Fülle von Hundespielzeug und Hundezube-

Ein Ball mit einer Schnur daran ist ein tolles Spielzeug zum Werfen, Ziehen oder Verstecken.

zeug an, das eigentlich für ein anderes Spiel oder eine Übung gedacht ist, um damit sein Interesse an seiner Umwelt zu stärken.

Leine

Die Hundeleine eignet sich besonders gut für Apport-, Zieh- und Suchspiele und viele Übungen – wenn sie so zusammengeknotet wurde, dass der Hund nicht über sie stolpern kann. Voraussetzung ist allerdings, dass der Hund dieses leider oft sehr teure „Spielzeug" nicht zerbeißt.

Was die Leine zu einem bemerkenswert praktischen Spielzeug werden lässt, ist die Tatsache, dass man sie auf Spaziergängen eigentlich immer bei sich trägt und dass der Hund zumeist einen besondes starken Bezug zu ihr hat (siehe S. 72).

Ball

Der Ball ist ein sehr beliebtes Spielzeug für den Hund und hat dementsprechend auch einen recht großen Verbreitungskreis, denn fast jeder Hund hat einen oder mehrere Bälle. Es ist ein universell einzusetzendes Spielzeug und auch Trainingsgegenstand bei verschiedenen Übungen, sofern der Hund Gefallen daran findet.

Wichtig beim Spielen mit dem Ball ist vor allem die Größe und Festigkeit des Balles. Man sollte darauf achten, dass er aus einem Material beschaffen ist, das der Hund nicht kaputtbeißen kann, denn sonst besteht die Gefahr, dass er kleine Teile davon verschluckt. Ungeeignet

hör sicher nur einen Teil des im Handel erhältlichen Angebots darstellt. Wenn Ihr Hund schon Spielzeug besitzt, hat er bestimmt bereits eines zu seinem Lieblingsspielzeug auserkoren. Benutzen Sie dies stets bei neuen Übungen, um seine besondere Aufmerksamkeit zu erregen.

Bieten Sie ihm im Spiel aber ruhig auch einmal ein ganz neues Spiel-

sind daher Bälle aus Schaumgummi und auch Flummis.

Fußbälle haben den Nachteil, dass sie, sofern der Hund sie überhaupt apportieren kann, relativ schnell kaputtgehen und noch dazu sehr teuer sind. Spielt der Hund jedoch mit einem Fußball, indem er ihm nur nachläuft und ihn mit den Pfoten oder der Schnauze weiterstupst, spricht natürlich nichts gegen eine Anschaffung.

Für fast jede Hundegröße geeignet und nahezu unverwüstlich sind Bälle aus Vollgummi oder auch Tennisbälle, die den weiteren Vorteil haben, dass sie handlich genug sind, sie in eine Tasche stecken zu können. Je nach Überzug der Tennisbälle kommt es allerdings zu starkem Zahnabrieb.

Ein weiteres wunderbares Spielzeug, das ebenso für Such- und Apportspiele sowie für verschiedene Übungen gut geeignet ist, kann man zaubern, wenn man einen Ball in einen ausgedienten Socken steckt und diesen oben zuknotet oder zunäht. So kann der Hund beim Spiel den Ball, nachdem er den Strumpf aufgenommen hat, nach allen Regeln der Kunst totschütteln, was schließlich ein wichtiger Bestandteil des Jagdverhaltens ist und bei den allermeisten Hunden auch im Spiel seinen Ausdruck findet.

Der Ball im Strumpf ist im Gegensatz zum normalen Ball auch gut für Ziehspiele geeignet, da man hier als Ziehpartner problemlos an einem Ende festhalten kann.

Für uns als Hundehalter kann es von Vorteil sein, dass der Ball im Strumpf weniger leicht unter Möbelstücke rollt oder draußen beim Spiel nicht über den Zaun zum Nachbarn springt.

Ob der Hund nun mehr Freude an diesem oder jenem Spielzeug hat, beruht auf individuellen Erfahrungen, die jeder mit seinem Hund selbst machen muss.

Wasserbegeisterten Hunden bereiten Bälle auch beim Spiel im Wasser und am Strand viel Spaß.

Der Ball, der Haken schlägt

Normale Bälle, z. B. Tennisbälle, sind für den Hund leicht zu fangen, denn sie springen auf ebenem Boden stets so ab, wie sie aufgekommen sind. Nicht so die Bälle, die aus mehreren Gummiringen gearbeitet sind oder die Form eines American Footballs haben, denn sie springen in eine beliebige, nicht vorhersehbare Richtung ab, je nachdem wie sie gerade aufkommen. Für jagdbegeisterte Hunde ist dies ein wahres Vergnügen, denn hier ist vor allem Schnelligkeit und Geschicklichkeit gefragt, wenn es darum geht, den Ball zu fangen, während dieser wie ein Hase plötzlich Haken schlägt. Ansonsten ist dieser etwas besondere Ball natürlich einzusetzen wie ein ganz normaler Ball, nämlich für alle Such-, Apport- und Ziehspiele oder als Trainingsgegenstand bei Übungen.

Ziehtau

Das Ziehtau als Hundespielzeug gibt es in verschiedenen Größen – mit und ohne Handschlaufe zum Festhalten. Hervorragend geeignet ist es für das Ziehspiel, da der Hund wegen der überhängenden Seiten beim Totschütteln der Beute viel Spaß

Das Ziehtau ist optimal geeignet für Ziehspiele und zum Apportieren.

haben wird. Das Tau in der kleinen Größe kann man noch einigermaßen gut werfen, mit den größeren wird man sicherlich Schwierigkeiten bekommen. Neben den Ziehspielen sind aber auch Apport- und Suchspiele möglich. Des weiteren ist das Tau auch bei verschiedenen Übungen als Trainingsgegenstand gut einzusetzen.

Frisbee

Für Hunde gibt es spezielle Frisbees, die nicht aus festem Plastik, sondern aus Nylon und einem Gummiring oder aber aus besonders weichem Plastik bzw. Gummi gearbeitet sind, die also beim Fangen aus der Luft nicht die Lefzen des Hundes einreißen oder gar die Zähne beschädigen können. Dieses Spielzeug eignet sich gleichermaßen für den Frisbee-Hundesport wie für das einfache Spiel mit einem apportfreudigen Hund, der sicher irgendwann einmal probiert wird, das Frisbee aus der Luft zu schnappen. Es gibt aber auch einige Hunde, die das Frisbee erst apportieren, wenn es bereits am Boden liegt. Selbstverständlich kann man auch Such- und Ziehspiele mit dem Frisbee spielen.

Quietschtiere

Diese kleinen Püppchen aus Latex mit einem Quietschmechanismus üben besonders auf junge Hunde, die dies zum ersten Mal sehen und hören, eine große Faszination aus, und es passiert nicht selten, dass so lange gequietscht wird, bis der Quietscher eines Tages nicht mehr funktioniert oder die spitzen Hundezähne ein Loch in das Püppchen gebissen haben. Obwohl es sich bei Latex prinzipiell um ein ungefährliches Material handelt, sollte man darauf achten, dass der Hund keine Teile davon verschluckt, falls beim Spielen das Püppchen kaputtgegangen ist.

Dieses Spielzeug ist eine gute Beschäftigung für den Hund, wenn er Gefallen daran gefunden hat. Er spielt oftmals längere Zeit alleine in der Wohnung mit seinem Quietschpüppchen. Da sich die Latex-Figuren nur schlecht werfen lassen, weil sie sehr leicht sind, gehört das Quietschtier meist zu den Spielzeugen, die nicht mit nach draußen genommen werden, sondern dem Hund nur in der Wohnung zur Verfügung gestellt werden. In der Wohnung kann man sie aber selbstverständlich hervorragend für Such- und Apportspiele einsetzen. Es gibt auch mit Stoff bezogene Quietschpüppchen, die ein klein wenig robuster sind als die Latexspielzeuge.

Vollgummifiguren

Bei Vollgummifiguren handelt es sich um Ringe, Dreiecke oder ähnliche Figuren, die man einigermaßen gut werfen kann, die sich aber hauptsächlich dafür eignen, sie als Gegenstand im Ziehspiel einzusetzen. Auch als Suchobjekte oder Trainingsgegenstände sind sie je nach Größe geeignet. Da das Gummi vollkommen unempfindlich gegenüber Wasser ist, kann man diese Spielzeuge auch wunderbar mit an den See oder ans Meer nehmen. Je nach Form und Größe gehen einige unter, so dass der Hund erst tauchen muss, um sie apportieren zu können – was nicht jeder Hund macht. Wenn sie nicht untergehen, wird ein wasserbegeisterter Hund sie mit viel Freude von der Oberfläche fischen.

Hanteln

Es gibt für Hunde Hanteln aus Holz in verschiedenen Größen und Gewichten; sogar solche mit der Möglichkeit, noch mehr Holzscheiben aufzuschrauben. Diese und spezielle Schwimmhanteln aus Plastik eignen sich allesamt für Spiele und Übungen aus dem Bereich des Apports und des Suchens. Bedingt ist eine Hantel auch beim Ziehspiel einzusetzen. Sie lässt sich jedoch nicht so gut festhalten wie viele andere Spielzeuge.

Zum Apportieren werden gerne Holzhanteln verwendet.

Selbstgebasteltes Spielzeug

Alle bisher beschriebenen Spielzeuge kann man kaufen. Mit einigen Handgriffen lassen sich allerdings auch aus ausrangierten Sachen schnell und einfach wunderbare Hundespielzeuge selbst herstellen. Sie sind neben ihrer Individualität zudem noch ausgesprochen kostengünstig.

Strumpf

Zunächst der Strumpf, den man, wie schon erwähnt, mit einem Ball gefüllt zum herrlichen Spielzeug machen kann. Man kann ihn aber auch benutzen, um die Neugierde des Hundes zu wecken, nämlich z. B. von Anfang an einen sauberen Apport aufzubauen oder ähnliches. Hierfür eignet sich der Strumpf besonders gut, wenn Sie ihn mit Leckerchen füllen und so verschließen, dass der Hund nicht an die Leckerchen gelangen kann, Sie ihn aber ohne Probleme öffnen können.

Der mit Leckerchen gefüllte Strumpf birgt beim Trainieren der Apport-Übung den Vorteil, dass der Hund lernt, Gegenstände zu tragen, die zwar verführerisch riechen, die er selbst jedoch nicht zerpflücken darf. Dieser Leckerchen-Strumpf darf natürlich dem Hund nicht zur ständigen Verfügung stehen, sondern muss sorgfältig von Ihnen verwahrt werden, um speziell zur Übung hervorgezaubert zu werden. Beherrscht der Hund einen sauberen Apport, kann der Leckerchen-Strumpf auch für Suchübungen und -spiele eingesetzt werden. Mit dem Leckerchen-Strumpf – zu dem jeder Hund immer eine besondere Beziehung haben wird, wenn viel Theater um ihn gemacht worden ist – kann man natürlich jede neue Übung einführen, die eines Trainingsgegenstandes bedarf, um die Aufmerksamkeit des Hundes zu steigern.

Hinweis
Auch ein Strumpf ohne Ball und ohne Leckerchen eignet sich als Spielzeug für das Ziehspiel und ist bei vielen Hunden sehr beliebt!

Textilien

Auch andere ausrangierte Textilien sind wunderbare Spielzeuge für Ihren Hund. Wenn Sie das entsprechende Stück beispielsweise an einer Seite fest verknoten, so dass der Hund etwas hat, auf das er richtig beißen kann, wird er ein derartiges Spielzeug gerne annehmen und es zum Totschütteln oder im Ziehspiel benutzen. Wenn Sie Kinder haben, die sich von einem alten **Plüschtier** trennen können, gibt auch das ein wunderbares Hundespielzeug ab. Allerdings ist dabei wichtig zu wissen, mit welchem Füllmaterial es ausgestopft ist, damit der Hund keine gesundheitlichen Schäden davonträgt, falls er Teile davon verschluckt. Auch aufgeklebte Nasen oder eingenähte Augen aus Plastik sollten sicherheitshalber vorher entfernt werden.

Ein ebenfalls besonders für das Ziehspiel geeignetes Spielzeug sind alte **Jutesäcke**, an denen der Hund nach Belieben ziehen und zerren kann, ohne dass sie sofort kaputtgehen.

Der ausgediente **Schuh** als „klassisches" Hundespielzeug ist selbstverständlich auch nicht außer Acht zu lassen. Besonders junge Hunde kann man oft mit Schuhen für ein Spiel begeistern, da Schuhe fest sind und der Hund somit herrlich hineinbeißen kann. Außerdem haben sie zum Schütteln eine geeignete Größe. Einige Hunde lieben an Schuhen besonders die Schuhbänder, um den Schuh dann beim Schütteln richtig umherzuschleudern. Aber auch an einer alten Sandale wird Ihr Hund sicherlich Gefallen finden.

All diese Dinge kann man natürlich in Haus und Garten verstecken und den Hund danach suchen lassen.

Kartons

Ein ebenso billiges wie praktisches Spielzeug sind große Pappkartons, sofern sich der Hund hierfür begeistern kann. Luna, meine Münsterländerhündin, ist ganz wild darauf und hat beim Zerreißen und Schütteln einen riesigen Spaß. Wenn es ein festerer Karton ist, kann man vorab auch ein Ziehspiel mit dem Hund spielen.

Stöcke

Ebenfalls ein „klassisches" und auf den meisten Spaziergängen herumliegendes Spielzeug ist selbstverständlich der Stock, der für Apport-, Such- und

Ziehspiele gleichermaßen geeignet ist. Großen Spaß bereitet es vielen Hunden ebenfalls, Stöcke nach dem Spiel genüsslich zu zerbeißen, oder aber sie animieren einen Hundekumpanen zum Nachlaufspiel, um dann mit dem Stock in der Schnauze von diesem gejagt zu werden.

Leider bergen Stöcke ein recht großes Gefahrenpotential, denn im wilden Spiel können sie leicht Verletzungen im Maulbereich verursachen.

Steine

Bei vielen Hunden sind auch Steine als Spielzeug sehr beliebt. Obwohl man sie auf fast jedem Spaziergang finden kann und somit stets ein Spielzeug parat hätte, sind sie jedoch absolut ungeeignet, denn sie fügen zum einen den Zähnen erheblichen Schaden zu, zum anderen ist die ständige Gefahr gegeben, dass die Hunde sie verschlucken. Sie bedrohen dann oft durch einen Darmverschluss das Leben des Hundes, wenn nicht rechzeitig operiert wird.

Am besten verbietet man dem Hund das Spielen mit Steinen von vornherein durch den Befehl „Pfui!".

Wichtig
Geraten Sie nicht gleich in Panik, wenn Ihr Hund einen Stein verschluckt hat. Besprechen Sie die Situation mit Ihrem Tierarzt. Dieser kann durch Abtasten oder mit Hilfe eines Röntgenbildes feststellen, wo der Stein sitzt, um dann die nötigen Maßnahmen einzuleiten.

Als Trainingsgegenstände bei Übungen sind aber nicht nur die hier beschriebenen Spielzeuge einzusetzen, sondern alles, was der Hund entweder suchen, verweisen oder apportieren kann, wobei man strengstens darauf achten muss, dass er den Gegenstand nicht verschlucken und sich an diesem nicht verletzen kann, wenn er ihn aufnimmt. Der Phantasie sind hierbei keinerlei Grenzen gesetzt. So können Sie für Ihren Hund ohne Weiteres Taschentücher, Taschen, Schlüsselbunde, Geldbörsen, Regenschirme und vieles andere als Trainingsgegenstände verwenden, je nachdem, um was für eine Übung es sich handelt oder was Sie gerade bei sich tragen.

Futter

Auch wenn es sich nicht im eigentlichen Sinn um einen „Trainingsgegenstand" handelt, möchte ich hier noch kurz einige Anregungen bieten, Futter im Training und Spiel zielgerichtet einzusetzen.

Lassen Sie den Hund sein Futter erarbeiten, denn das entspricht seiner Veranlagung in besonderer Weise. Nutzen Sie hierzu seine Mahlzeit. Er muss sie nicht zu festen Zeiten aus dem Napf bekommen.

Wenn Sie bei bestimmten Übungen zusätzlich Leckerchen einsetzen, achten Sie darauf, dass die Stückchen klein, weich und besonders schmackhaft sind.

Futterbälle

Es handelt sich hierbei um Bälle, die innen hohl sind und eine oder mehrere Öffnungen haben, so dass man sie mit Futter befüllen kann. Futterbälle gibt es aus verschiedenen Materialien. Der Hund muss, indem er den Ball mit den Pfoten oder der Nase bewegt versuchen an das Futter heranzukommen.

Wenn der Hund den Futterball noch nicht kennt, sollte man möglichst kleine Futterbröckchen hineinfüllen, denn diese fallen schnell wieder heraus, so dass das Spiel für den Hund sehr erfolgreich verläuft. Bei einem Hund, der schon Erfahrung mit diesem Spielzeug hat, kann man den Ball mit möglichst schwierigen Leckerchen füllen.

Futterbälle aus Gummi kann man sogar mit Dosenfutter füllen, ein herrliches Spielzeug, allerdings eine sehr matschige Angelegenheit und deshalb nur etwas für den Garten.

Literatur und Adressen

Der Hund. Ausgabe SH 1/92.

MUGFORD, R.: Hundeerziehung 2000. Kynos Verlag, 1992.

OCHSENBEIN, U: Der neue Weg der Hundeausbildung. Albert Müller Verlag, Rüschlikon-Zürich, 1979.

RUPP, W.: Der Blindenhund. Albert Müller Verlag, Rüschlikon-Zürich, 1987.

SCOTT, J. P., FULLER, J. L.: Genetics And Social Behavior Of The Dog. The University of Chicago Press, 1965.

STEINER, A.: Agility. Müller Rüschlikon Verlag, 1992.

Folgende Verbände stehen bei Fragen rund um den Hund in der Regel gerne Rede und Antwort:

BHV
Berufsverband für Hundetrainer und Verhaltensberater e.V.
Aussiedlerhof Reiterhohl
65817 Eppstein
www.bhv-net.de

Bundesverband für das Rettungshundewesen e.V.
Uwe Knaak
Holthofstr. 11
45659 Recklinghausen
Tel.: 02361/21584

Deutscher Hundesportverband e.V.
Gustav-Sybrecht-Str. 42
44536 Lünen
Tel.: 0231/87949

GTVT
Gesellschaft für Tierverhaltenstherapie e.V.
Dr. Heidi Bernauer-Münz
Blankenfeld 29
35578 Wetzlar
Tel.: 06441/74245
www.gtvt.de

Jagdgebrauchshundeverband e.V.
Neue Siedlung 6
15938 Drahnsdorf
Tel.: 035453/215

Österreichischer Kynologenverband
Johann-Teufel-Gasse 8
A - 1080 Wien
Tel.: 00431/88870920

Schweizerische Kynologische Gesellschaft
Länggasstr. 8
CH - 3001 Bern
Tel.: 004131/3015819

Verband für das Deutsche Hundewesen e.V. (VDH)
Hauptgeschäftsstelle
Westfalendamm 174
44141 Dortmund
Tel.: 0231/56500-0
Fax: 0231/592440

Bildquellen

H. Baer, Bonn: Abb. S. 83.
D. Baumann, Bad Urach: Abb. S. 162.
Bildagentur Waldhäusl/-Imagebroker/Krause-Wieczorek: Titelfoto
C. del Amo, Düsseldorf: Abb. S. 79.
R. Dichtel, Stuttgart: Abb. S. 7.
M.-L. Hubert & J.-L. Klein, Lupstein, Frankreich: Abb. S. 166.
H. Schmidt-Röger, Hamminkeln: Abb. S. 19, 32, 125.
Alle übrigen Aufnahmen fertigte D. Kothe, Stuttgart.

Die Zeichnungen fertigte H. Flubacher, Waiblingen, nach Vorlagen von B. Schmelting, Hannover.

Register

Spaßschule für Hunde

58 Tricks und Übungen

Einführung Spaßschule

Sie haben Spaß daran, mit Ihrem Hund zu trainieren? Sie möchten Ihrem Hund ein interessantes Leben bieten? Dann ist dieses Buch genau das Richtige für Sie!

Sie finden, nach Sparten sortiert, jede Menge Anregungen, was Sie mit Ihrem Hund an Tricks und Spaßübungen erarbeiten können. Für die meisten Übungen sind auch Variationen beschrieben, deren Schwierigkeitsgrad anhand der folgenden Symbole gekennzeichnet ist:

 = einfache
    Übungsvariante
 = anspruchsvolle
    Übungsvariante
 = schwierige
    Übungsvariante

Die Anzahl der Knochen stellt aber nur eine grobe Richtlinie dar. Es ist im Einzelfall immer eine Frage des Talents eines Hundes, ob er eine bestimmte Übung leicht lernt oder sich in einer anderen vielleicht auch einmal etwas schwerer tut.

Besonders spektakuläre Übungen oder solche, aus denen man eine kleine Vorführung machen kann, sind mit gekennzeichnet.

Manche der Übungen, die in diesem Buch vorgestellt werden, können dem Grundgehorsam zugerechnet oder gewinnbringend im Alltag eingesetzt werden. Diese Übungen sind mit 👆 gekennzeichnet.

In diesem Buch werden einige gängige Grundgehorsamsübungen als bekannt vorausgesetzt und nicht oder nur sehr oberflächlich behandelt. Zu diesen „Basisübungen" zählen folgende Kommandos: „Sitz", „Platz", „Bleib", „Hier", „Apport".

Wenn Ihr Hund Trainingsanfänger ist und die genannten Kommandos noch nicht beherrscht, sollten Sie diese Kommandos parallel mit ihm erarbeiten: Sie sind im Alltag von unbezahlbarem Nutzen! In meinem Buch „Spielschule für Hunde" sind die Grundkommandos vorgestellt. Eine ausführliche Trainingsanleitung finden Sie in meinem Buch „Hundeschule Step by Step".

Neben einer guten Grundausbildung ist es für das Training wichtig, dass Sie und Ihr Hund eine feste Vertrauensbasis haben. Wenn dieses Vertrauen noch nicht vorhanden ist, sollten Sie sich von einem modernen und erfahrenen Hundetrainer beraten lassen, um daran vor dem Trainingsstart noch zu feilen.

Die Übungen, die in den folgenden Kapiteln vorgestellt werden, sind in erster Linie spaßorientiert. Die Inhalte dieses Buches sind nicht darauf ausge-

richtet, Verhaltensprobleme zu lösen.
Mit Hunden, die sehr ängstlich sind
oder aggressives Verhalten gegenüber
Menschen oder anderen Artgenossen
zeigen, sollten Sie vorrangig verhal-
tenstherapeutische Übungen erarbeiten, um die bestehenden Probleme zu
lösen. Ein auf Verhaltenstherapie spezialisierter Tierarzt ist hier der richtige
Ansprechpartner. Es spricht aber nichts
dagegen, wenn ein solches Spezial-
programm mit einigen Spaßübungen
aufgelockert wird.

Ein Dank an alle am Set, den Hun-
den und ihren Besitzern, die mit
Spaß, Geduld und Können dabei
waren: Australian Shepherd Dusty
mit Dr. Nadja Kneissler und Petra
Kurrle, Parson Jack Russell Jackie
mit Sabine Irskens, Jack Russell
Kim mit Bianca Link,
Entlebucher Sennenhund
Lucky mit Marion Schulz
und Elli Finke mit ihrem
Schäferhund.

Inhalt Spaßschule

Lerntheorien und Trainings-methoden

Lernen ist ein komplizierter Vorgang, der biologischen Gesetzmäßigkeiten unterworfen ist. Um ein spezielles Ziel zu erreichen, gibt es meist mehrere Möglichkeiten. Sie können Lernvorgänge optimieren und beschleunigen, indem Sie den Übungsaufbau geschickt planen und die Funktionsweise des Hundegehirns berücksichtigen.

Einige gängige Trainingsansätze werden hier kurz vorgestellt, da in den Übungen nicht mehr näher darauf eingegangen wird. Überlegen Sie vor dem Training, wie Sie die Übung aufbauen möchten und welche Techniken Sie im Einzelfall benutzen wollen. Je nach Übungsziel werden Sie sich dann für die eine oder andere Methode entscheiden. Wenn Sie das Gefühl haben, dass der im Text beschriebene Übungsaufbau nicht zu Ihrem Hund passt oder Sie einen anderen Weg versuchen möchten: nur zu! Hundetraining macht besonders viel Spaß, wenn man es kreativ gestaltet!

Klassische Konditionierung

Bei der klassischen Konditionierung kommt es einzig und allein auf die zeitliche Kopplung zweier Ereignisse an, wobei eines der Ereignisse ein reflexartig gesteuertes Verhalten beim Hund auslösen muss. Im Verlauf der Konditionierung erlangt das andere, früher neutrale Ereignis dieselbe Be-deutung und löst dann selbst ebenfalls das Reflexverhalten aus. Lob oder Strafe werden nicht benötigt. Nur der Zeitfaktor entscheidet über ein Gelingen. Über die klassische Konditionierung kann man dem Hund alles beibringen, was reflexartig gesteuert wird. Die erlernte Reaktion ist willentlich nicht steuerbar. Ortsverknüpfungen spielen bei klassisch konditionierten Übungen eine kleinere Rolle, was im Alltag sehr nützlich sein kann.

> **Hinweis**
> Auch die Ausschüttung von Hormonen ist reflexartig gesteuert. Da Emotionen ebenfalls über Hormone reguliert werden, kann die Emotionslage Ihres Hundes gleichermaßen klassisch konditioniert werden.

Drei bekannte Beispiele für die klassische Konditionierung stellen wir Ihnen jetzt vor.

Der berühmte **Pawlow'sche Hund:**
1 Der Anblick oder Geruch von Futter löst beim Hund Speichelfluss aus. Dieses Verhalten ist willentlich nicht zu steuern. Es läuft reflexartig ab. Das Futter ist der reflexauslösende Reiz.
2 Auch hier löst der Anblick oder Geruch des Futters beim Hund den Speichelfluss aus. Wenn immer direkt vor der Futterausgabe ein Geräusch ertönt, findet eine klassische Konditio-

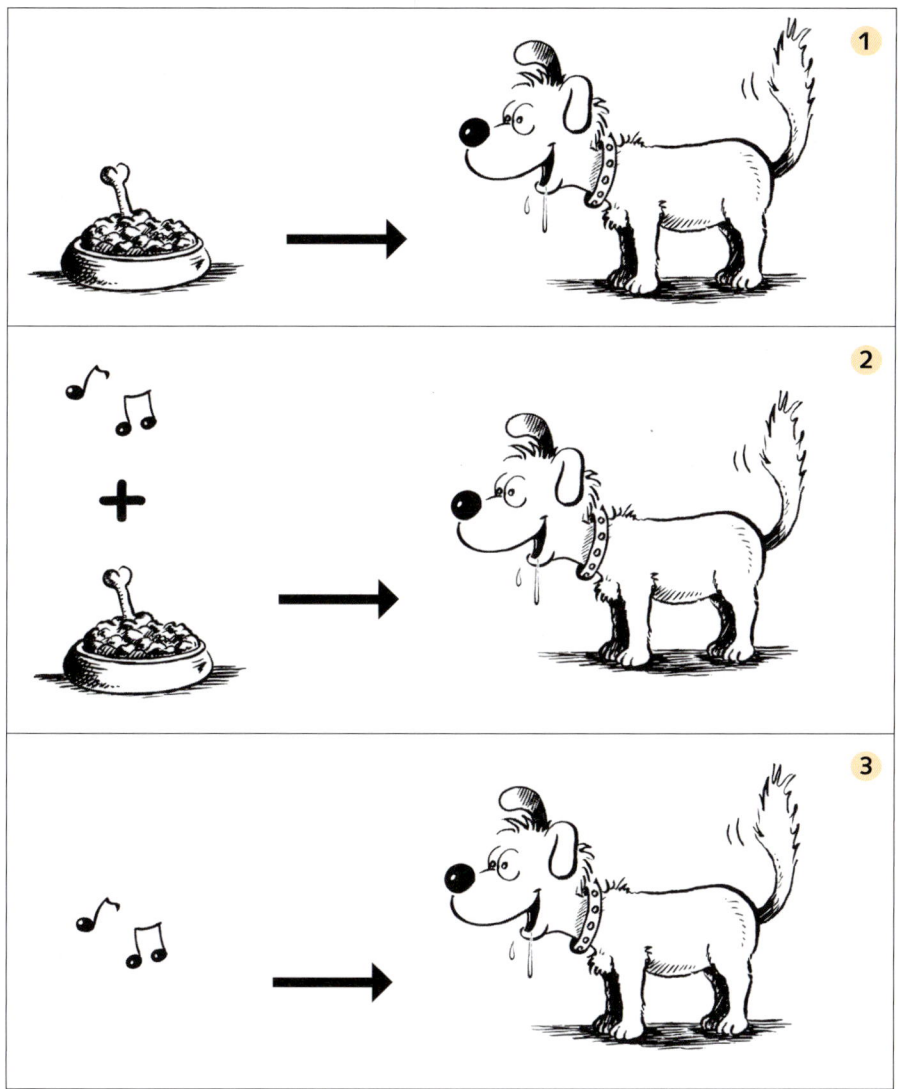

Beispiel für Pawlows klassische Konditionierung.

nierung statt. Das Geräusch sagt zuverlässig das Ereignis „Futter" voraus. 3 Nach einer ausreichend häufigen Kopplung löst schließlich das Geräusch allein den Speichelfluss aus. Das Verhalten ist dann erlernt und kann vom Hund willentlich nicht beeinflusst werden.

Die klassische Konditionierung kann genutzt werden, um dem Hund ein „Versäuberungs-kommando" beizubringen.

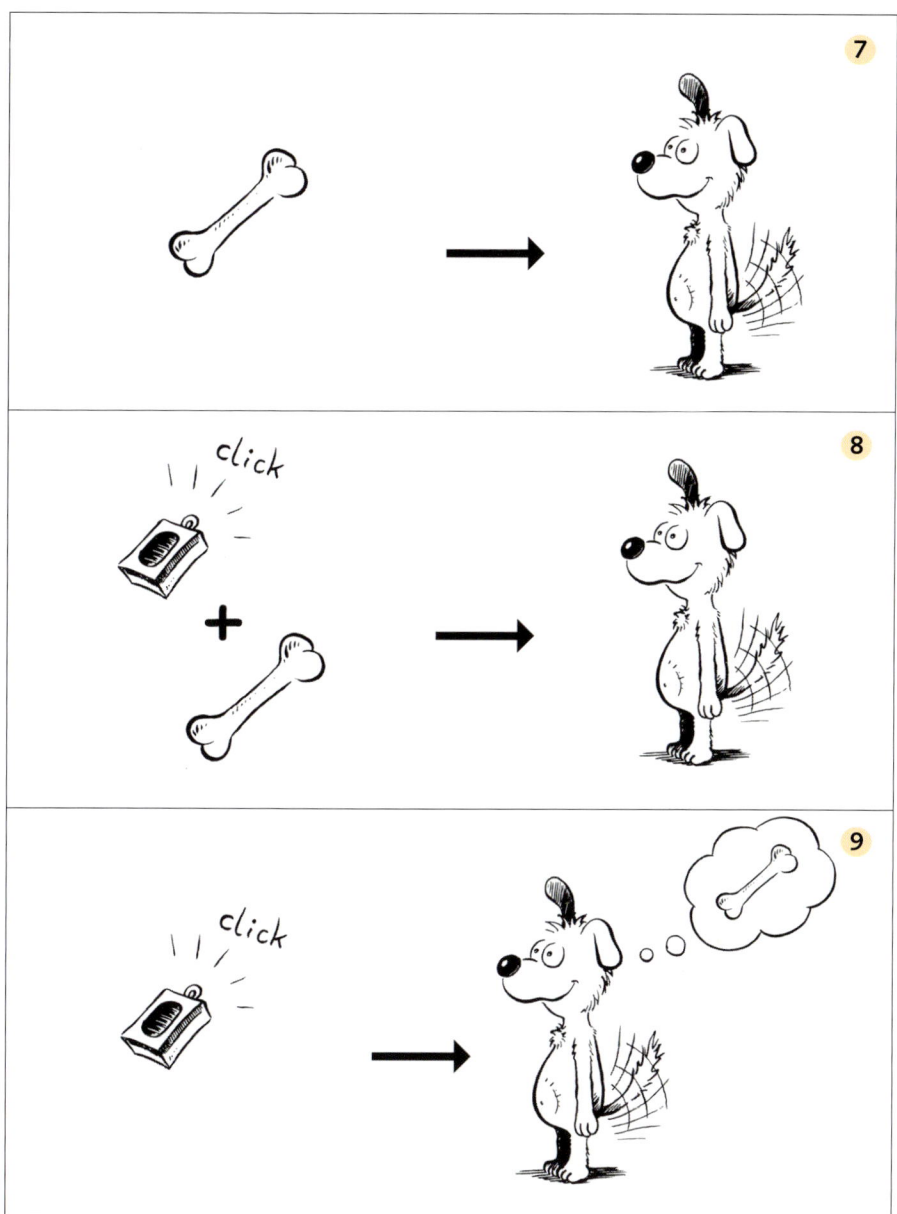

*Auch die Konditionierung auf den Clicker ist eine klassische Konditionierung
(siehe Seite 6)*

Beispiel **Versäuberung:**

4 Der Vorgang der Versäuberung kann klassisch konditioniert werden.

5 Möglichst Bruchteile einer Sekunde vor oder im Alltag zeitgleich mit der Versäuberung muss der Hund ein spezielles Signal, z. B. ein Sprachkommando hören.

6 Nach einer ausreichend hohen Anzahl an Wiederholungen der Verknüpfungsübung wird der Hund das Verhalten dann direkt auf das konditionierte Sprachsignal hin zeigen.

Die Konditionierung auf das Trainingshilfsmittel **Clicker** folgt ebenfalls der klassischen Konditionierung:

7 Die freudige Erwartungshaltung, wenn der Hund ein Leckerchen bekommt, ist eine unkonditionierte und unwillkürliche Reaktion.

8 Bei der Konditionierung auf den Clicker muss das Clickgeräusch ganz kurz vor dem Zugang zum Leckerchen ertönen, also in einem sehr engen zeitlichen Zusammenhang zu dem unkonditionierten freudigen Ereignis.

9 Nach erfolgter Konditionierung versetzt man den Hund schon durch das „Click" in freudige Erwartungshaltung, gleich ein Leckerchen zu bekommen.

Klassisch konditionierte Reaktionen werden sehr zuverlässig gezeigt, denn auch nach erfolgter Konditionierung bleiben die Handlungen unwillkürlich. Sie sind also nicht über das Gehirn durch Denkleistung steuerbar.

Die Gefahr der spontanen Löschung bei klassisch konditionierten Reaktionen ist allerdings vergleichsweise groß. Es entsteht kein „Suchtverhalten", über das die Verhaltensweise immer

weiter gefestigt wird, wie bei der instrumentellen Konditionierung. Im Alltag bedeutet das, dass klassisch konditionierte Signale zwischendurch immer wieder durch die Verknüpfungsübung aufgefrischt und somit verstärkt werden müssen, um sie wirklich zuverlässig benutzen zu können.

Hinweis
Beim Clickertraining ist dies nicht nötig, da der Hund sowieso immer nach dem „Click" ein Leckerchen bekommt und die Verknüpfung somit ständig verstärkt wird.

Instrumentelle Konditionierung

Die instrumentelle Konditionierung, auch operante Konditionierung genannt, wird im Training sehr häufig angewandt. Hier werden positive oder negative Verstärker eingesetzt, um die Wahrscheinlichkeit zu erhöhen, dass eine Verhaltensweise in Zukunft häufiger oder seltener gezeigt wird. Bei den trainierten Verhaltensweisen handelt es sich um willentlich steuerbare Handlungen.

Auch bei der instrumentellen Konditionierung spielt der Zeitfaktor eine große Rolle. Die beste Verknüpfung kann ein Hund herstellen, wenn das **Signal** ca. eine halbe Sekunde vor der Handlung gegeben wird und der **Verstärker** bis maximal zwei Sekunden nach der Handlung folgt.

Grundsätzlich gibt es vier verschiedene Möglichkeiten **Verstärker** einzusetzen, wie folgende Beispiele verdeutlichen:

Für den Einsatz von Verstärkern gibt es vier Möglichkeiten.

Hinweis
Die Begriffe positiv und negativ werden hier im mathematischen Sinn verwendet, also positiv = etwas wird hinzugefügt und negativ = etwas wird abgezogen.

Positive Belohnung: Man gibt dem Hund z. B. ein Leckerchen.
Negative Belohnung: Etwas Unangenehmes wird entfernt. Zum Beispiel wird der Zug am Halsband vermindert, wenn der Hund die Position einnimmt, in die er gezogen wurde.
Positive Strafe: Man fügt etwas Unangenehmes hinzu. Beispielsweise bekommt der Hund einen Klaps, wenn er etwas nicht richtig macht.

Negative Strafe: Etwas Angenehmes wird entfernt, z. B. man entzieht dem Hund das Objekt seiner Begierde oder die Aufmerksamkeit.

Mit den Techniken der **positiven Belohnung** und **negativen Strafe** zu arbeiten führt zum schnellsten Lerneffekt, denn Hunde richten ihr Leben danach aus, wie sie am einfachsten Angenehmes erreichen oder behalten können. Sie lernen aber nur vergleichsweise langsam, Unangenehmes zu vermeiden. Dies gilt insbesondere, solange das Unangenehme moderat ist. Wenn irgendetwas gravierend negative Konsequenzen nach sich zieht, behält ein Hund das zwar schnell und für lange Zeit, reagiert aber in diesen

11

Situationen dann gleichzeitig auch immer ängstlich, was nicht im Sinne unseres Trainings ist.

Im Training kommt es in erster Linie darauf an, dem Hund zu vermitteln, was er tun soll. Hierzu sind gezielt eingesetzte Belohnungen im richtigen Moment der effektivste Weg. Auf welche Belohnung Ihr Hund in welcher Situation am besten reagiert, müssen Sie individuell herausfinden:

Hoch im Kurs stehen bei fast allen Hunden kleine weiche und sehr schmackhafte **Leckerchen**. Sehr viele Hunde haben außerdem ein **Lieblingsspielzeug**. Auch Sozialkontakt mit dem Besitzer, beispielsweise in einem tollen gemeinsamen Spiel, ist vielen Hunden sehr wichtig. In fortgeschrittenen Trainingseinheiten macht sich ein **Lobwort** bezahlt. Für den Fall, dass der Hund einmal auf der völlig falschen Fährte ist, hilft ein **Korrekturwort**. Beide müssen aber vorher gesondert trainiert werden (s. Seite 30ff).

Beispiel für die instrumentelle Konditionierung
Der Hund soll das Pfötchengeben lernen.
Im Rahmen der instrumentellen Konditionierung kommt es nun auf drei Dinge an: das Verhalten, den Befehl und den Verstärker.
Das bedeutet: Man muss eine Situation schaffen, in der der Hund das Verhalten zeigen wird. Hierzu kann man ihn beispielsweise mit einem Futterstückchen locken. Sobald man erkennen kann, dass der Hund das gewünschte Verhalten zeigen will, muss in der Anlernphase der Befehl ertönen. Sobald das Verhalten gezeigt wurde, wird der Verstärker – in diesem Beispiel eine Futterbelohnung – eingesetzt. In späteren Lernschritten lässt man das Locken als Starthilfe weg. Je besser hier die Belohnung ist, die sich der Hund erarbeiten kann, umso bereitwilliger wird er sich bei den nächsten Malen darauf einlassen, das Verhalten zu zeigen.

Verhaltensketten formen (Chaining)

Auch das Lernen von komplexen Handlungen ist der instrumentellen Konditionierung zuzurechnen, denn auch hier werden Verstärker eingesetzt. Komplexe Handlungen bestehen aus vielen verschiedenen Einzelsequenzen, die dann aneinander gereiht die gewünschte Handlung bilden.

Um solch ein komplexes Verhalten zu formen gibt es zwei Möglichkeiten. Erstens: Der Hund kann die Handlungskette in der richtigen Reihenfolge lernen. Dies bezeichnet man als **Foreward Chaining** (engl. *foreward* = vorwärts und *to chain* = aufreihen). Zweitens: Beim Backward Chaining (engl. *backward* = rückwärts) beginnt man mit der Endhandlung und setzt die einzelnen Teile der Gesamtübung dann in umgekehrter Reihenfolge zusammen.

Das **Foreward Chaining** ist dem Shaping, das auch beim freien Formen (s. Seite 44) mit dem Clicker angewandt wird, ähnlich. Im Gegensatz zum freien Formen beim Clickertraining müssen beim Forward Chaining die Einzelhandlungen aber bereits gesondert trainiert worden und auf Kommando abrufbar sein, sonst kann man den Hund nicht anleiten das zu tun, was man als nächsten Handlungsschritt von ihm möchte.

Beim **Backward Chaining** hat man gegenüber dem Forward Chaining einen Vorteil, denn der Hund arbeitet immer in die längst beherrschte Endhandlung hinein. Das gibt ihm Sicherheit. Aus Schultagen ist uns dieses Prinzip vertraut: Wenn man beim Auswendiglernen eines Gedichtes mit der letzten Strophe anfängt, bleibt man später nie hängen, denn man hangelt sich an Sequenzen entlang, die einem immer vertrauter erscheinen. Ein Nachteil beim Hundetraining kann allerdings sein, dass der Hund in bestimmten Übungen versucht, die Handlungskette abzukürzen, um schneller die Endhandlung zeigen zu können.

Locken als Technik

Lockversuche oder „Bestechungen" haben im Training Vor- und Nachteile. Manchmal ist es sehr leicht, mittels eines Lockmittels den Hund zu einer bestimmten Handlung zu verleiten. Um das Verhalten dann aber unter Signalkontrolle zu bringen und somit jederzeit abrufbar zu machen ist es nötig, baldmöglichst vom Locken wieder abzukommen.

Wie heißt es so schön? „Das Leckerchen oder der Ball vor der Nase blockiert das Hirn". Dahinter steckt viel Wahrheit. Häufig wird es übermäßig schwer, ein Verhalten unter Signalkontrolle zu bringen, wenn man dem

Hund im Übungsaufbau zu viele Hilfen gegeben hat, denn der Hund lernt sehr kontextspezifisch. Das heißt, er verknüpft immer die Gesamtsituation. Im Fall von Lockversuchen bedeutet das: Er verlässt sich auf Ihre Hilfe und auf das Locken. Oft folgt er dem Lockmittel, ohne überhaupt zu realisieren, was er eigentlich tut. Deshalb sollten Sie in allen Übungen, in denen Sie Locken als Technik anwenden, dem Hund nicht mehr als maximal **fünf Versuche** mit dem Lockmittel geben. Setzen Sie dann lieber den Clicker ein, um den Hund nach den ersten Lockversuchen punktgenau beim richtigen Ansatz zu unterstützen und ihn so auf den richtigen Weg zu bringen.

Clickertraining

Clickertraining ist eine stressfreie Methode, den Hund zu Höchstleitungen zu bringen.

Aus der modernen Hundeausbildung ist es mittlerweile nicht mehr wegzudenken. Mit dem Clicker stehen einem noch mehr Möglichkeiten offen, auch Feinheiten ganz exakt auszuarbeiten. Auch beim Training von Tricks und Späßen oder bei „Beschäftigungsübungen" für den Alltag können Sie den Clicker als Trainingshilfe einsetzen. Auf einfache, aber wirkungsvolle Art und Weise können individuelle Verhaltensweisen geformt und komplexe Handlungsabläufe trainiert werden.

Beim Clickertraining setzt man einen so genannten „konditionierten Verstärker" ein, den der Hund vorher als Indikator für eine nachfolgende Belohnung

kennen gelernt hat. Die eigentliche Belohnung, die der Hund übrigens **immer** nach dem „Click" erhält, ist auch
bei diesem Training beispielsweise ein
Leckerchen, ein Spielzeug, ein Spiel
mit dem Besitzer oder etwas anderes,
was der Hund sehr liebt. Das „Click"
als Signal bekommt für den Hund
etwa folgende Bedeutung:
- Genau! Prima!
- Das, was du gerade im Augenblick
  machst, finde ich gut.
- Du bekommst gleich eine Belohnung dafür.

Man kann den Clicker in der Hundeausbildung auf verschiedene Art einsetzen. Im Folgenden sollen die Möglichkeiten mit einigen Übungsvorschlä-
gen kurz vorgestellt werden. Wie Sie
den Hund auf den Clicker konditionieren, ist auf Seite 41 beschrieben.

Ignorieren als Methode

Hunde sind Ökonomen. Sie legen auf
Dauer nur Verhaltensweisen an den
Tag, die sich in irgendeiner Form für
sie lohnen. Wenn ein Verhalten zu keinerlei Vorteil mehr führt, wird es vernachlässigt. Ignorieren kann man deshalb sehr gut als Methode für die Korrektur von unerwünschtem Verhalten
anwenden. Das Verhalten, für das
man den Hund ignoriert hat, wird von
ihm ab einem bestimmten Zeitpunkt
seltener und dann überhaupt nicht
mehr gezeigt.

Hinweis
Verhaltensweisen, die selbstbeloh-
nenden Charakter haben, können

durch Ignorieren nicht gelöscht
werden.

Die Technik des Ignorierens kann man
sowohl im Training als auch im Alltag
einsetzen. Unerwünschtes oder auf-
dringliches Verhalten kann man so auf
stressfreie Art und Weise aussterben
lassen.
   Ignorieren bedeutet: Der Hund wird
in diesem Moment nicht angesprochen, nicht angeschaut und nicht angefasst. Das ist oftmals leichter gesagt
als getan, aber mit ein bisschen
Übung und Eigenkontrolle kann es
einem sehr gut gelingen.

Achtung
Wenn der Hund früher durch sein
Verhalten schon einmal Erfolg gehabt hat, wird er, wenn er ignoriert
wird, zunächst versuchen, durch
mehr Nachdruck das zu erreichen,
was bisher so leicht war. Leider
wird er hierbei umso hartnäckiger

*Ignorieren bedeutet: nicht anfassen, nicht
anschauen, nicht ansprechen.*

sein, je öfter man bereits versucht hatte, das störende Verhalten des Hundes zu ignorieren, dann aber doch weich geworden ist. Auf diese Weise hat er nämlich nur gelernt, immer länger am Ball zu bleiben! Also: bleiben Sie beim Ignorieren konsequent!

Einsatz von Belohnungen

Einer der vielversprechendsten Wege in der Hundeausbildung ist die positve Verstärkung von erwünschtem Verhalten: Damit erhöht man die Wahrscheinlichkeit, dass der Hund dieses Verhalten in Zukunft wieder zeigen wird.

Bei der Anwendung von positiven Verstärkern ist der einzige Schnitzer, der einem passieren kann, dass man durch Probleme beim Timing nicht genau das Verhalten verstärkt, das man verstärken wollte.

Beispiel
Der Hund macht „Sitz" und soll dafür belohnt werden. Sie nähern sich mit dem Leckerchen in der Hand. Der Hund steht in der freudigen Erwartung auf das Futter auf und bekommt den Bissen zugesteckt. Belohnt wurde hier das Aufstehen bzw. Stehen, denn dies ist die Handlung, die der Hund nun mit der Belohnung assoziieren wird.

Für den Einsatz von Belohnungen gilt also, dass Sie gezielt vorgehen müssen, um die erwünschte Verknüpfung und somit die optimale Leistung zu erzielen.

In der Anlernphase sollte der Hund zunächst immer belohnt werden, um Sicherheit in der Übung zu gewinnen. Wenn Sie dann sicher sind, dass er nun weiß, um was es geht, kann er auf ein variables Belohnungsschema umgestellt werden.

Er soll dann nach einem völlig willkürlichen Schema mal nach zwei, mal nach jeder, mal nach vier, dann nach drei Wiederholungen usw. belohnt werden. Keine Sorge, der Hund wird bei einem variablen Belohnungsintervall tatsächlich noch intensiver mitarbeiten, besonders wenn er mit einer ganz tollen Leistung auch den Jackpot knacken kann!

Um dem Hund noch mehr Abwechslung zu bieten, können Sie die Art der Belohnung unvorhersehbar machen, indem Sie verschiedene Futterqualitäten und/oder verschiedene Spielzeuge einsetzen. Für besondere Leistung darf der Hund einen Jackpot bekommen. Das heißt, wenn alles perfekt war, bekommt er entweder etwas Extra-Leckeres oder etwas mehr Menge oder sein absolutes Lieblingsspielzeug. Bei schlechter Leistung darf der Hund auch mal nichts bekommen!

Hinweis
Anfangs müssen Sie jede richtige Handlung belohnen. Später erzielen Sie besondere Spannung, ja ein regelrechtes Suchtverhalten und somit eine gesteigerte Motivationslage, indem Sie den Hund

Wenn mit steigender Ablenkung trainiert wird, sollte der Leistungsanspruch zunächst zurückgeschraubt werden, um dem Hund Sicherheit mit dem Umgang mit der neuen Anforderung zu geben.

nach einem unvorhersehbaren Schema belohnen. Besonders wenn dem Hund der Jackpot bekannt ist, können Sie auf diese Weise Höchstleistungen erreichen.

Wir Menschen unterliegen diesem Suchtprinzip ebenfalls. Ein Beispiel hierfür ist das Lotto-Spielen. Auf den Höchstgewinn hoffend wird das Spielen immer wieder dadurch getriggert, dass man ab und zu, also in einem unvorhersehbaren Schema, eine Kleinigkeit gewinnt.

Den letzten Schliff bekommt die Übung, indem Sie in einem fortgeschrittenen Trainingsstand auf ein bestimmtes Merkmal hinarbeiten, das Ihnen noch zur vollkommenen Zufriedenheit fehlt. Der Hund wird dann also nur noch für ein bestimmtes Leistungs-

merkmal mit einer Belohnung bestätigt. Wenn die Übung in mehreren Details noch nicht ganz hundertprozentig beherrscht wird, können Sie nach diesem Prinzip auch mehrere Merkmale nacheinander verbessern. Zur besseren Nachvollziehbarkeit für den Hund empfiehlt es sich aber, pro Übung immer nur an einem Merkmal zu feilen. Während man an einem Merkmal arbeitet, werden andere Details vorübergehend schlechter ausgeführt!

Festigung von Verhalten

Sie müssen eine Übung nach und nach auch in immer größeren Ablenkungssituationen und an verschiedenen Orten vom Hund verlangen. Auf diese Weise wird sie zuverlässig abrufbar, denn der Hund lernt, die Übung zu generalisieren. Aber Vorsicht: Bei der Steigerung der Ablenkung muss die Übung trotzdem noch gelingen! Gehen Sie also schrittweise vor. Hilfreich ist es, wenn Sie zunächst die Belohnung aufwerten, während Sie mit mehr Ablenkungen arbeiten.

Ins Generalisierungstraining gehören Ablenkungen durch die Anwesenheit von Artgenossen. Auch die Nähe zu fremden Menschen, Jagdablenkungen oder Orte mit hoher Geräuschkulisse müssen geübt werden.

Beispiel
Der Hund beherrscht in Haus und Garten die Befehle „Sitz" und „Bleib". Auch draußen gelingt dies, wenn die Umgebung ruhig ist. Gehen Sie in solch einem Fall folgendermaßen vor: Suchen Sie sich einen Trainingsort mit leichten Ablenkungen. Üben Sie beispielsweise ca. 30 Meter von einer Bushaltestelle entfernt und benutzen Sie für das Training in diesem Fall nicht normale Futterstücke, sondern die Lieblingsbelohnung Ihres Hundes. Wenn dies gut gelingt, können Sie in dieser Entfernung dazu übergehen, als Belohnung das normale Futter einzusetzen. Benutzen Sie Ihre Superleckerchen dann bei einer Entfernung von ca. 25 Metern von der Ablenkung etc.

Einführung eines Signals

Sinnvoll ist es, im Training generell die beim Clickertraining übliche Methode der Befehlseinführung zu nutzen: Verkneifen Sie sich sämtliche Kommandos, bis Sie mit der Leistung Ihres Hundes in der speziellen Übung hundertprozentig zufrieden sind.

Achtung
Der Hund wird nach der Verknüpfung mit dem Befehl die Übung genauso zeigen, wie er sie gelernt hat. Das bedeutet, wenn man das Kommando einführt, während der Hund im Lernprozess noch viele Fehler macht, verknüpft er das Kommando auch mit seiner inkonstanten Leistung.

Das Beispiel Übung „Sitz" macht dies deutlich: Der Hund ist aufgeregt und bellt fast immer, wenn er sich hinsetzt. Der Befehl wird dennoch eingeführt. „Sitz" bedeutet dann für den Hund: hinsetzen und bellen!

Es ist ein unnötiger Zeitaufwand und für den Hund verwirrend, wenn Sie ihm nun nachträglich vermitteln möchten, dass „Sitz" heißt: ohne einen Muckser von sich zu geben, nur den Po auf den Boden zu nehmen und die Vorderfüße gestreckt zu lassen.

Tipp
Falls Ihnen einmal solch ein Missgeschick passiert, ist dies kein Problem. Trainieren Sie die Übung weiter, bis Ihnen die Leistung gefällt, und führen Sie dann für die perfekte Übung einen **anderen** Befehl ein.

Achten Sie darauf, dass Ihr Hund die Übung auch wirklich zuverlässig zeigt, bevor Sie den Befehl einführen. Erst wenn Sie in mindestens acht von zehn Malen voraussagen können, dass Ihr

Hund die Handlung auch wirklich so zeigt, wie Sie es möchten, ist der Moment gekommen, den Befehl einzuführen!

Verschiedene Arten von Signalen

Im Hundetraining kann man sich verschiedener Signale bedienen.
Es gibt:

- Lautsignale = Worte bzw. Sprachsignale
- Sichtzeichen = Körperbewegungen
- Tonsignale = z.B. Pfeiftöne etc.

Selbstverständlich kann man ein und dasselbe Verhalten auch mit mehreren unterschiedlichen Signalen (beispielsweise einem Lautsignal und einem Sichtzeichen) belegen.

Hinweis

Die in den Trainingsübungen benannten Sprachkommandos sollen nur als Vorschlag dienen. Es spricht natürlich nichts dagegen, die Übungen anders zu benennen. Achten Sie aber darauf, dass der Hund die einzelnen Kommandos vom Klangbild her gut voneinander unterscheiden kann.

Bedenken Sie, dass Hunde nicht für alle Signale das gleiche Talent mitbringen. Sichtzeichen werden vom Hund aufgrund der Tatsache, dass er sich in der innerartlichen Kommunikation hauptsächlich über Körpersprachesignale verständigt, schneller erlernt. Mit Sprachsignalen tut sich ein Hund deutlich schwerer. Zudem werden Sprachsignale bei gleichzeitigem Einsatz von Sichtzeichen durch Letztere überlagert bzw. blockiert. Der Hund lernt hierbei

zuverlässig nur das für ihn eingängigere Signal, also das Sichtzeichen. Etwas anders sieht es mit „neutralen" Tonsignalen aus. Diese sind für einen Hund wiederum relativ leicht zu lernen, da sie sich von der menschlichen Sprache und somit von der alltäglichen Hintergrundsbeschallung recht deutlich unterscheiden und weniger variabel sind als die menschliche Stimme, die sich von Person zu Person, aber auch je nach Stimmungslage oder z.B. bei einer Erkältung ändert.

Regeln für den Einsatz von Signalen

- Sprechen Sie Lautsignale stets freundlich und relativ leise, aber klar und deutlich aus.
- Achten Sie beim Einsatz von Sichtzeichen darauf, keine bedrohliche Körperhaltung einzunehmen.
- Verzichten Sie darauf, eindringlicher mit dem Hund zu sprechen, wenn er den Befehl nicht umgehend ausführt. Dies wirkt schnell bedrohlich und führt zu schlechterer Leistung, da Druck Unsicherheiten schürt.
- Geben Sie den Befehl stets nur einmal. Wenn der Hund nicht reagiert, liegt ein Fehler im Übungsaufbau vor. Überdenken Sie Ihren Übungsaufbau:
  - Hat der Hund vielleicht Stress?
  - Fehlt die Motivation?
  - Ist die Übung noch nicht generalisiert, das heißt überall abrufbar?
  - Hatte er überhaupt genug Wiederholungen, um eine Ver-

knüpfung zwischen dem Befehl und der Handlung herzustellen?

Wie führt man das Signal ein?

Schritt 1: Verleiten Sie den Hund, das richtige Verhalten zu zeigen. Wenn er dies mehrmals richtig gemacht hat und Sie sicher sind, dass er es wieder gut machen wird, können Sie anfangen, Ihr Signal einzuführen. Geben Sie dem Hund dann immer kurz bevor er das erwünschte Verhalten zeigt das entsprechende Signal. Belohnen Sie den Hund danach bzw. clicken Sie, während der Hund die Handlung ausführt, und belohnen Sie ihn beim Einsatz des Clickers anschließend.

Tipp
Vor der Signaleinführung können Sie den Hund auch für spontanes Zeigen der Handlung belohnen, um ihm zu vermitteln, dass das Zeigen dieser Übung für ihn mit einem persönlichen Erfolg verbunden ist.

Wiederholen Sie diese Übung ca. 50 Mal, um sicherzustellen, dass der Hund eine sichere Verknüpfung hergestellt hat. Wenn Sie darauf achten, dabei häufig die Trainingsorte zu wechseln, kann der Hund die Übung schneller generalisieren. Gewährleistet bleiben muss nur, dass der Hund in fremder Umgebung das Verhalten auch wirklich zeigen wird, denn über das Kommando abrufbar ist es in diesem Trainingsstand noch nicht.

Schritt 2: Sie haben bis jetzt mindestens 50 Mal das Kommando eingesetzt, sobald der Hund sich angeschickt hat die erwünschte Handlung zu zeigen. Jetzt ist es an der Zeit, dass Sie den Versuch wagen, die Übung über das neu eingeführte Signal abzurufen. Halten Sie dabei die Ablenkung zunächst klein und achten Sie darauf, dass der Hund gut motiviert ist.

Wenn der Hund auf das Signal hin die erwünschte Handlung zeigt, sollte er sofort belohnt werden. Er kann sogar einen Jackpot erhalten. Festigen Sie dann diese Übung, indem Sie sie an verschiedenen Orten und später auch unter mehr Ablenkung vom Hund verlangen.

Schritt 3: Um das Verhalten unter **Signalkontrolle** zu bringen ist es notwendig, dem Hund im letzten Trainingsschritt klar zu vermitteln, dass es für ihn bei dieser Übung nur einen Weg zum Erfolg gibt, nämlich umgehend auf das Signal hin zu reagieren. Das bedeutet, dass er für spontanes Anbieten dieser Übung nun keinerlei Aufmerksamkeit mehr bekommen sollte! Sparen Sie sich das Lob für die Momente auf, in denen Sie dem Hund das Verhalten mit dem entsprechenden Signal abverlangt haben. Signalkontrolle ist wichtig, wenn Sie ein hohes Trainingsziel anstreben und sich später auf eine möglichst hundertprozentige Zuverlässigkeit des Hundes verlassen können wollen.

Vermitteln Sie Ihrem Hund, dass es für schlechte Leistung keine Belohnung gibt und „geizen" Sie nun mit der Belohnung. Für Bestleistung gibt es etwas Tolles oder gar einen Jackpot.

Optimierung von Lernkurven

Lernen erfolgt selten in linearer Weise. Wenn man den Hund gut beobachtet, kann man mit der Zeit das Lernen allein über die Übungsintervalle optimieren.

Tipp
Belohnen Sie den Hund nach einem erfolgten „Durchbruch" mit einem Jackpot und beenden Sie dann das Training dieser Übung.
Achten Sie strikt darauf, den alten Fehler zu vermeiden: Versuchen Sie nicht, wenn etwas gut gelungen ist, dieses Ergebnis in einer weiteren Wiederholung zu bestätigen! Aus eigener Erfahrung kann ich sagen, dass dies manchmal ein großes Maß an eigener Beherrschung erfordert – vor allem, wenn man sich selbst freut, dass eine schwierige Übung endlich geglückt ist!

Das Training verläuft dann optimal, wenn es Ihnen gelingt, in einer Trainingssituation ein gutes oder im Idealfall besseres Ergebnis als beim letzten Mal zu erzielen und in dem Moment aufzuhören, wenn das sogenannte **Lernplateau** gerade erreicht ist. Auch wenn Sie nur einen kleinen Fortschritt erreicht haben, kommt es bei der nächsten Trainingssitzung fast immer zu einem **Lernsprung**. Das bedeutet, Sie starten die Übung direkt auf einem etwas höheren Niveau als beim vorangegangenen Training und erreichen beim Üben somit auch ein höheres Ziel. Häufig hat man das Gefühl, dass der Hund noch einmal darüber „nach-

gedacht" hat und plötzlich weiß, wie es geht. Besonders faszinierend ist dies beim Clickertraining oder generell, wenn wenig Hilfen verwendet wurden.

Für ein optimales Training ist es ebenfalls wichtig, dass Sie stets auf eine entspannte Übungsatmosphäre achten. Gönnen Sie Ihrem Hund im Training ausreichend Pausen. Lassen Sie ihn zwischendurch trinken und sich im freien Spiel mit Artgenossen oder mit Ihnen vergnügen.

Üben Sie, so oft Sie wollen. Beschränken Sie sich aber stets auf kurze Übungseinheiten. Es ist effektiver, möglichst oft, aber stets nur kurz mit einem Hund zu arbeiten. Eine längere Konzentrationsfähigkeit ist durchaus zu trainieren, dennoch sind Höchstleistungen – genau wie beim Menschen auch – nicht bei einem Dauereinsatz zu erreichen.

Hinweis
Unter einem **Lernplateau** versteht man einen Stillstand im Lern- und Übungsprozess: Trotz des Übens ist kein Fortschritt mehr festzustellen. Das Lernplateau spielt die Rolle einer schöpferischen Pause, allerdings in einer größeren Dimension. Es bildet die Ausgangsbasis für den Schub in eine höhere Leistungsebene, es kündigt also den Lernsprung an.

Vor dem Start

Auch wenn es unter den Nägeln brennt und Sie am liebsten gleich loslegen möchten, um ein paar neue

Späße mit Ihrem Hund auszuprobieren, zahlt es sich aus, wenn Sie sich den Übungsaufbau zunächst einmal in der Theorie zurechtlegen. Auf diese Weise können Sie sich schon bei einigen möglichen Fehlern selbst ertappen und frustrierende Umwege vermeiden.

Überdenken Sie stets, auf welche Art und Weise Sie dem Hund die Übung vermitteln möchten und ob dies für ihn wirklich der einfachste Weg ist.

- Ist das Trainingsziel genau definiert?
- Besteht die Übung aus Einzelhandlungen?
- Sind Teile der Übung dem Hund schon als „Basis" bekannt?
- Sind die „Basisübungen" unter Befehlskontrolle?
- Welche Methode wollen Sie anwenden?
- Wollen Sie eine Handlungskette aufbauen? Rückwärts oder vorwärts?
- Ist die Übung in genügend Einzelschritte untergliedert?
- Welche Hilfen bzw. Hilfsmittel werden benötigt?
- Können diese leicht abgebaut werden?
- Wie lässt sich der Hund motivieren?
- Wie soll er belohnt werden?
- Was kann als Jackpot dienen?
- Wo wollen Sie üben?
- Wann sollen welche Ablenkungen eingeführt werden?

Wie wär's mit einem Trainingstagebuch für den Hund? Auf diese Weise können Sie den Verlauf des Trainings bis zum Erfolg dokumentieren, und Sie haben so auch für spätere Übungen immer etwas, auf das Sie zurückgreifen können.

Auszug aus Toscas Trainingstagebuch

Titel der Übung: „Drehen"

Definition der Übung
Der Hund soll in der Übung „Drehen" auf Signal sofort und an Ort und Stelle (ggf. auch aus der Bewegung) eine volle Drehung um seine eigene Achse nach links ausführen.

Signale
Sprachsignal: „Drehen"
Sichtzeichen: Fingerzeig mit rechter Hand in Richtung der gewünschten Bewegung.

Wie soll das Ziel erreicht werden? Methode/n? Hilfsmittel?
Technik: Im ersten Schritt Locken mit Futter, nach ca. fünf Wiederholungen nur noch Einsatz des Clickers.
Das Sichtzeichen ergibt sich aus dem Locken im ersten Trainingsschritt. Nach den Lockversuchen kann das Sichtzeichen zunächst beibehalten werden, in der Hand wird dann aber kein Futter mehr gehalten. Richtiges Verhalten soll dann über das Click und die nachfolgende Belohnung bestätigt werden.

Das Sprachsignal soll erst eingeführt werden, wenn das Verhalten in allen Details zuverlässig gezeigt wird.
Hilfsmittel: Erst Futter zum Locken, dann Clicker und Futterbelohnungen.

Trainingsverlauf

Datum	Einzelschritt	Kommentar
10.3.03 **10 Uhr, Garten**	Locken mit Leckerchen, um Linksdrehung zu erreichen; Tosca links in Grundposition stehend 5 x	**guter Start**
14 Uhr, Küche	1 x Locken mit Leckerchen, dann weiter mit Clicker: Handbewegung, aber keine Leckerchen mehr in der Hand; Tosca in seitlicher Position links	**weiterhin gutes Ergebnis**
15 Uhr, Wiese	Locken mit Handbewegung; frontale Position	**Tosca weicht aus; Änderung nötig**
	Locken mit Handbewegung mit Leckerchen in Hand; frontale Position	**besser, aber kein freudiges Arbeiten von Tosca**
	Einsatz von Target-Stick und Clicker, um frontale Drehung zu erreichen	**gutes Gelingen**
11.3.03 **10 Uhr, Garten**	Je 1 x Wiederholung der Übungen von gestern, danach Locken durch Handbewegung ohne Leckerchen in Hand; frontale und seitliche Position	**gutes Gelingen**
	Ab jetzt Abbau von Handbewegung, Einsatz von Clicker bei sauberer Drehung; Position seitlich	**8 von 10 Versuchen gut**
	Abbau von Handbewegung, Einsatz von Clicker bei sauberer Drehung; Position frontal	**4 von 10 Versuchen gut**
15 Uhr, Wiese	Click bei schneller Drehung in seitlicher Position, mit Handbewegung	**8 von 10 Versuchen gut**
	Einsatz von Clicker bei sauberer Drehung, frontal, anfangs 3 x mit deutlicher Handbewegung, dann nur noch kleines Sichtzeichen	**9 von 10 Versuchen gut**
17 Uhr, Büro	Schnelle saubere Drehung seitlich als Ziel, Versuch Handbewegung kleiner zu machen	**6 von 10 Versuchen gut**
	Frontal: Handbewegung doch noch etwas deutlicher	**10 Versuche in Folge gut**
12.3.03 **10 Uhr, Garten**	Wiederholung von gestern: spontan je 3 x Drehung seitlich und frontal mit sehr kleinem Handzeichen! Ab jetzt: Einführung von Sprachsignal	**gutes Gelingen**

Datum	Einzelschritt	Kommentar
15 Uhr, Wiese	Sprachsignal und nur subtiles Sichtzeichen, bei guter Ausführung wird geclickt; Position seitlich	**8 von 10 Versuchen gut**
	Sprachsignal und nur subtiles Sichtzeichen; Position frontal	**7 von 10 Versuchen gut**
16 Uhr, Küche	Versuch von Trainingsreihe: 3 x Kombination Sprache und Zeichen, dann 1 x nur Sprache; frontale Position	**weiterhin gute Ausführung bei Sprachsignal; deshalb Jackpot**
17 Uhr, Büro	Wiederholung: klappt gut, deshalb gleiche Übung links seitlich aus dem Fußlaufen	**8 von 10 Versuchen gut**
14.3.03 10 Uhr, Garten	Einsatz von Target-Stick, um die Drehung auf eine geringe Entfernung zu üben; Signal: Sprache; Position frontal	**klappt spontan sehr gut**
15 Uhr, Wiese	Ohne Target-Stick mit Sichtzeichen und Wortsignal Drehung auf geringe Entfernung versucht; Position frontal	**4 von 10 x gut, 6 x ist Tosca erst näher gekommen und hat sich dann gedreht.**
	Wieder Target-Stick eingesetzt, aber nur noch Bewegung angedeutet, Kommando über Sprache	**10 x in Folge gut geklappt**
17 Uhr, Büro	Sprachkommando und angedeutetes Sichtzeichen für Drehung auf Entfernung; Position frontal	**gut geklappt, Jackpot**
15.3.03 10 Uhr, Garten	Position: linke Grundstellung „Drehen" (nur Sprache)	**spontan gut gelungen**
	Position: links, Fußlaufen: „Drehen" (nur Sprache)	**spontan gut gelungen, Jackpot**
15 Uhr, Wiese	„Drehen" frontal, nur Sprache	**sehr gut**
	„Drehen" seitlich, nur Sprache	**sehr gut**
	„Drehen" aus Bewegung mit Sprache und angedeutetem Sichtzeichen	**gut, aber etwas langsamer als sonst**
17 Uhr, Garten	„Drehen" aus Bewegung, schnelle Ausführung: Click und Jackpot	**Nach 5 Versuchen Jackpot erreicht**

Datum	Einzelschritt	Kommentar
16.3.03 10 Uhr, Garten	„Drehen" aus Bewegung, Wortsignal und unauffälliges Sichtzeichen	gelingt gut, schnelle Ausführung
14 Uhr, Wiese	„Drehen" auf Entfernung, nur Sprache	super, Jackpot
16 Uhr, Büro	„Drehen" aus Bewegung	langsame Ausführung
20 Uhr, Küche	„Drehen" aus Fußlaufen links	für schnelle Ausführung Jackpot (6 von 10 x gut gelungen)
17.3.03 9.30 Uhr, Hundetreff	„Drehen" aus Bewegung auf Sprachkommando	gut, trotz Ablenkung aber etwas langsamer als sonst
16.30 Uhr, Bushaltestelle	„Drehen" frontal auf Sprachkommando	spontan perfekt, Jackpot
	„Drehen" seitlich, nur Sprachkommando	gut
19.45 Uhr, Gehsteig	„Drehen" aus Bewegung, nur Sprachkommando	gut
18.3.03 19 Uhr, Hundegruppe	alle Varianten von „Drehen" geübt, mit und ohne Sichtzeichen, seitlich, frontal, aus Bewegung, auf Entfernung	gute Leistung, ab jetzt variable Belohnung
20.3.03 10 Uhr, Garten	„Drehen" nach 3., 7., 1. und 4. x belohnt	gut
15 Uhr, Wiese	Das „Drehen" ist Toscas Lieblingsübung. Sie tendiert dazu, in anderen Übungen das „Drehen" anzubieten, wenn sie nicht weiterweiß.	kein Feedback für spontanes Zeigen der Übung wegen Aufbau von Signalkontrolle
17 Uhr, Büro	Training von Kombinationen mit „Drehen" als letzte Übung	„Drehen" als Übungsabschluss, weil es Belohnungscharakter hat
4.4.03	„Drehen" klappt inzwischen sehr gut, auch unter stärkerer Ablenkung.	Trainingsziel erreicht. ☺

Trainingsgrundsätze und Regeln

- Das Training soll Hund und Halter gleichermaßen Spaß machen.
- Üben Sie nur, wenn Sie gute Laune haben!
- Benutzen Sie moderne und auf positiver Verstärkung aufbauende Trainingsmethoden.
- Verzichten Sie darauf, bei Ungehorsam Druck auf Ihren Hund auszuüben. „Schlagen" Sie Ihren Hund lieber mit Hundepsychologie, wenn es die Situation erfordert, und überdenken Sie den Trainingsansatz.
- Bewahren Sie Ihre Geduld. Bedenken Sie, dass auch wir Menschen immer wieder einmal Fehler machen. Hunde stehen uns diesbezüglich in nichts nach …
- Achten Sie auf die Konzentrationsfähigkeit Ihres Hundes. Üben Sie lieber oft, aber immer nur kurz, um immer die optimale Konzentration zu nutzen.
- Beenden Sie Übungssequenzen stets mit einem freudigen Abschluss, zum Beispiel mit einem tollen Spiel nach einer gut gelungenen neuen oder einer ganz einfachen alten Übung. Achten Sie hierbei aber auch darauf, dass Sie das Spiel beenden, bevor Ihr Hund Sie stehen lässt.
- Wenn irgendetwas einmal nicht gelingt, sollten Sie das Training mit einer ganz einfachen Übung abschließen. Starten Sie zu einem anderen Zeitpunkt mit einer besseren Belohnung und ggf. sogar an einem anderen Trainingsort neu.

Trainingsatmosphäre

Damit Sie wirklich effizient mit Ihrem Hund arbeiten können, ist ein hohes Maß an Konzentration erforderlich. Das kann trainiert werden.

Als grundsätzliche Trainingsvoraussetzung gilt es, Druck und Überforderung zu vermeiden. Drohelemente sollten Sie umgehen oder, sofern sie in einer bestimmten Übung nicht vermieden werden können, als einen Schlüssel zu persönlichem Erfolg zu vermitteln. Auch andere vermeidbare Stressoren wie beispielsweise Durst sind konsequent auszuschalten.

Als Trainingsdevise sollte pro Übungseinheit gelten: **Weniger ist mehr**.

Überforderung und Missverständnisse führen schnell dazu, dass der Hund Übersprungshandlungen zeigt und irgendein Programm abspult, weil er nicht sicher weiß, was er tun soll. Solch ein Verhalten ist stressgesteuert. Frust auf Seiten des Hundes und des

Halters sind die Folge und stehen einem schnellen Erreichen des Trainingsziels entgegen.

Häufige kurze Übungseinheiten sind langen Sitzungen vorzuziehen. Hören Sie auf, wenn es am besten klappt und machen Sie sich von dem alten „Einmal-geht-noch"-Fehler frei! Beenden Sie auch Übungseinheiten, in denen ein – vielleicht nur kleiner – Durchbruch erzielt werden konnte, mit einem Jackpot und gönnen Sie dem Hund danach ein Spiel oder irgendeinen anderen Spaß. Bedenken Sie, dass die Leistung des Hundes doppelt zählt, denn er muss zwei Dinge bewältigen: Er muss verstehen, was Sie von ihm wollen und es dann umsetzen. Als Mensch hingegen gibt man in der Trainingssituation nur die Anweisung.

1 Konzentrierte Ruhe

Die konzentrierte Ruhe ist eigentlich keine echte Übung, sondern eine Trainingsbedingung, die jedoch formbar ist und deshalb als Übung beschrieben werden soll. Mit ihr steht und fällt ein gutes Gelingen von Gehorsamsübungen, Spaßübungen und Tricks oder Kunststücken.

Um ein hohes Maß an konzentrierter Ruhe für das gemeinsame Arbeiten zu erreichen, müssen Sie dem Hund klar vermitteln, wann gearbeitet wird und wann nicht. Auf diese Weise kann man auch den Hunden den Wind aus den Segeln nehmen, die gerne trainieren, aber gleichzeitig Aufmerksamkeit heischendes Verhalten zeigen, indem sie sich immer und überall anbieten.

Führen Sie ein **Signal für den Übungsstart** ein. Und lösen Sie alle Übungen immer klar mit einem **Freizeitzeichen** auf. Lassen Sie sich darüber hinaus nicht vom Hund um den Finger wickeln und ignorieren Sie konsequent Aufmerksamkeit heischendes Verhalten.

Signal für den Übungsstart: Beginnen Sie sämtliche Trainingseinheiten mit einem speziellen Wort. Sagen Sie beispielsweise in einem freundlichen Tonfall: „Los geht's!". Der Hund muss keine Handlung ausführen, lernt aber schnell, dass das „Los geht's!" die Einleitung ins Training ist. Schon nach kurzer Zeit können Sie den Hund in Arbeitsstimmung versetzen, wenn Sie ihm dieses Signal geben, da er es mit der nachfolgenden Trainingssituation verbindet, die ihm Spaß macht.

Freizeitzeichen: Mit dem Freizeitzeichen wird der Hund ins Spiel oder in eine Pause entlassen. Beenden Sie auch im Alltag alle Übungen mit dem Freizeitzeichen, sonst kann der Hund nicht wissen, wie lange er bei der Stange bleiben muss. Früher oder später würde er sonst auch ohne Freizeitzeichen die Übung selbständig auflösen, was einem guten Gehorsam entgegensteht. Das Freizeitzeichen ist genau wie das Signal für den Übungsstart keine eigene Übung. Wenn der Hund zum Beispiel erst „Sitz" machen sollte und Sie die Übung dann mit dem Freizeitzeichen auflösen, ist es kein Fehler von seiner Seite, wenn er

Durch den konzentrierten Blick auf seine Besitzerin signalisiert dieser Hund seine Aufmerksamkeit.

sitzen bleibt. Er „möchte" dann halt in seiner Freizeit sitzen, sollte nun aber keinerlei Aufmerksamkeit mehr von Ihnen bekommen.

Basisübung: Ein hohes Maß an konzentrierter Ruhe zu erreichen, ist denkbar einfach: Belohnen Sie Ihren Hund dafür, dass er Sie anschaut. In dieser Übung kann der Clicker sehr gut eingesetzt werden, denn dann kann man auch das Anschauen in einiger Entfernung genau im richtigen Moment bestätigen und somit verstärken.

Wenn Ihr Hund schon gut auf Sie konzentriert ist und Sie oft anschaut, können Sie die Belohnung seltener geben bzw. nur noch längere Phasen von Aufmerksamkeit belohnen.

Übungsvarianten

Eine gute Ergänzung für die Basisübung ist folgende Übung: Stellen Sie dem Hund ein Leckerchen oder ein Spielzeug in Aussicht und verleiten Sie ihn damit, jeder Ihrer Bewegungen zu folgen. Für Mensch und Hund gleichermaßen leicht ist dies, wenn Sie zunächst rückwärts loslaufen. Ihr Hund läuft dann auf Sie zu, wenn er konzentriert ist und Ihren Bewegungen folgt. Hierbei haben Sie gut im Blick, was Ihr Hund macht. Sie haben nun die Möglichkeit, jeden Blickkontakt zu belohnen. Sobald der Hund diese Übung gut mitmacht und praktisch die ganze Zeit Blickkontakt hält, können Sie Wendungen, Drehungen oder Stopps einführen. Auch auf den Hund zuzulaufen oder den Hund in die Fuß-Position zu lotsen sind gute Abwandlungen.

Für Fortgeschrittene soll diese Übung noch weiter erschwert werden. Ihr Hund soll nun lernen, auch in Übungen, die ihm besonders viel Spaß bereiten und die ihn in freudige Erregungslage versetzen, konzentrierte Ruhe zu bewahren.

Die Ablenkung durch den Ball macht dem Hund nichts mehr aus, er ist auf Teamwork eingestellt.

Beispiel

Wenn die Lieblingsaufgabe des Hundes die Verloren-Suche von Gegenständen ist und er entweder dazu tendiert zu starten, bevor man ihn schickt oder beim Warten jault, kann man folgendermaßen vorgehen:

Lassen Sie den Hund „Sitz" oder „Platz" und „Bleib" machen. Legen Sie dann einen für den Hund gut sichtbaren Apportgegenstand aus. Gehen Sie nun zu Ihrem Hund zurück und belohnen Sie ihn für jeden Blick, den er Ihnen zuwirft. Setzen Sie seine Lieblingsbelohnung ein! Sie sollten ihn erst dann starten lassen, wenn er völlig zur Ruhe gekommen ist und über die Konzentration fast schon vergessen zu haben scheint, dass er eigentlich apportieren wollte.

sehr kurze Entfernung zum Gegenstand), umso leichter können Sie Ihren den Hund zu konzentrierter Ruhe anhalten. Später sind auch hier noch Steigerungen möglich (z. B. indem Sie den Apportgegenstand nicht auslegen, sondern werfen).

2 Freudige Erwartungshaltung

Ähnlich wie bei der konzentrierten Ruhe handelt es sich auch bei der freudigen Erwartungshaltung nicht um eine Übung im eigentlichen Sinn. Dennoch ist es ein trainierbarer Zustand. Nach Bedarf kann für diesen Zustand sogar ein eigenes Signal, z. B. „Achtung", eingeführt werden.

Setzen Sie das Signal „Achtung" immer dann ein, wenn Ihr Hund gute Laune hat, weil er zum Beispiel ahnt, dass er gleich seine Lieblingsübung machen darf, weil Sie mit ihm spielen oder weil es ihm einfach gut geht. Benutzen Sie „Achtung" darüber hinaus auch in den Momenten, in denen Ihr Hund gut konzentriert ist. Stecken Sie ihm ab und zu, wenn Sie gut erkennen können, dass Ihr Hund in freudiger Stimmung ist, nachdem Sie „Achtung" gesagt haben, ein Leckerchen zu. Das unterstreicht die freudige Haltung noch zusätzlich.

Belohnen Sie ihn in diesem Fall **nicht** für die Apportaufgabe. Überhaupt starten zu dürfen, ist in diesem Fall Belohnung genug! Bedenken Sie, dass die Konzentration in einer solchen Ablenkungssituation für den Hund schwierig ist. Üben Sie deshalb zunächst diese anspruchsvolle Aufgabe nur einmal. Gönnen Sie ihm danach ein bisschen Freizeit oder machen Sie eine andere Übung, die ihm Spaß macht und in der er von sich aus mehr Ruhe hält.

Tipp

Je langweiliger Sie zu Beginn die eigentliche Lieblingsübung gestalten (etwa beim Apportieren über eine

3 Lobwort

 Belohnungen sind für den Hund eine tolle Sache und stellen eine

wichtige Basis für ein erfolgreiches, spaßorientiertes und stressfreies Training dar. Dennoch kann oder möchte man nicht immer mit Futter oder Spielzeug hantieren. Besonders für Situationen im fortgeschrittenen Trainingsstand sollten Sie Ihrem Hund alternativ auch mit einem Lobwort vermitteln können, dass er eine tolle Leistung vollbracht hat.

Hunde mit der Stimme zu loben funktioniert aber nur, wenn man ihnen beigebracht hat, dass das Lobwort eine positive Bedeutung hat. Das Wort alleine hat für sie zunächst keinerlei Bedeutung.

Um einen Hund effektiv mit der Stimme loben zu können, müssen Sie also erreichen, dass das Lobwort beim Hund ein Gefühl von Wohlbefinden auslöst. Das klappt, wenn Sie es genau wie den Clicker (s. Seite 9) mit einer Konditionierungsübung aufbauen.

Anfangs sollten Sie das Lobwort in Kombination mit Lieblingsübungen einsetzen. Sagen Sie es direkt, nachdem Ihr Hund seine Lieblingshandlung ausgeführt hat. Er ist in diesem Moment sowieso gut gelaunt und braucht für diese Übung auch nicht zwingend eine echte Belohnung, da die Lieblingsübung als solche schon Belohnungscharakter hat.

Die zusätzliche Aufmerksamkeit von Ihnen, die er in Form der Ansprache für diese Übung erfährt, wertet die ganze Sache noch mehr auf. Diese positive Stimmung verbindet der Hund nach einigen Wiederholungen mit dem Lobwort, sodass das Wort später selbst Belohnungseffekt hat.

Zusätzlich kann man das Lobwort weiter festigen, indem man es immer wieder in Momenten einsetzt, wenn der Hund von sich aus in einer freudigen Stimmung ist, etwa wenn man nach Hause kommt und er einen begrüßt, wenn man ihm seinen Fressnapf hinstellt oder mit ihm spielt oder schmust – je nachdem, was der Hund besonders liebt. Auf diese Weise ist gewährleistet, dass der Hund mit dem Wort immer Positives assoziiert.

Wenn Ihr Hund das Lobwort schon als Belohnung bewertet, können Sie es im fortgeschrittenen Trainingsstand im Rahmen des unvorhersehbaren Belohungsschemas immer wieder einmal anstelle eines Leckerchens einsetzen.

4 Korrekturwort

Mit einer Korrektur können Sie Ihrem Hund vermitteln, dass er auf dem Holzweg ist, aber bei Umorientierung durchaus Chancen auf Erfolg hat.

Je mehr Sie auf eigenständiges Arbeiten Ihres Hundes setzen, desto seltener werden Sie eine Korrektur benötigen. Beim freien Formen (s. Seite 14) beispielsweise sollten Sie auf Korrekturen ganz verzichten. Bei einem Verhalten, das nicht zum Erfolg führt, korrigiert sich der Hund hier durch das Ausbleiben einer Bestätigung selbst – zum Beispiel durch das vergebliche Warten auf das „Click".

Achten Sie im Training darauf, dem Hund das Lernziel so klar wie möglich und in kleinen Schritten zu vermitteln. Dann werden Sie kaum Korrekturen für den Hund benötigen.

Als goldene Regel sollte gelten: Jeder Fehler, der ignoriert werden kann, soll ignoriert und nicht korrigiert werden! Bei Beherzigung dieser Regel bleibt der Hund stets offen dafür, eigenständig neue Verhaltensweisen nach dem Prinzip „Versuch und Irrtum" auszuprobieren.

Dem Hund das Korrekturwort zu vermitteln ist dennoch ein sinnvoller Schritt in der Hundeerziehung. Unerwünschtes Verhalten kann mit dem Korrekturwort stressfrei unterbrochen werden. Das Korrekturwort dient hierbei nur der Korrektur, niemals als „Strafe"! Der Hund soll hierbei lernen, dass er etwas verändern muss, um den vollen Erfolg zu haben. Sprechen Sie auch das Korrekturwort deshalb immer leise und freundlich aus!

> **Tipp**
> Bei einem Hund, der neu mit dem **Clickertraining** konfrontiert wird, stellt das Korrekturwort oft eine Hürde dar, denn es unterbricht spontan gezeigtes Verhalten. Dies kann einen sensiblen Hund verwirren und daran hindern, andere spontane Handlungen auszuführen. Es ist zwar auch bei diesen Hunden ratsam, das Korrekturwort frühzeitig zu trainieren, aber dennoch zunächst nicht bei Clickerübungen einzusetzen.

Wenn Sie einen sensiblen Hund oder einen Clickeranfänger in einer Übung korrigieren möchten, ist das Ignorieren meist die beste Methode.

Korrekturwort Übung 1

Halten Sie in jeder Hand mehrere Leckerchen und lassen Sie den Hund aus der Hand, an die er mit der Nase drangeht, ein Leckerchen fressen. Wiederholen Sie die Übung mehrere Male hintereinander. Sagen Sie dann in einem beliebigen Moment, wenn der Hund sich wieder ein Leckerchen einfach nehmen will, Ihr Korrekturwort – z. B. „Schade" – und verweigern das Leckerchen in der Hand, an die der Hund gerade dran wollte.

Sollte Ihr Hund auf die Idee kommen, das Leckerchen aus der anderen Hand zu fressen, stellt dies eine Umorientierung des Verhaltens dar und er darf es haben. Obendrein kann er auch noch gelobt werden!

Benutzen Sie das Korrekturwort „Schade" auch bei dieser Übung nur ab und zu und in unregelmäßigen Abständen, einmal bei der rechten, einmal bei der linken Hand. Der Hund soll schließlich weder lernen, dass er aus der Hand nichts nehmen darf, noch diese Übung mit einer speziellen Seite zu verknüpfen.

Mit fortgeschrittenem Trainingsstand können Sie Ihre Hände immer weiter auseinander halten. Der Hund wird sich nach der Korrektur nicht nur der anderen Hand zuwenden, sondern auch ein paar Schritte laufen, um an das Belohnungsleckerchen zu kommen. Er zeigt hierbei also ein echtes Alternativverhalten.

Korrekturwort Übung 2

Legen Sie auf die flache Hand ein Leckerchen und lassen Sie es den Hund

Dieser Hund muss nach der Korrektur (1) nur kurz überlegen (2) und entscheidet sich dann für ein Alternativverhalten (3).

fressen. Wiederholen Sie diese Übung etliche Male. Sagen Sie dann genau in dem Moment, wenn sich der Hund der Hand nähert, „Schade" und schließen Sie die Hand, um sicher zu verhindern, dass der Hund das Leckerchen fressen kann. Stellt Ihr Hund sein Bemühen ein, kann er mit seinem Lobwort, dem Clicker oder direkt mit einem Leckerchen – möglichst aus der anderen Hand – belohnt werden. Dann fährt man fort, ihm wieder eine ganze Weile lang Leckerchen anzubieten, die er haben darf, bis man irgendwann wieder einmal eines durch „Schade" verweigert und so weiter ...

Diese Übung können Sie auch mit einer Hilfsperson trainieren. Ein wichtiger Nebeneffekt bei dieser Übung ist, dass man dem Hund gut vorgaukeln kann, man sei „allwissend". Das bedeutet für den Trainingsaufbau, dass die Hilfsperson dem Hund das Leckerchen immer dann zuverlässig verweigern muss, wenn man „Schade" gesagt hat. Auf diese Weise vermittelt man dem Hund, dass man es stets besser weiß als er und dass er, sobald er „Schade" gehört hat, gleich mit seiner aktuellen Handlung aufhören kann. In den Übungsanfängen sollte der Hund dann für ein beliebiges Alternativverhalten belohnt werden.

Tipp
Im Training kann es Ihnen immer einmal passieren, dass Ihnen selbst irgendetwas misslingt, weil Sie beispielsweise den Moment verpasst haben, den Hund auf den richtigen Weg zu bringen und er deshalb einen Fehler macht oder einfach nicht mehr weiß, was er tun soll. In diesem Fall sollte das Korrekturwort **nicht** zum Einsatz kommen, sondern der Fehler ignoriert werden – schließlich waren Sie selbst schuld!

Obwohl sich ein gut aufgebautes Korrekturwort durchaus bezahlt macht, hat es dennoch im Training von neuen Übungsinhalten einige Nachteile: Zum einen nimmt man dem Hund nicht die Unsicherheit in der Übung, die er nicht oder nicht richtig ausgeführt hat. Trotz Korrektur weiß er ja schließlich noch nicht, wie es richtig geht. Er weiß bestenfalls, was **keinen** Erfolg bringt. Zum anderen ist auch der Einsatz eines Korrekturwortes mit Aufmerksamkeit verbunden, und jede Form der Aufmerksamkeit hat auch immer einen gewissen Belohnungscharakter.

Eine Alternative kann in einigen Fällen sein, dem Hund rechtzeitig eine andere Übung abzuverlangen, die er gut beherrscht. Dann wird zwar die Übung nicht so umgesetzt, wie es geplant war, der Hund handelt aber dennoch im Auftrag und macht dementsprechend keinen Fehler. Gestalten Sie die ursprünglich angestrebte Übung beim nächsten Versuch einfacher, um ein solches Missgeschick auszuschließen.

Gehorsamsschulung

Ein zuverlässiger Gehorsam ist eine wichtige Ausgangsbasis, um sich dem Sport- oder Spaßsektor der Hundeerziehung zu widmen. Denken Sie aber bitte auch bei den Gehorsamsübungen daran, dass das Training Spaß machen sollte! Es gibt keinen Grund, hier die Regeln der Lerntheorie zu missachten oder im Gehorsamstraining Druck aufzubauen, statt die Leistung des Hundes in kleinen Schritten durch positive Bestärkung zu formen.

Ein kleiner Trick für Sie und Ihren Hund besteht darin, die manchmal auf den ersten Blick etwas langweiliger erscheinenden Gehorsamsübungen im Training mit Übungen abzuwechseln, die beiden Partnern – Mensch und Hund – riesigen Spaß bereiten.

Es lohnt sich auch im Grundgehorsam, in einem Trainingstagebuch den Übungsaufbau und die erzielten Fortschritte zu dokumentieren. Sie werden sehen, wie viel Freude und Erleichterung es im Alltag mit sich bringt, wenn ein Trainingsstand erreicht ist, bei dem Sie sich auf Ihren Hund verlassen können!

Zur stetigen Gehorsamsschulung reicht es, im Alltag einfache Varianten der Grundgehorsamsübungen immer wieder einmal zu verlangen, sodass der Hund in Schwung bleibt. Gleichzeitig vermitteln Sie dem Hund durch solche kleinen Aufgaben auch das Gefühl, wirklich in den Alltag eingebunden zu sein.

Im Folgenden werden einige Spielregeln und Übungen vorgestellt, durch die Sie sowohl das Zusammenleben als auch das Training mit dem Hund noch erheblich verfeinern und verbessern können. Wenn Sie Interesse an weiterführender Schulung in puncto Gehorsam haben, bietet es sich an, einen Obedience-Kurs zu belegen.

5 Aufmerksamkeitssignal

Bauen Sie ein Signal auf, das so viel wie „Pass auf!" bedeutet, denn dann können Sie den Hund mit Leichtigkeit wieder auf sich konzentrieren, wenn er einmal unaufmerksam war. Das Training dieses Signals ist denkbar einfach:

Stecken Sie Ihrem Hund ein schmackhaftes Häppchen zu, und zwar während bzw. im Idealfall ca. eine halbe Sekunde, nachdem Sie sein neues Signal ausgesprochen haben. „Schau mal" oder „Pass auf" sind als Kommando gut geeignet. Wiederholen Sie diese Übung immer wieder, bis

Ihr Hund sofort auf das Signal reagiert und hochschaut, weil er das Häppchen haben möchte. Wenn dies gut gelingt, können Sie ihn mit dem Aufmerksamkeitssignal anreizen und ihm dann, aber erst einen kurzen Moment später, das Leckerchen geben. Ziel ist es hier, dass sich der Hund dabei die ganze Zeit auf Sie bzw. sein Häppchen konzentriert.

Nach und nach gilt es, diese Übung unter steigender Ablenkung umzusetzen. Im Alltag können Sie das Aufmerksamkeitssignal auch vor Übungen einsetzen, die dem Hund viel Freude bereiten, denn so lernt er, dass sein persönlicher Spaß auch von seiner bereitwilligen Mitarbeit abhängt.

6 Kontrollkommando

Trainieren Sie mit dem Hund ein Kontrollkommando, um Spannung aufzubauen. Auch diese Übung ist denkbar einfach umzusetzen.

Schritt 1: Werfen Sie ein Leckerchen auf den Boden und halten Sie den Hund ggf. an der Leine so fest, dass er das Leckerchen nicht fressen kann. Lassen Sie den Hund dann mit dem Kontrollkommando (z. B. „Okay") zum Leckerchenfressen los.

Schritt 2: Im zweiten Trainingsschritt wird etwas mehr vom Hund verlangt, denn er soll nun die Erlaubnis, sich das Leckerchen zu holen, erst bekommen, wenn er Sie einmal angeschaut hat und Sie ihn dann mit dem Kontrollkommando losgeschickt haben.

Schritt 3: Bis jetzt hat der Hund gelernt, dass er auf Kommando loslegen darf. Jetzt soll er auch noch lernen, dass er ohne Kommando nicht an das Leckerchen gehen soll. Lassen Sie den Hund nun ohne Leine und werfen Sie wieder ein Leckerchen auf den Boden. Achten Sie aber darauf, dass das Leckerchen so nah bei Ihnen liegt, dass Sie notfalls mit dem Fuß draufsteigen können. Schicken Sie den Hund los, das Leckerchen zu fressen, wenn er sich gut verhält und auf Ihr Kontrollkommando wartet. Sollte er gleich losstürzen wollen, um das Leckerchen zu fressen, müssen Sie schneller sein und das Leckerchen mit Ihrem Fuß sperren. Belohnen Sie ihn in diesem Fall mit einem anderen Leckerchen, wenn er Sie anschaut. Nehmen Sie dann wieder Ihren Fuß von dem Leckerchen auf dem Boden weg und wiederholen Sie die Übung.

Allgemeine Spielregeln

Im Spiel oder in Ernstsituationen nicht ungehemmt die Zähne einzusetzen, also eine gute **Beißhemmung** zu haben, ist ebenfalls etwas, das erst erlernt werden muss.

> **Hinweis**
> Das „Lernzeitfenster", währenddessen die Beißhemmung geübt und erlernt werden kann, ist nur bis etwa zum 5. Lebensmonat offen. Eine gute Beißhemmung bedeutet keinesfalls, dass ein Hund – je nach Situation – nicht beißen

Hier setzt der Hund den zweiten Lernschritt des Kontrollkommandos um. Er weiß bereits, um was es geht.

wird. Hat er eine gute Beißhemmung erlernt, wird er jedoch keine oder zumindest keine schweren Verletzungen dabei verursachen. Ein Hund mit einer schlechten Beißhemmung hingegen wird in derselben Situation massive Verletzungen setzen.

Im Spiel mit anderen Hunden lernen die Welpen und Junghunde schnell, dass nur dann weitergespielt wird, wenn sie dem anderen nicht zu sehr weh tun, denn sonst bekommen sie entweder massiv Paroli geboten oder aber das Spiel wird abgebrochen. Diese Lernerfahrung sollten die jungen Hunde auch mit dem Menschen machen. Beim Üben und Spielen mit einem älteren Hund sollten die folgenden Spielregeln ebenfalls eingehalten werden.

Spielregel 1: Die Anwendung der roten Karte oder auch das Ende des Spiels: Sobald der Hund mit seinen Zähnen spürbar Haut oder Anziehsachen berührt, ist das Spiel zunächst sofort kommentarlos und emotionslos zu Ende! Erst nach ein paar Minuten kann der Hund eine zweite Chance bekommen. Wichtig ist, dass der Hund sehr wohl die Chance zu sozialem Spiel bekommt (hierbei setzen Hunde immer auch die Schnauze ein) und er in Kombination mit Spielregel 2 den Unterschied zwischen seinem braven Spiel und der „roten Karte" lernt.

Spielregel 2: Im Sozialspiel mit dem Menschen gilt grundsätzlich die Regel, dass auch beim Kuscheln das Maul samt der Zähne nur kontrolliert eingesetzt werden darf. Ein sehr vorsichtiges Maulspiel kann toleriert werden, ansonsten wird sofort Spielregel 1, die rote Karte, angewandt.

Hinweis
Verwehrt man dem Hund grundsätzlich das Spiel mit dem Maul, kann er in Bezug auf den Menschen keine gute Beißhemmung lernen.

Für unsere Sportler
Die **gelbe Karte** bekommt der Hund als Verwarnung in Form eines kurzen schrillen Aufschreiens/Quiekens des Spielkumpanen, wenn ein Milchzahn/Zahn spürbar die Haut berührt. Gerne darf hier die Schwalbentechnik in Form eines übertriebenen Schmerzlautes angewandt werden, auch wenn es eigentlich gar nicht weh getan hat!
Beim zweiten Vergehen ist die **rote Karte** fällig! Der Hund wird für ein paar Minuten kommentarlos vom Platz gestellt. In dieser Zeit soll er vollständig ignoriert, also nicht angefasst, nicht angeschaut und nicht angesprochen werden! Bei einigen Hunderabauken lässt sich dieses Time-Out nur umsetzen, indem Sie den Hund räumlich isolieren. Selbstverständlich sollte er in dieser Zeit auch keine Zuwendung von anderen Familienmitgliedern bekommen.

Auch im Spiel mit Objekten gibt es für den Hund einige Regeln zu lernen:
Spielregel 3: An Objekten zergeln darf der Hund nur nach ausdrücklicher

Aufforderung! Gleichzeitig können Sie hierbei ein **Spielkommando** etablieren, das Sie immer sagen, wenn Sie den Hund zum Zergeln animieren. Sobald eine ausreichende Festigung mit dem Kommando erreicht ist, lassen Sie sich auf kein Ziehspiel mehr ein, ohne dass Sie dem Hund vorher das Startsignal, also sein Spielkommando, gesagt haben.

Spielregel 4: Sollte der Hund einmal auf die Idee kommen, ohne Spielkommando nach einem Objekt, das man in der Hand hält, zu schnappen, wird unabhängig davon, ob er einem dabei wehgetan hat oder nicht, Spielregel 1 angewandt und der Hund für ein paar Minuten vom Platz gestellt.

Spielregel 5: Bereitwilliges Abgeben von Objekten (☞ Übung „Aus"). Diese Übung kann durch Tauschgeschäfte erreicht werden. Die Tauschgeschäfte sollen in drei Schritten trainiert werden:

- Dem Hund wird, während er noch in das Spielobjekt beißt, ein lukratives Angebot (Leckerchen oder Lieblingsspielzeug) gemacht. Das heißt, er darf das Tauschobjekt zunächst sehen und sich bewusst für das Tauschobjekt entscheiden. Sobald er das Maul öffnet, um das Tauschobjekt zu fassen, soll das „Aus"-Kommando gesagt werden.
- Im zweiten Schritt soll das Kommando „Aus" immer kurz vor dem Zeigen des Tauschobjektes benutzt werden.
- Erst im dritten Schritt soll der Hund das Tauschobjekt gar nicht mehr gezeigt bekommen, solange er das andere Objekt noch nicht freigegeben hat. Wichtig ist aber, dass die Beloh-

nung, also das Tauschobjekt, zunächst immer von höherer Qualität ist als das, was der Hund abgeben soll!

Spielregel 6: Diese Spielregel ist eigentlich mehr für den Menschen: Lassen Sie sich nicht auf ein Nachlaufspiel mit dem Hund ein, um ihm irgendetwas abzuringen, das er sich geschnappt hat. Tricksen Sie lieber und präsentieren Sie wesentlich interessantere Objekte. Machen Sie sich damit wichtig, um die Neugierde des Hundes zu wecken. Je weniger Interesse Sie an dem Objekt bekunden, das Ihr Hund gerade hat, umso besser wird dieser Trick gelingen.

Spielregel 7: „Ohne Arbeit kein Vergnügen". Futterbelohnungen stehen für alle Hunde hoch im Kurs. Die Begeisterung für Futter hängt aber sehr stark sowohl von der Qualität des Futters als auch von der Zugänglichkeit desselben ab. Ein gewisses Maß an Appetit steigert die Begeisterung, für Futter zu arbeiten, ungeheuerlich. Lassen Sie Ihren Hund für sein Futter arbeiten! Stellen Sie aus verschiedenen Sparten (Gehorsam, Spaßübungen oder Spiele) einen interessanten Übungsplan zusammen.

Spielregel 8: Sollte der Hund bei der Fütterung oder bei der Verteilung eines Belohnungsleckerchens zu gierig sein und nach dem Futter samt Ihrem Finger bzw. der Hand schnappen oder ungestüm mit den Zähnen an Ihrer Hand herumlaborieren, gibt es **nichts!** Halten Sie also das Leckerchen mit extremer Verbissenheit fest, solange der Hund mit den Zähnen seine Belohnung ergattern will! Vermitteln Sie ihm, dass die Futterausgabe von sei-

37

ner „vornehmen" Zurückhaltung abhängt. Verfahren Sie ggf. nach der
Spielregel 1, wenn der Hund Ihnen
weh tut!

Hohe Erregungslagen
In hoher Erregungslage ist die
Kontrolle über den Hund immer
schlecht. Konzentration ist in diesen Momenten nicht möglich.
Auch die Beißhemmung ist niedriger bzw. die Tendenz zu aggressi-
vem Verhalten höher.

Spielregel 9: Achten Sie darauf, dass
der Hund nicht in zu hohe Erregungslage gerät. Brechen Sie Szenen, in denen das Tier so hoch erregt ist, dass
die Kontrolle versagt, konsequent ab.
Sollten sich hierbei Probleme ergeben,
ist es oft sinnvoll, die Hilfe eines modernen und erfahrenen Hundetrainers
oder auf Verhaltenstherapie spezialisierten Tierarztes in Anspruch zu nehmen.

Verfahren Sie im Alltag stets nach
der Spielregel 1, wenn Ihr Hund zu
wild wird. Rufen Sie ihn in dem Fall,
dass er im Spiel mit Artgenossen zu
sehr aufdreht, rechtzeitig aus dem
Spiel heraus und machen Sie mit ihm
eine Ruheübung, die ihm Spaß macht.
Eine mögliche Ruheübung, die fast jeder Hund schätzt, ist das Suchen von
Lieblingsfutterbrocken auf dem Boden. Sie können hier das Kontrollkommando einsetzen. Natürlich sind auch
andere, speziell auf Ihren Hund abgestimmte Übungen möglich.

Spielregel 10: Trainieren Sie die Frustrationsfähigkeit des Hundes in einer
einfachen Übung mit Leckerchen und
erweitern Sie diese Übung, bis sie den

Charakter eines Alltagsgesetzes angenommen hat. Die perfekte Übung, um
dieses Ziel zu erreichen, ist das **Kontrollkommando** (s. Seite 34).

Übertragen Sie diese Übung dann
auf Alltagssituationen, indem Sie dem
Hund immer wieder einmal für einen
kurzen Moment irgendetwas, was er
gerade haben oder tun möchte, ver-
wehren und ihm dann mit dem Kontrollkommando die Freiheit geben, genau das zu tun, was er so dringlich
tun wollte.

Auf diese Weise steigern Sie nicht
nur die Frustrationsfähigkeit des Hundes, sondern stellen sich als souverä-
ner Rudelführer dar, der die Karten in
der Hand hat. Achten Sie auch hier
darauf, dass der Hund sich – anfangs
nur kurz – auf Sie konzentriert, bevor
er loslegen darf.

Die tägliche Trainingsroutine

Überlegen Sie sich vor jedem Spaziergang je eine Grundgehorsams-, eine
Geschicklichkeits- und eine Spaß-
übung sowie ein Spiel. Bei neuen
Übungen ist es sinnvoll, diese in einem Trainingstagebuch zu notieren,
um den Trainingsverlauf zu dokumentieren. Nutzen Sie dann den Spaziergang, um Ihren Trainingsplan umzusetzen, und wechseln Sie diese Übungen miteinander ab. Üben Sie jede der
Übungen aber stets nur sehr kurz und
lassen Sie den Hund dann wieder
spielen, schnüffeln oder laufen. Auf
diese Weise ist er nie überfordert.
Wenn Sie die Ziele nicht zu hoch stecken, werden Sie immer einen kleinen
Erfolg im Training erzielen. Vielleicht

werden Sie sogar erstaunt sein, mit wie wenig „Arbeit" man dem Hund echte Freude an den Übungen und somit ein hohes Maß an Gehorsam vermitteln kann!

Gestalten Sie den Trainingsablauf auch über immer neue Ablenkungen abwechslungsreich. Als Ablenkung bzw. Generalisierungstraining können Sie z.B. die eigene Körperstellung verändern. Beherrscht Ihr Hund die Übung auch, wenn Sie ihn nicht angucken, oder die Arme in die Luft strecken?

Tipp
Setzen Sie sich immer nur zwei oder drei neue Übungen als Ziel und arbeiten Sie an diesen, bis der Hund sie gut beherrscht. Nehmen Sie erst dann wieder eine neue Herausforderung ins Übungsprogramm auf. Es kommt nicht auf die Geschwindigkeit an, mit der Ihr Hund eine Übung lernt. Was zählt ist, dass er sie am Schluss gleichermaßen gut und gerne ausführt.

Die Übungen der Spaßschule

Clickerkünste

Hier finden Sie eine Sammlung von Übungen, die mit dem Clicker umgesetzt werden sollen. Die Übungen sind nach den verschiedenen Möglichkeiten sortiert, die beim Clickertraining Anwendung finden können.

Achtung
Hunde, die bislang nach herkömmlichen Trainingsmethoden ausgebildet wurden, sind mitunter zunächst ziemlich passiv, weil sie schon häufig für spontan gezeigtes Verhalten auskorrigiert oder gar bestraft wurden. Sollte Ihr Hund zu den so genannten „cross-over"-Hunden zählen, brauchen Sie nur etwas Geduld. Sie werden erstaunt sein, wie locker und ideenreich Ihr Hund durch die für ihn neue Trainingsmethode wird. Mischen Sie aber bitte nicht Clickertraining mit Strafmaßnahmen. Das macht Hunde unselbständig und misstrauisch!

Lockerungsübungen für Hunde, die wenig Handlungsangebote zeigen

Legen Sie einige Spielzeuge auf den Boden und verstärken Sie wirklich **jede** Handlung in Richtung dieser Objekte. Clicken Sie z. B. schon einen ersten kurzen Blick an und belohnen Sie Ihren Hund nachfolgend. Vielleicht macht er auch bald einen Schritt auf das Objekt zu, schnüffelt sogar daran oder hebt es vom Boden auf. Wichtig ist: Sie selbst sollen hierbei kein festes Ziel vor Augen haben, was Ihr Hund erreichen soll. Dies ist eine reine Spaß-Übung.

Belohnen Sie den Hund in den Lockerungsübungen häufiger mit einem Jackpot. Am besten immer, wenn er auf eine neue Idee gekommen ist. D.h. wenn er zunächst nur schüchtern oder zufällig in Richtung Spielobjekte geguckt hat und diese Handlung mit Click und Leckerchen verstärkt wurde (ruhig mehrmals, wenn er dieselbe Handlung zeigt), er plötzlich seine Körperhaltung ändert und sein Gewicht in Richtung Spielzeug verlagert, in dem er einen Mini-Schritt macht, hat er sich einen Jackpot verdient. Ihre Freude dürfen Sie dem Hund ruhig deutlich zeigen. Setzen Sie diese Übung später auch mit anderen Objekten, z.B. einem umgedrehten Eimer o.Ä. um.

Es sind auch Lockerungsübungen ohne Objekte möglich. Beobachten Sie hierbei, was für Verhaltensdetails Ihr Hund anbietet. Vielleicht legt er den Kopf schief, wenn Sie ihn ansprechen, oder er wedelt. Setzt er sich hin, schnüffelt er? Oder, oder, oder. Auch hier gilt wieder: Es gibt kein festes Ziel! Ihr Hund soll nur lernen, dass er selbst die Fäden in der Hand hat und „Clicks" und Belohnungen durch Handlungsangebote erreichen kann. Für jedes neue Verhalten hat sich der Hund wiederum einen Jackpot verdient.

> **Tipp**
> Diese Lockerungsübungen können Sie auch mit einem "clickererfahrenen" Hund durchführen. So wird die Kreativität weiter gestärkt. Hilfreich ist es, wenn diese Übungen dann in einem speziellen Kontext umgesetzt werden, z.B. indem Sie mit einem speziellen Kommando eingeleitet und mit Qualitätsleckerchen belohnt werden. Oder wenn man sie zunächst immer auf demselben Untergrund durchführt. Auf diese Weise lernt der Hund ein Kreativitätssignal.

7 Clicker-Konditionierung

Einführungsübung

Passen Sie einen möglichst ablenkungsfreien Moment ab, um den Hund auf den Clicker zu konditionieren. Clicken Sie und geben Sie dem Hund möglichst sofort (!) danach ein Leckerchen. Es darf hier zu Beginn nicht mehr als eine Sekunde Zeitver-zögerung zwischen dem Click und dem Leckerchen liegen. Wiederholen Sie diese Übung 15 bis 20 Mal.

Die erste Clickereinführungsübung ist hiermit schon beendet. Spielen Sie mit Ihrem Hund oder lassen Sie ihn eine Übung machen, die er besonders liebt.

Fortsetzungsübung

Verfahren Sie wie in der Einführungsübung, aber achten Sie darauf, die Leckerchen nicht in der Hand zu halten, sondern deponieren Sie sie zum Beispiel in einer Gürteltasche oder sogar in geringer Entfernung abseits auf einem Tischchen o.Ä.

Clicken Sie, greifen Sie erst dann nach dem Leckerchen und geben es dem Hund innerhalb von ca. einer bis fünf Sekunden. Variieren Sie hierbei die Zeitabstände.

Diese Übung zielt darauf ab, dem Hund von Anfang an klar zu machen, dass er zwar **immer** nach dem „Click" ein Leckerchen bekommt, dass es aber auch einmal ein paar Sekunden dauern kann, bis Sie es herausgekramt haben. Auf diese Weise kann später der wichtigste Vorteil des Clickertrainings genutzt werden: Es muss im Training nur noch im richtigen Moment geclickt werden. Das Leckerchen kann dann mit einer kleinen Zeitverzögerung kommen. Auf ein gutes Timing beim „Click" muss aber geachtet werden. Dies ist leichter umzusetzen als die sonst gängige Belohnungsverknüpfungszeit von ca. einer Sekunde einzuhalten.

Wiederholen Sie diese Übung an verschiedenen Tagen bzw. zu unterschiedlichen Trainingssitzungen, bis der Hund selbständig auf das „Click" reagiert und nach einem Leckerchen späht.

Wenn dies der Fall ist, kann mit dem eigentlichen Clickertraining begonnen werden. Der Hund hat dann das Prinzip „Click = Erfolg mit nachfolgender Belohnung" verstanden.

Hinweis

Wenn der Hund die Verknüpfungsübung verstanden hat, kann der Clicker im Training ganz unauffällig eingesetzt werden. Die Leistung im Training wird über das richtige Timing und die Motivationslage des Hundes gesteuert. Es besteht daher keine Notwendigkeit den Clicker wie eine Fernbedienung auf den Hund zu richten, um den Übungserfolg zu beschleunigen. ☺

8 Target-Konditionierung

Hier soll beispielhaft die Target-Variante „Nase und Stab" beschrieben werden. Analog dazu kann man auch die Pfoten- oder Blick- und jede andere Variante trainieren.

Gut als Nasen-Target geeignet, da in der Länge variabel, sind Teleskopstifte, die man beispielsweise in Schreibwarenläden kaufen kann. Halten Sie den Stab zunächst so, dass nur die Spitze für den Hund zugänglich ist, und lassen Sie Ihren Hund daran schnüffeln. Belohnen Sie ihn, wenn er mit der Nase an die Spitze gestoßen ist. Der Einsatz des Clickers ermöglicht hier ein besonders genaues Timing und führt in aller Regel zum besten

Lernerfolg. Wenn sich der Hund mit dem Antippen schwer tut, kann man die Spitze attraktiver machen, indem man zum Beispiel erst ein Stückchen Käse anfasst und dann die Spitze des Stiftes.

Sobald Ihr Hund diese Übung gut meistert, geben Sie ihm etwas mehr „Angriffsfläche" auf dem Stift. Belohnen bzw. clicken Sie ihn aber nur, wenn er die Spitze antippt. Fehlversuche in der Mitte des Stiftes werden ignoriert.

Üben Sie dies mit verschiedenen Haltungen des Stiftes, sodass die Spitze mal nach unten, mal nach oben zeigt. Lassen Sie den Hund auch ein paar Schritte laufen, um an die Spitze zu gelangen, bis er sich seiner Sache wirklich sicher ist. Variieren Sie auch die Länge des Stiftes oder Stabes, wenn das möglich ist.

Führen Sie, sobald Ihr Hund zuverlässig mit der Nase an die Stabspitze tippt, ein Kommando ein (z. B. „Tippen"). Geben Sie dem Hund das Kommando zunächst immer zeitgleich, wenn er gerade alles richtig macht und belohnen Sie ihn jedes Mal dafür.

Gestalten Sie die Übung dann schwieriger, indem Sie ihn mit dem entsprechenden Kommando anhalten, an die Spitze zu tippen. Das Kommando wird somit zur Aufforderung die erwünschte Handlung zu zeigen. Belohnen Sie den Hund, wenn er Ihren Wünschen Folge leistet.

Zur sicheren Befehlskontrolle ist es zu guter Letzt wichtig, dass Sie spontanes Tippen nicht mehr belohnen. Erfolg gibt es dann also nur noch, wenn auf Kommando hin gehandelt wurde!

Wenn sich die Spitze vom Rest des Target-Objektes unterscheidet, fällt dem Hund das zielgenaue Arbeiten mit der Nase leichter.

Stärkung von Spontan-verhalten

Mit dem Clicker ist es möglich, bestimmte Verhaltensweisen, die Ihr Hund spontan zeigt, zu stärken. Dies gelingt leicht, indem Sie den Hund immer, wenn er diese Handlung zeigt, mit einem „Click" bestätigen und ihn anschließend, wie beim Clickertraining üblich, z. B. mit Futter belohnen. Das ist für Hunde ein großer Spaß, denn man vermittelt ihnen, dass sie eine Menge richtig machen. In den Übungen kann man dann auf den „guten Ideen" des Hundes aufbauen.

Wenn Ihr Hund das gewünschte Verhalten auffallend oft zeigt, um „Clicks" einzuheimsen, können Sie es mit einem Befehl verknüpfen.

Als kleine Regel gilt: Warten Sie mit der Befehlseinführung, bis Ihr Hund spontan zehn Mal in Folge das erwünschte Verhalten angeboten hat. Sagen Sie dann zwecks Signalverknüpfung möglichst zeitgleich oder im Idealfall ganz kurz bevor Ihr Hund das Verhalten zeigen wird das Kommandowort, das Sie sich für diese Übung überlegt haben. Sobald mit Befehl trainiert wird, sollte spontan gezeigtes Verhalten nicht mehr belohnt werden! Auf diese Weise lernt der Hund schnell, dass er nur noch Erfolge erzielen kann, wenn er sich auf das Kommando konzentriert. Sobald Sie die erwünschte Handlung unter Befehlskontrolle gebracht haben, brauchen Sie den Clicker für diese Übung nicht mehr. Wenden Sie sich dann einem neuen Ziel zu.

Tipp
Arbeiten Sie beim Stärken von Spontanverhalten zunächst jeweils nur an einem einzigen Ziel. Das ist für den Hund einfacher.

Das freie Formen (Free Shaping)

Beim freien Formen (engl.: *free* = frei, *shaping* = Formung) werden jeweils kleinste Einzelsequenzen geclickert, die den Hund dem definierten Endziel näher bringen, bis das erwünschte Verhalten bzw. die Übung vollständig beherrscht wird. Wie beim Kinderspiel „Heiß oder Kalt" bringt man den Hund für „heiße" Ansätze mit dem „Click" auf den richtigen Weg – ohne ihn zu locken oder anders zu beeinflussen. Die Übung soll einzig und allein über den Clicker aufgebaut werden.

Die Voraussetzungen für eine Übung mit dem freien Formen sind einfach: viel Geduld und eine Tüte schmackhafter kleiner Leckerchen. Außerdem muss der Hund sicher auf den Clicker konditioniert sein und motiviert sein etwas zu tun.

Wenn man schon kleinste Tendenzen in Richtung des Endziels der Übung mit dem Clicker verstärkt, entstehen auf Hundeseite weder Missverständnisse noch Frust, denn er bekommt immer wieder die Meldung, eine gute Leistung gezeigt zu haben. Kleine und einfache Verhaltensdetails gelingen wirklich praktisch immer! Durch diese häufige Bestätigung im Lernvorgang fühlt sich der Hund im Training immer sicher.

Tipp
Sollte der Hund den richtigen Weg in die Übung nicht finden, liegt das oft an einem zu hohen Trainingsanspruch für die erwartete Reaktion. Schrauben Sie Ihren Anspruch weiter herunter, indem Sie die Übung in noch weitere Einzelschritte zergliedern. Als Faustregel gilt, dass der Anspruch zu hoch ist, wenn Ihr Hund in mehr als der Hälfte der Versuche Verhaltensweisen zeigt, die ihn nicht näher ans Ziel der Übung bringen.

Wichtig ist, dass der Hund keine Scheu davor haben darf, Fehler zu machen. Er muss frei sein, einfach drauf los zu versuchen, was den Erfolg bringen könnte. Hunde, die im Training schon viel Druck erfahren haben und die zu oft für unerwünschtes Verhalten bestraft worden sind, tun sich zumindest anfänglich sehr schwer in dieser Übung. Aber auch ihnen kann man mit einer einfachen Übung wieder mehr Vertrauen in ihre eigenen Fähigkeiten vermitteln und das Vertrauensverhältnis zum Besitzer stärken (s. Seite 40).

Ein paar Regeln für das freie Formen

- Clicken Sie besonders zu Beginn lieber zu oft als zu wenig. Das heißt: Aus einem winzigen Ansatz kann man eine tolle Übung entwickeln, während es oft für den Hund schwer ist, auf Anhieb zu erahnen, was er eigentlich tun soll.
- Wenn Ihr Hund ein Verhalten anbietet, das Ihnen ein „Click" wert ist, bleiben Sie für ein paar Wiederholungen bei diesem „einfachen" Verhalten, damit der Hund sicher weiß, dass er auf dem richtigen Weg ist. Wenn er in 80 Prozent der Fälle (also 8 von 10 Mal) das Verhalten anbietet, können Sie den nächsten Anspruch clicken, indem Sie für das schon in der letzten Übung gezeigte Verhalten nicht mehr clicken und darauf warten, dass der Hund den nächsten, wenn auch winzigen Schritt in Richtung Übungsziel macht.
- Achten Sie beim freien Formen stets darauf, Fehlversuche Ihres Hundes zu ignorieren. Bedenken Sie, dass er nicht wissen kann, was er tun soll. Er muss es, gemäß dem Prinzip „Versuch und Irrtum", selbst herausfinden.

- Beißen Sie sich nie an einer Erwartung fest. Splitten Sie ggf. die Übung in noch mehr einfache Details, die Sie mit dem Clicker verstärken. Sollte Ihr Hund spontan viel Richtiges anbieten, nutzen Sie dies aus und belohnen Sie ihn mit einem Jackpot.
- Setzen Sie im Clickertraining bei Fehlversuchen Ihres Hundes auch das Korrekturwort nicht ein. Lassen Sie den Hund wirklich eigenständig arbeiten. Geben Sie ihm als einzige Hilfe die nötige Anzahl an „Clicks".

Clickertraining mit Hilfen und Hilfsmitteln

In den beiden oben beschriebenen Methoden wurden dem Hund absichtlich keinerlei zusätzliche Hilfen gegeben. Dies ist für viele Übungen besonders wertvoll, denn man braucht später auch keine Hilfen abzubauen.

Man kann den Clicker aber auch als Trainingshilfe für ein besonders genaues Timing einsetzen, wenn man den Hund mit Locktechniken verleitet, ein bestimmtes Verhalten zu zeigen. In diesen „normalen" Übungen sind also zusätzliche Hilfen und auch andere Hilfsmittel erlaubt.

Von Nachteil beim Locken ist, dass sich der Hund an die Situation gewöhnt, dass er gelockt wird bzw. dass er sich an Hilfen oder Hilfsmitteln orientiert. Man muss später zusätzliche Zeit darauf verwenden, die eingesetzten Hilfen wieder abzubauen, damit der Hund die Übung dann ganz eigenständig umsetzen kann. Wenn man einige Regeln befolgt, kann man aber auch durch das Locken ganz hervorragende Leistungen mit dem Hund erarbeiten.

Ein paar Regeln für das Locken als Technik

- Setzen Sie immer die kleinste Hilfe ein, die möglich ist. Beispiel Futter: Locken Sie den Hund nicht mit seinem absoluten Lieblingsfutter, denn oft schmälert das die Konzentrationsfähigkeit. Er läuft dann zwar vielleicht sehr bereitwillig der Belohnung hinterher, merkt aber gar nicht, was er tut. Er wird später zum Beispiel nicht „wissen", dass er über ein Brett gelaufen ist, weil er gar nicht realisiert hat, was er mit den Beinen gemacht hat. Wenn der Hund sehr wild auf das Lockfutter ist, ist sogar das Fehlerrisiko viel höher, als wenn der Hund bewusst mitarbeitet. Beim Einsatz von Spielzeug gilt Ähnliches wie beim Futter. Das Lieblingsspielzeug ist zum Locken oftmals ein zu hoher Reiz für ein sorgfältiges Arbeiten. Bringen Sie Ihrem Hund im Zusammenhang mit Spielzeug lieber die Regel bei, dass er es haben darf, wenn er mitgearbeitet hat. Belohnen Sie ihn ruhig damit, aber setzen Sie es besonders in Übungen, in denen Präzision gefordert ist, nicht zum Locken ein. Anders sieht es in Übungen aus, in denen Schnelligkeit eine Rolle spielt. Hier kann es sein, dass man durch das Locken mit dem Lieblingsspielzeug den Hund erst richtig auf Touren bringt.

- Verzichten Sie möglichst ganz auf körperliche Hilfen, denn oft entstehen hierbei Bedrohungsmomente für den Hund. Achten Sie strikt auf Ihre eigene Körpersprache, wenn Sie doch einmal eine körperliche Hilfe einsetzen. Vermeiden Sie insbesondere bei einem schüchternen Hund Drohgesten wie z. B. das Darüberbeugen.

- Bauen Sie die Hilfen, die Sie eingesetzt haben, möglichst frühzeitig wieder ab. Warten Sie nicht darauf, dass der Hund die Übung erst mit Hilfen toll beherrscht und dann irgendwann ohne. Dazwischen liegen für einen Hund Welten. Günstig ist es, wenn man Hilfen schrittweise abbauen kann. Beginnen Sie mit dem Abbau, sobald der Hund den Ansatz zeigt, die Übung mit der Hilfe zu bewältigen, damit er sich gar nicht erst zu sehr daran gewöhnt.

- Wenn die Hilfen abgebaut werden, ist es normal, dass der Hund eine etwas schlechtere Leistung zeigen wird. Vielleicht macht er auch mehr Fehler. Nehmen Sie darauf Rücksicht und clicken Sie noch kleinere Übungsschritte an, damit Ihr Hund sicher weiß, was er zu tun hat, statt sich zu sehr auf die Hilfen zu verlassen.

- Für Hunde zählt immer die Gesamtsituation. Wenn man ein hohes Leistungsniveau anstrebt, ist es auch wichtig, die Hilfe abzubauen, dass man im Training häufig ein Leckerchentäschchen umgeschnallt hat oder das Spielzeug bei sich trägt. Vermitteln Sie Ihrem Hund dies ruhig in einer gesonderten Übung, indem Sie die Belohnung irgendwo hinlegen, mit ihm ein Stückchen weggehen, dann eine Übung machen und nach dem „Click" zu der Belohnung zurückgehen, um Sie ihm zu geben. Ein Hund, der gut verstanden hat, dass es nach dem „Click" eine Belohnung von Ihnen gibt, hat kein Problem damit, wenn Sie ein paar Sekunden brauchen, um die Belohnung zu holen. Wenn Sie dies gut vermitteln, haben Sie bald einen Hund, der frei von sämtlichen Lockmitteln mit Ihnen jede Aufgabe meistern wird!

Target-Training

Als Target-Training (engl.: *target* = Ziel) bezeichnet man ein Training, bei dem der Hund im ersten Schritt lernt, Bezug zu einem speziellen Ziel herzustellen. Je nachdem, wie später die eigentliche Übung aussehen soll, kann man Nasen-, Vorderpfoten-, Hinterpfoten-, Hüft-, Po-, oder Blick-Targets und andere aufbauen.

Beispiel Nasen-Target: Sie können dem Hund leicht beibringen, die Spitze eines Stabes mit der Nase zu berühren. Diese Target-Übung können Sie dann beispielsweise nutzen, wenn der Hund lernen soll, zielgenau mit

der Nase einen Schalter zu betätigen. Der Target-Stab dient in der Übung als Hilfsmittel, um dem Hund aufzuzeigen, was er mit der Nase machen soll. Wenn der Hund sicher verstanden hat, dass er den Stab mit der Nase berühren soll, können Sie in der eigentlichen Trainingssituation folgendermaßen vorgehen: Sie halten den Target-Stab an den Schalter, den der Hund mit der Nase betätigen soll, und geben ihm das Kommando, den Stab nun mit der Nase anzutippen. Zunächst berührt der Hund den Stab, so wie er es gelernt hat, und betätigt dabei indirekt auch den Schalter. Mit dem Clicker können Sie dem Hund dann in den nächsten Wiederholungen ganz genau vermitteln, was den Erfolg gebracht hat. Als letzten Schliff können Sie den Target-Stab als Hilfsmittel abbauen und die Übung auf ein Signalkommando – z.B. „Licht an" – setzen.

In einer anderen Übung soll der Hund nun aber nichts mit der Nase machen, sondern Sie möchten vielleicht, dass der Hund ein spezielles Ziel mit der Pfote antippt. Dann bauen Sie die Target-Konditionierung beispielsweise mit einer Fliegenklatsche auf, die der Hund mit der Pfote antippen soll. Wenn Sie auch Übungen mit den Hinterpfoten anstreben, sollte hier wiederum ein anderes Zielobjekt (etwa eine gerollte Zeitschrift) genommen werden.

Eine weitere Variante ist, als Hilfsziel ein Objekt auszuwählen, auf das der Hund konzentriert seinen Blick richten soll. Hierzu eignen sich beispielsweise kleine Klebezettel.

Die Target-Konditionierung können Sie mit allen möglichen Körperteilen durchführen. Bei komplizierten Bewegungsabläufen, etwa dem Seitwärtslaufen, können Sie zum Beispiel ein Hüft-Target einsetzen. Der Hund soll hierbei mit der Hüfte beispielsweise eine Reitgerte berühren. Auf diese Weise können Sie ihm mit dem Target-Objekt vorgeben, wohin er sich mit der Hüfte bewegen soll.

Tipp
Wenn man die Target-Konditionierung für verschiedene Übungen nutzen möchte, ist es sinnvoll, jeweils einen anderen Gegenstand (z. B. für die Arbeit mit der Nase einen Stab und für die Arbeit mit der Pfote eine Fliegenklatsche etc.) zu verwenden und für die verschiedenen Handlungen verschiedene Kommandos einzuführen. Dann weiß der Hund genau, was zu tun ist.

Wie Sie eine Target-Konditionierung durchführen, ist auf Seite 42 beschrieben.

Clickertraining kurz gefasst
- Der Hund muss zunächst auf den Clicker **konditioniert** werden (Klassische Konditionierung s. S. 9 und 41).
- Das Training selbst funktioniert nach dem Prinzip **„Versuch und Irrtum"** und folgt somit den Gesetzen der instrumentellen Konditionierung (s. S. 10).
- Mit dem „Click" sollte der Hund **während** der erwünschten Handlung in seinem Tun bestätigt werden, um Fehlverknüpfungen zu vermeiden und ihm zweifelsfrei zu vermitteln, worum es geht.
- Der Clicker sollte **nicht** dafür eingesetzt werden, den Hund aufmerksam zu machen oder ihn zurückzurufen, denn dann verliert er für den Hund die Bedeutung des konditionierten Verstärkers.
- **Erwünschte Verhaltensdetails** werden mit einem „Click" bestätigt. Der Hund bekommt danach seine Belohnung. Auf diese Weise wird dem Hund sein Verhaltensansatz als Erfolg dargestellt.
- Wenn man besondere Begeisterung ausdrücken möchte, wird die Anzahl oder die Qualität der Leckerchen erhöht. Dies ist für den Hund der **„Jackpot"**.
- Der Hund sollte immer wieder einmal den Jackpot knacken können. Das spornt ihn zusätzlich an. Einen Jackpot sollte es geben, wenn ein Durchbruch in einer Übung erreicht worden ist.
- Oft wird der Hund nach dem Click sofort angelaufen kommen, um das Leckerchen o. Ä. abzuholen. Das ist vollkommen in Ordnung. Das „Click" beendet das Verhalten, das bestätigt werden sollte!
- **Unerwünschtes Verhalten** findet keine Beachtung. Das Training ist daher frei von Strafmaßnahmen. Das Ausbleiben eines „Clicks" kann für einen sensiblen Hund, der schon intensiv nach dem Clickertrainingsprinzip trainiert hat, ein hohes Frusterlebnis bedeuten. Deshalb stets die Übung in so viele

winzige Einzelsequenzen teilen, dass der Hund alle paar Sekunden mit „Clicks" bestätigt wird.

- Mehr Leistung kann mit dem Clicker erreicht werden, indem man nach einigen Wiederholungen, wenn der Hund den ersten Schritt schon recht spontan meistert, das „Click" samt Belohnung ein klein wenig hinauszögert.
- Clickertraining ist zunächst nicht befehlsorientiert. Es zielt darauf ab, erwünschte Verhaltensweisen zu formen und zu festigen. Erst wenn der Hund das erwünschte Verhalten zuverlässig zeigt und die Übung in allen Einzelheiten beherrscht, werden die einzelnen Signale oder Kommandos eingefügt. Dies ist ein großer Vorteil im Vergleich zum herkömmlichen Training, denn der Hund verbindet das Signal auf diese Weise immer mit der optimalen Leistung.
- Sobald ein bestimmtes Verhalten unter Befehlskontrolle gebracht wurde, ist der Clicker für diese Übung nicht länger nötig.

Übungsvarianten

Verstärken Sie das Schütteln. Günstig für solch ein Training sind heiße Sommertage, in denen der Hund im Wasser planscht, oder triste Regentage. Denn wenn das Hundefell nass ist, ist die Chance groß, dass er sich schütteln wird.

Bestätigen Sie den Hund für das Kratzen, um einen lustigen Befehl daraus zu erarbeiten. Beobachten Sie Ihren Hund hierzu genau. Das Kratzen ist unter anderem eine Beschwichtigungsgeste und wird immer einmal wieder im sozialen Kontext ganz ohne Juckreiz gezeigt.

Setzen Sie durch das Stärken von Spontanverhalten das Gähnen auf Kommando. Auch das Gähnen wird im sozialen Kontext u. a. als Beschwichtigungsgeste gezeigt.

Stärken Sie die Eigenart, sich zu strecken. Hierzu gibt es zwei Möglichkeiten. Viele Hunde strecken sich nach vorne, wie zur Spielaufforderung. Einige strecken aber auch ihre Hinterläufe nach hinten weg. Fangen Sie mit dem Clicker die Handlung ein, die Ihr Hund zeigt bzw. die Sie gerne unter Kommando hätten.

Stärken Sie ein freudiges Wedeln.

Verstärken Sie andere Beschwichtigungsgesten, zum Beispiel das Sich-über-die-Nase-Lecken oder das Blinzeln.

Diese Liste könnte beliebig fortgesetzt werden. Die oben beschriebenen Dinge sind nicht schwer zu trainieren, denn jeder Hund zeigt sie dann und wann.

Über die Methode, spontan gezeigtes Verhalten zu stärken, können aber auch andere Körperhaltungen unter Kommando gebracht werden.

Trainieren Sie mit Ihrem Hund das Kopfnicken (Übung „Jawohl" oder „Yes"), indem Sie immer dann clicken, wenn Ihr Hund seinen Kopf zufällig ein bisschen nach unten absinken lässt. In den nächsten Trainingsschritten gilt es auszuarbeiten, dass der Hund diese Bewegung wiederholt zeigt.

Trainieren Sie mit dem Hund nach demselben Schema, nach rechts zu schauen.

Trainieren Sie dann, nach links zu schauen.

Fügen Sie die beiden letzten Übungen zu einer neuen zusammen und lassen Sie den Hund den Kopf schütteln. Für diese Übung können Sie dann ein eigenes Kommando, z. B. „Nein", einführen. Falls „Nein" für den Hund die Bedeutung eines Korrekturwortes oder Verbotscharakter hat, kann es hier selbstverständlich nicht als Übungskommando benutzt werden. Weichen Sie dann auf ein anderes Signal aus, beispielsweise „No".

Trainieren Sie die Übung „trauriger Hund", indem Sie clicken, wenn Ihr Hund den Kopf und/oder Schwanz tief hält.

Wenn Ihr Hund Stehohren hat, können Sie die Radar-Ohren-Übung mit dem Hund trainieren, indem Sie ein lustiges Ohrenspiel verstärken.

Auch Drohverhaltensweisen wie etwa das Nasekräuseln oder Zähneblecken können spielerisch mit dem Clicker unter Befehlskontrolle gebracht werden. Für den Start brauchen Sie eine (möglichst unbedrohliche!) Situation, in der Ihr Hund das gewünschte Verhalten zeigt, damit Sie es einfangen können.

Neben körperlichen Gesten können selbstverständlich auch Laute wie das Bellen, Winseln, Knurren, Heulen oder Singen mit dem Clicker gestärkt und letztendlich unter Befehlskontrolle gebracht werden. Auch hier ist anfangs eine Situation nötig, in der eine hohe Chance besteht, dass der Hund das erwünschte Verhalten spontan zeigt, wenn man als Trainingsweg die Methode „Stärkung von Spontanverhalten" einsetzen will.

Stärken Sie braves Verhalten, wenn Ihr Hund beispielsweise beim Anleinen Ruhe bewahrt.

Auch sich am Bordstein eigenständig hinzusetzen, kann über diese Technik gestärkt werden.

Verstärken Sie eine ganz spezielle Eigenart, die Ihr Hund eigenständig entwickelt hat. Mein Hund versteckt zum Beispiel seinen Ball gerne unter der Garderobe. Meine alte Hündin hat in ihrer Jugend Tennisbälle in Pfützen gewaschen. Vielleicht hat Ihr Hund die Angewohnheit, in einer bestimmten Situation lustig zu springen o. Ä. Ich kenne einige langhaarige bzw. bärtige Hunde, die nach dem Fressen oder Trinken ihren Bart abwischen. Es macht nicht nur im Training Spaß, es kann auch praktisch sein, solch ein Verhalten später mit einem Kommando abrufen zu können.

Frei geformte Übungen

Beim freien Formen gibt es keine Grenzen. Das Training ist sehr individuell, da jeder Hund anders an die Sache herangeht. Hier sollen nur einige Beispiele und Ideen vorgestellt werden, welche Aufgaben ein Hund bewältigen kann.

Übungsvarianten

 Formen Sie ein einfaches Verhalten, indem Sie draußen oder

drinnen eine Richtung oder einen Gegenstand definieren, wo Ihr Hund hinschauen soll.

Legen Sie sechs bis acht Spielzeuge auf den Boden. Achten Sie auf ausreichenden Abstand zwischen den einzelnen Dingen. Definieren Sie für sich, welchen Gegenstand Ihr Hund bringen soll. Clicken Sie ihn zum Erfolg! Für einen Hund, der noch nicht apportieren kann, sollte die Übung gesplittet werden. Clickern Sie ihn hier zunächst nur bis zu einem definierten Gegenstand, den er zum Beispiel mit der Nase berührt oder vielleicht sogar aufnimmt. Versuchen Sie später in einer anderen Übung, den Apport mit dem freien Formen zu erarbeiten, was schon wesentlich schwieriger ist.

Vermitteln Sie Ihrem Hund, dass er zu einer von Ihnen definierten Stelle – etwa einem Handtuch auf dem Boden – laufen soll. Lassen Sie ihn zur Steigerung der Schwierigkeit dort beispielsweise „Sitz" machen.

Bringen Sie Ihren Hund dazu, auf drei Beinen zu stehen oder im Sitzen eine Pfote zu heben. Hierzu müssen Sie den Hund ganz genau beobachten und jede kleinste Pfotenbewegung anclicken. Legen Sie vorher fest, welche Pfote es sein soll, denn wenn Sie sich in dieser Übung plötzlich anders entscheiden, kann der Hund verwirrt reagieren.

Clicken Sie Ihren Hund in die Position „Peng" (der Hund soll hier flach auf einer Seite liegen)!

„Formen" Sie den Hund durch eine angelehnte Tür hindurch, die er mit der Nase aufstupsen soll.

Legen Sie dem Hund einen großen Ball hin und lassen Sie ihn damit Fußball oder Nasenball spielen. Definieren Sie vorher, welche Handlung Sie formen wollen.

Stellen Sie eine unten offene Hürde auf. Lassen Sie Ihren Hund dann von vorne drüberspringen und drunterher zurückkriechen. Vermitteln Sie ihm diese Übung ohne zusätzliche Hilfe nur über das freie Formen.

Legen Sie drei Gegenstände aus und lassen Sie sie nacheinander von Ihrem Hund zu Ihnen heranbringen. Setzen Sie auch hier nur den Clicker ein, um Ihrem Hund zu vermitteln, was Sie von ihm möchten.

Legen Sie eine Decke aus und vermitteln Sie dem Hund über das freie Formen, dass er sie an einen anderen Platz legen soll.

Wandeln Sie diese Übung zusätzlich ab und verlangen Sie als weitere Schwierigkeit, dass Ihr Hund dann auf der schon transportierten Decke noch eine „Sitz"- oder „Platz"-Übung machen soll.

Legen Sie einen Gegenstand aus und stellen Sie einen Eimer hin. Versuchen Sie dem Hund mittels Free Shaping zu vermitteln, dass er den Gegenstand in den Eimer legen soll.

Stellen Sie dem Hund ein Skateboard hin. Bringen Sie ihn über das freie Formen dazu, sich auf das Skateboard zu stellen. Diese Übung ist natürlich von der Größe Ihres Hundes abhängig. Große Hunde werden nur mit Mühe alle vier Füße auf dem Board platziert bekommen (siehe auch Seite 113).

51

Dieser Hund hat im freien Formen das „Aufräumen" gelernt.

Lassen Sie Ihren Hund auf drei Beinen ein paar Schritte humpelnd laufen, indem Sie das Verhalten frei formen. Hilfreich ist es, wenn er die Übung „Stehen auf drei Beinen" schon kennt und das Verhalten häufig spontan anbietet.

Versuchen Sie, Ihren Hund einen Ball aus einem nach oben geöffneten Pappkarton bringen zu lassen. Bestätigen Sie ihn nur mit den Clicks, dass er auf dem richtigen Weg ist.

Stellen Sie einen kippsicheren Stuhl auf. Formen Sie die Handlungen Ihres Hundes soweit, dass er auf den Stuhl springt und dort „Sitz" macht.

Stellen Sie eine mit Wasser gefüllte Schüssel auf. Nutzen Sie das freie Formen, um zu erreichen, dass Ihr Hund eine Vorderpfote in die Schüssel stellt.

Auch im Hundesport kann das freie Formen genutzt werden. Bringen Sie Ihrem Hund bei, eine Flyballbox zu betätigen. Gewöhnen Sie einen schüchternen Hund vorher an das Umschlaggeräusch des Brettes.

Target-Training-Übungen

Übungsvarianten

Nasen-Target

Lassen Sie den Hund eine Drehung um sich selbst vollführen, indem Sie ihm mit dem Nasen-Target die Richtung vorgeben.

Lassen Sie den Hund einen Diener machen, indem sie den Target-Stick tief auf den Boden halten.

Bringen Sie Ihrem Hund bei, mit der Nase einen Schalter an- und auszumachen, wie es auf S. 47 in dem Beispiel beschrieben ist.

Lassen Sie Ihren Hund Nasenball spielen. Er soll hierbei einen Ball oder etwas Ähnliches mit der Nase anstoßen. Halten Sie hierzu anfangs den Target-Stick so nah an den

Auch die Hand kann als Target-Objekt (hier für die Pfote) genutzt werden (vgl. Übung 21 High Five).

Ball, dass Ihr Hund diesen mit der Nase berührt. Wenn der Ball auf dem Boden liegt, ist die Übung noch relativ einfach. Mit einem Luftballon kann der Hund aber auch Nasenball aus der Luft spielen. Dies erfordert sowohl auf Seiten des Hundes als auch auf Seiten des Trainers ein gutes Timing und ein hohes Maß an Konzentration.

Wandeln Sie das Nasenballspiel ab, indem Sie dem Hund statt eines Balles einen großen Schaumgummi-Würfel als Objekt bieten.

Pfoten-Target

Bringen Sie dem Hund die Übung „High five" über die Target-Methode bei. In dieser Übung können Sie als Zielobjekt auch gleich Ihre Hand einsetzen. Sie sparen sich dann den Umweg über ein anderes Zielobjekt (z. B. eine Fliegenklatsche).

Bringen Sie dem Hund das Winken mithilfe eines beliebigen Pfoten-Targets bei. Hierzu müssen Sie das Zielobjekt so halten, dass Ihr Hund es mit erhobener Pfote gut erreichen kann. Verlangen Sie diese Übung dann mehrmals hintereinander, damit es aussieht, als ob der Hund mit der Pfote winkt.

Üben Sie das Schließen von Türen oder Schubfächern mit einem Pfoten-Target.

Lassen Sie Ihren Hund nun mit der Pfote einen geeigneten Schalter an- und ausmachen.

Hüft-Target

Bringen Sie dem Hund das Seitwärtsgehen nach rechts mit einem Hüft-Zielobjekt bei.

Bringen Sie Ihrem Hund nun mit der anderen Hüfte die Target-Übung bei und üben Sie das Seitwärtsgehen nun nach links. Setzen Sie auch hier für beide Richtungen unterschiedliche Kommandos ein.

Üben Sie das Rückwärtsumrunden mit einem Hüft-Target.

Lassen Sie den Hund rückwärts Slalomlaufen. Bauen Sie diese Übung über ein mit der Hüfte angesteuertes Zielobjekt auf.

Blick-Target

Lassen Sie den Hund in der Grundposition auf ein seitlich angebrachtes Zielobjekt (beispielsweise ein Klebezettelchen) an Ihrem Körper schauen. Achten Sie darauf, dass Sie das Zielobjekt auf einer Höhe an sich befestigen, die der Größe Ihres Hundes angemessen ist.

Üben Sie das Schauen nach rechts und links (vgl. Aufbau Übung „No", Seite 50) nun mit Hilfe eines Blick-Targets.

Feilen Sie an der Formvollendung der „Fuß"-Übung, indem Sie den Hund während des Fußlaufens auf ein Zielobjekt an Ihrem Körper schauen lassen. Achten Sie auch hier darauf, dass das Zielobjekt so an Ihnen befestigt ist, dass der Hund problemlos und aus der optimalen „Fuß-Position" den Blick auf das Objekt richten kann.

Beinarbeit

Neben der „klassischen" „Fuß"-Übung, die dem Grundgehorsam zugerechnet werden kann, gibt es noch die verschiedensten anderen Möglichkeiten, sich mit dem Hund teils auch auf ganz unkonventionelle Art und Weise fortzubewegen. Mit unterschiedlichen Positionen, Drehungen, vorwärts und rückwärts Laufen kann man Pepp in die Sache bringen und den Hund vor neue Anforderungen stellen.

Einige der hier vorgestellten Übungen finden im Hundesport in den Sparten Agility und Dog Dancing bzw. Heelwork to Music Anwendung.

9 Grundposition

Das Laufen „Bei „Fuß" ist eine recht anspruchsvolle Übung. Um alle Anforderungen dieser Übung unter einen Hut zu bringen, sollte die Übung schrittweise aufgebaut werden. Ein guter Start ist, mit der **Grundposition** zu beginnen. In der Grundposition soll der Hund links eng am Bein des Besitzers sitzen. Die Ausrichtung soll parallel zum Hundeführer sein. Ein schönes Detail ist es, wenn der Hund auch in dieser Position aufmerksam zum Besitzer hochschaut.

Der Hund hat zwei Möglichkeiten, diese Position einzunehmen. Er kann hinten um die Beine des Hundeführers herumlaufen und sich dann neben ihn setzen oder „rückwärts einparken".

Stilrichtung 1: Locken Sie Ihren Hund mit einem Leckerchen, wenn er links die Grundposition einnehmen soll, an Ihrer **rechten** Seite entlang nach hinten und hinter Ihrem Rücken weiter bis zur linken Seite. Ziehen Sie nun relativ eng am eigenen Bein das Leckerchen hoch. Durch diese Bewegung, ggf. auch durch das „Sitz"-Kommando unterstützt, erreichen Sie leicht, dass der Hund sich setzt. Geben Sie ihm dann das Leckerchen zur Belohnung. Lösen Sie die Übung noch nicht auf, sondern warten Sie, bis Ihr Hund Sie anschaut. Belohnen Sie diesen Blickkontakt mit einem weiteren Leckerchen und lösen Sie nun die Übung auf.

Stilrichtung 2: Das „rückwärts Einparken" kann man dem Hund ebenfalls leicht vermitteln, wenn man ihn zunächst mit einem Leckerchen lockt. Nehmen Sie ein Leckerchen in Ihre linke Hand. Lassen Sie ihn von vorne auf sich zu laufen, zeigen Sie ihm das Leckerchen und ziehen Sie dann die linke Hand in einer ausholenden Armbewegung weit nach hinten. Wenn der Hund der Hand folgend an Ihrer Seite vorbei gelaufen ist, ziehen Sie die Hand eng an Ihrem Bein wieder nach vorne und dann außen an Ihrem linken Bein nach oben, damit der Hund

sich setzt. Belohnen Sie ihn dann mit dem Lockleckerchen. Lösen Sie auch hier die Übung erst auf, wenn Ihr Hund Sie anschaut. Belohnen Sie diesen Blickkontakt.

Ein wichtiges Detail der Grundposition ist, dass Ihr Hund möglichst eng und parallel neben Ihnen sitzt.

Üben Sie das Einfinden in der Grundposition zunächst ohne Kommando, bis Ihr Hund alle Details gut beherrscht und sich seiner Sache sicher ist. Führen Sie dann ein Kommando ein (z. B. „Hier Ran"). Bauen Sie zeitgleich das Lockleckerchen ab, indem Sie dem Hund dann nicht mehr das Lockleckerchen, sondern eine andere Belohnung geben. Lassen Sie dann irgendwann das Lockleckerchen ganz weg.

Übungsvarianten

Weisen Sie Ihren Hund an, in der Grundposition auch „Steh" oder „Platz" zu machen und dabei trotzdem die parallele Ausrichtung zu Ihnen beizubehalten.

Bringen Sie Ihrem Hund die gleiche Übung rechts bei. Verwenden Sie hierfür ein anderes Kommando (z. B. „Seite").

Üben Sie das Einfinden in der Grundposition aus jeder Lebenslage. Rufen Sie den Hund hierzu heran und signalisieren Sie ihm, wenn er dicht bei Ihnen ist, dass er sich in die Grundposition begeben soll.

10 „Fuß"

Im Hundesport soll der Hund unter dem Kommando „Fuß" links am Bein seines Besitzers mit ihm parallel laufen. Schulter oder Kopf des Hundes sollen hierbei möglichst eng am Bein des Besitzers sein. Der Hund soll allen Bewegungen und Richtungsänderungen des Hundeführers folgen und dabei die ganze Zeit konzentriert den Blick auf den Besitzer richten.

Aus der Grundposition kann der Hund das Fußlaufen sehr gut lernen. Starten Sie in einem Moment, in dem Ihr Hund Blickkontakt zu Ihnen hält. Geben Sie das Kommando „Fuß" und laufen Sie als Hilfe für Ihren Hund mit dem linken Bein zuerst los.

Halten Sie einem Hund, der in dieser Übung noch ein Trainingsanfänger ist, eine in Aussicht gestellte Belohnung (Leckerchen oder Spielzeug) direkt vor die Nase und ziehen Sie diese, wenn er voll darauf konzentriert ist, während des Laufens kurz eng an Ihrem Körper hoch. Sagen Sie, wenn der Hund konzentriert zu Ihnen bzw. auf die Belohnung fixiert hochschaut,

noch einmal das Kommando „Fuß". Clicken oder belohnen Sie ihn möglichst noch während des Hochschauens. Wiederholen Sie diese Übung in mehreren kurzen Trainingseinheiten und beenden Sie sie dann zum Beispiel mit einem fröhlichen gemeinsamen Spiel.

Erschweren Sie die Übung, sobald dies gut klappt, indem Sie den Hund nach und nach immer ein wenig länger hochschauen lassen. Es zahlt sich aus, wenn Sie ihn in dieser ersten Trainingsphase immer schon nach ein paar Schritten, die er gut gelaufen ist, neu starten lassen. Hunde erlangen stets schneller eine gute Leistung, wenn sie beim Lernen möglichst nie einen Fehler machen. Mit kleinen Wegstrecken minimiert man das Risiko eines Schnitzers. Bei langen Wegstrecken hingegen sind Fehler aufgrund nachlassender Konzentration vorprogrammiert.

Gestalten Sie die Übung nicht zu monoton – laufen Sie mal schnell, mal langsam, laufen Sie Kreise, Bögen und Kurven. Bauen Sie so etwas Spannung durch Abwechslung auf.

Steigern Sie den Schwierigkeitsgrad in kleinen Schritten, indem Sie längere Strecken laufen und Strecken mit mehr Ablenkung wählen, beispielsweise an anderen Menschen oder Hunden vorbei.

Benutzen Sie das Kommando „Fuß" in den ersten Trainingsmonaten immer nur in dem Moment, wenn alles perfekt klappt! Erst wenn der Hund die Übung sicher beherrscht, können Sie ihn über das Kommando an seine Übung erinnern, falls er einmal schludern sollte.

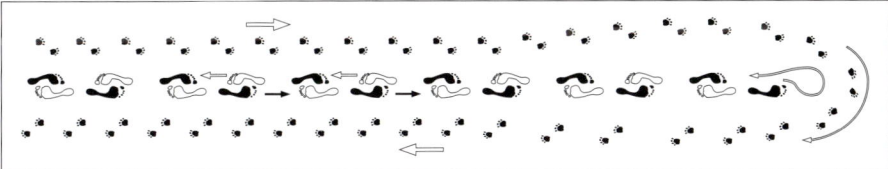

Bei der Wendung um 180° muss der Hund um seinen Herrn herumgehen, damit er immer an der linken Seite bei Fuß bleibt.

Tipp für Clickerer
Um das konzentrierte Hochschauen in der Fußübung zu schulen, kann man sich eines Blick-Zielobjektes (vgl. S. 54) bedienen.

Die 180-Grad-Wendung: Bei dieser Wendung drehen Sie sich nach links, während der Hund außen an Ihnen vorbei nach rechts um Sie herum geht. Lassen Sie Ihren Hund im Übungsaufbau zunächst links „Fuß" laufen. Zeigen Sie ihm ein Leckerchen, das Sie in der rechten Hand halten. Beschreiben Sie dann mit dieser Hand einen Bogen nach rechts, dem der Hund folgen soll. Sie selbst drehen sich derweil um 180 Grad nach links um die eigene Achse. Sie halten nun Ihren rechten Arm hinter dem Rücken. Wechseln Sie, sobald Sie sich selbst gedreht haben, die rechte Hand mit einer zügigen Bewegung vor Ihrem Körper wieder nach links zum Hund hin, um ihn dort zu belohnen und in dieser Position zu halten. Sie und Ihr Hund schauen nun in die Richtung, aus der Sie gekommen waren.

Übungsvarianten

Laufen Sie mit Ihrem Hund bei „Fuß" in einer losen Folge weite Bögen, 90-Grad-Winkel und enge Wendungen nach rechts und links.

Laufen Sie in der „Fuß"-Übung einmal sehr langsam, dann normal schnell und das nächste Mal im Laufschritt.

Halten Sie aus dem „Fuß"-Laufen mit Ihrem Hund unter dem Kommando „Steh", „Sitz" oder „Platz" an.

Eine nette Abwechslung ist, beim Fußlaufen Figuren wie Kreise, Vierecke, Achten etc. auf dem Boden zu beschreiben. Hierbei muss man sich nämlich auch auf die Laufstrecke und nicht nur auf den Hund konzentrieren.

Lassen Sie Ihren Hund die 180-Grad-Wendung machen.

Trainieren Sie „Sitz", „Platz" und „Steh" aus dem Fußlaufen, während Sie selbst weiterlaufen.

Lassen Sie Ihren Hund in der Übung „Fuß" einen Gegenstand tragen.

Kombinieren Sie die Übung „Fuß" mit der Übung 35: „Drehen" (s. Seite 90).

Trainieren Sie mit Ihrem Hund das Fußlaufen auf der rechten

Seite. Benutzen Sie hierfür ein neues Kommando (z. B. „Rechts").

🦴 Üben Sie die 180-Grad-Wendung aus dem rechtsseitigen Fußlaufen. Sie und Ihr Hund müssen nun seitenverkehrt wenden.

🦴 Lassen Sie Ihren Hund „Fuß" laufen, während Sie selbst rückwärts gehen. Der Hund muss in dieser Übung logischerweise selbst nun auch rückwärts gehen. Besonders leicht fällt das vielen Hunden, wenn Sie vorher schon das Kommando „Zurück" (s. Seite 71) gelernt haben. In dieser Übung ist es sehr wichtig, dass der Hund schön parallel bleibt. Ihn mit dem Clicker in kleinen Schritten an diese Herausforderung heranzuführen ist eine gute Trainingsmöglichkeit. Auch ein Hüft-Target kann eine gute Hilfe sein, wenn der Hund mit dem Po ins Schlängeln gerät.

🦴 Die „Nimmersatten" können das Rückwärtslaufen als zusätzliche Variante natürlich auch noch aus der Übung „Rechts" abwandeln.

11 „Spiegel"

Der Hund soll in dieser Übung in frontaler Ausrichtung zu Ihnen stehen und mit seiner Schnauze oder seitlich mit dem Kopf außen das Bein seines Besitzers berühren. Diese Position soll er auch beim Laufen halten.

Platzieren Sie Ihren Hund mit „Steh" frontal vor sich. Locken Sie ihn dann mit einer Belohnung wahlweise

Durch Wechsel in der Laufgeschwindigkeit kann Schwung in die Fuß-Übung gebracht werden.

rechts oder links außen an Ihr Bein. Drücken Sie die Schnauze oder den Kopf sanft an Ihr Bein, sagen Sie jetzt das Kommando (z. B. „Spiegel") und belohnen Sie ihn, während er noch Kontakt hält oder Sie diesen Kontakt noch unterstützen. Die Position dieser Übung wird durch die Körpergröße des Hundes bestimmt. Ein großer Hund schmiegt sich mit seiner Schnauze an der Hüfte oder am Oberschenkel an, wohingegen ein kleiner Hund nur die Fußknöchel oder die Wade erreichen kann.

Wiederholen Sie diese Übung über den Tag verteilt in vielen kurzen Übungseinheiten, bis Ihr Hund beginnt in dieser Übung eigenständig den Kontakt herzustellen.

Bauen Sie dann schrittweise die Hilfestellung ab und belohnen Sie dann dieses Verhalten nur noch, wenn der Hund die Übung auf Kommando hin ausgeführt hat.

Tipp
Diese Übung kann alternativ über das freie Formen ohne körperliche Hilfen oder auch mit einem Kopf-Target aufgebaut werden (vgl. Seite 44 ff). Als Target kann man hier gut ein Taschentuch einsetzen, das der Hund seitlich mit dem Kopf oder der Schnauze berühren soll.

Achtung
Bei kleinen Hunden oder schüchternen Tieren ist der Einsatz eines Targets zum Übungsaufbau besonders zu empfehlen, da auf diese Weise keine körpersprachlichen Bedrohungselemente auftreten.

Wenn der Hund die „Spiegel"-Position auf Kommando sofort einnimmt, können Sie zum Laufen übergehen. Bewegen Sie sich zunächst langsam einen kleinen Schritt zurück. Bemüht sich Ihr Hund, den Kontakt an Ihrem Bein nicht zu verlieren, hat er sich eine tolle Belohnung verdient.

Übungsvarianten

Dehnen Sie langsam die Wegstrecke aus, die der Hund in der Position „Spiegel" mit Ihnen laufen soll. Für den Hund ist es einfacher, wenn Sie selbst rückwärts laufen, denn dann kann er vorwärts folgen und sieht, wo er hinläuft.

Fügen Sie beim Laufen nun zusätzlich Wendungen ein. Auch hier machen Sie es dem Hund zunächst leicht, wenn Sie selbst dabei rückwärts laufen. Belohnen Sie den Hund immer, wenn er sich nach einer Wendung wieder frontal zu Ihnen ausgerichtet hat.

Trainieren Sie mit dem Hund dieselbe Übung am anderen Bein, also mit der anderen Schnauzenseite. Führen Sie hierzu ein eigenständiges Kommando ein (z. B. „Kontakt").

Kombinieren Sie diese Übungen mit dem Kommando für das Rückwärtslaufen („Spiegel" oder „Kontakt" und „Zurück") und laufen Sie auf den Hund zu. Beim Rückwärtslaufen die Schnauze an Ihrem Bein zu lassen ist sehr anspruchsvoll und erfordert von Ihnen und Ihrem Hund ein gutes Zusammenspiel in puncto Rhythmus und Geschwindigkeit.

Lassen Sie Ihren Hund wahlweise in der Position „Spiegel" oder „Kontakt" rückwärts mit Ihnen zusammen durch einen Hürdenparcours laufen. Achten Sie darauf, Ihren Hund gut zu lenken, dass er an keiner Hürde anstößt.

12 „Schleife"

In dieser Übung soll der Hund Achter-Runden um die Beine des Besitzers laufen. Besonders schön sieht diese Übung aus, wenn die Wendungen um die Beine möglichst eng gelaufen werden.

Stellen Sie sich mit gegrätschten Beinen auf und lassen Sie Ihren Hund aus der linken Grundposition starten. Locken Sie ihn mit einem Leckerchen oder Spielzeug von vorne nach hinten durch Ihre Beine hindurch und von hinten rechts herum um das rechte Bein, sodass er rechts in der Grundposition ist. Jetzt locken Sie ihn wieder von vorne nach hinten durch Ihre Beine auf die linke Seite zurück in die Grundposition, wo er seine Belohnung bekommt.

Führen Sie ein Kommando ein (z. B. „Schleife"), sobald Ihr Hund dem Lockleckerchen bereitwillig folgt, und bauen Sie dann langsam die Hilfen ab, indem Sie ihm die Bewegung nicht mehr so deutlich mit den Händen bzw. der in Aussicht gestellten Belohnung vorgeben.

Tipp
Belohnen Sie den Hund stets nur außen am Bein. Denn so lernt er,

dass er zumindest eine halbe Acht laufen muss und bleibt in dieser Übung nie mittig zwischen Ihren Beinen stehen.

Wenn Ihr Hund eine sichere Verknüpfung mit dem Befehl hergestellt hat, können Sie ihn auch mehrere Achter-Runden hintereinander laufen lassen, indem Sie ihm noch im Bewegungsfluss der ersten Achter-Runde erneut das Kommando geben.

Übungsvarianten

Lassen Sie Ihren Hund nur eine halbe Achter-Runde laufen, indem Sie ihn mit dem Kommando „Seite" nach einer halben Runde stoppen und ihn in der rechten Grundposition belohnen. Diese Übung kann man beim Fußlaufen als eleganten Seitenwechsel einbauen.

Lassen Sie den Hund abseits von Ihnen Achter-Runden um zwei nahe beieinander stehende Gegenstände laufen. Da der Hund die Übung hier auf eine völlig andere Situation übertragen muss, ist anfangs in aller Regel ein wenig Hilfestellung nötig.

Nehmen Sie einen Gehstock oder Regenschirm zu Hilfe und lassen Sie den Hund zwischen Ihren Beinen und dem Schirm Achter-Runden laufen, indem Sie den Stock auf dem Boden aufgestellt halten. Der Hund muss hier eine Wendung mehr bewältigen.

Hier sind schon keine Hilfen mehr nötig.

13 Beineslalom

Aus der vorherigen Übung kann man sehr leicht den Beineslalom ableiten.

Lassen Sie Ihren Hund wieder aus der linken Grundposition starten. Stellen Sie sich diesmal aber nicht mit seitlich gegrätschten Beinen auf, sondern machen Sie mit dem rechten Bein einen Schritt nach vorne und bleiben Sie zunächst so stehen.

Starten Sie Ihren Hund mit dem Kommando „Schleife" und machen Sie selbst einen weiteren Schritt nach vorne, sobald Ihr Hund durch Ihre Beine durch an Ihre rechte Seite gelaufen

ist. Achten Sie darauf die Beinbewegung nicht zu schnell zu machen.

Sie können Ihrem Hund, wenn er durch diese neue Übung etwas verwirrt ist, auch eine Hilfe mit den Händen geben, indem Sie ihm den Weg beschreiben, so wie im Übungsaufbau bei der Übung „Schleife". Bauen Sie dann aber die Hilfen schnellstmöglich ab.

Um ein eigenständiges Kommando, zum Beispiel „Slalom", für diese Übung einzuführen, können Sie die Verknüpfungszeit nutzen, während Ihr Hund die Übung gerade macht. Wiederholen Sie dies etliche Male und lassen Sie ihn, wenn er eine gute Verbindung zu dem neuen Kommando hergestellt hat, direkt mit dem neuen Kommando starten.

Übungsvarianten

Beschreiben Sie – langsam laufend – Figuren, zum Beispiel zunächst einen Kreis, und lassen Sie Ihren Hund dabei „Slalom" laufen. Achtung, Sie müssen selbst ein wenig aufpassen, um nicht über Ihren fleißigen Hund zu stolpern!

Eine Abwandlung dieser Übung ist das Slalomlaufen durch die Beine, während man selbst rückwärts geht. Der Hund muss hierbei, anders als sonst, von außen in den Slalom einfädeln, sonst sieht die Übung ungelenk aus, weil ein lockerer Bewegungsfluss nicht möglich ist.

Beim Beineslalom kann der Einsatz der Hände zu Beginn eine Orientierungshilfe sein.

Wenn der Hund die Übung „Schleife" schon beherrscht, gibt es selten Verständnisprobleme auf Hundeseite. Lassen Sie ihn frontal vor sich stehen und machen Sie mit dem rechten Bein einen großen Schritt rückwärts. Weisen Sie Ihren Hund an, von außen an Ihrem linken Bein vorbei durch Ihre Beine hindurch nach rechts zu gehen. Belohnen Sie ihn dort. Machen Sie dann einen Schritt mit dem linken Bein nach hinten und wiederholen Sie die Übung spiegelverkehrt. Belohnen Sie den Hund nun links.

Üben Sie in den nächsten Tagen diese Übung, bis ein flüssiges Laufen möglich ist. Führen Sie für diese Übung ein eigenständiges Kommando (z. B. „Schlange") ein, sobald Sie merken, dass Ihr Hund von sich aus die richtige Handlung anbietet – vor allem das richtige Einfädeln am Start. Belohnen Sie später nicht mehr nach jedem Schritt, sondern in unregelmäßigen Abständen.

Gehen Sie zur Abwechslung nicht nur geradeaus nach hinten, sondern bauen Sie Kurven in Ihren Weg ein.

Beenden Sie diese Übung, indem Sie sie mit dem Kommando „Hier ran" oder „Seite" auflösen. Starten Sie dann mit Ihrem Hund nach vorne und lassen Sie ihn hierbei „Fuß" oder „Rechts" laufen.

Eine weitere Abwandlung der Übung ist den Hund beim Rückwärtslaufen von innen einfädeln zu lassen. Er muss, da ein normales Laufen so nicht möglich ist, immer eine volle Drehung um Ihr Standbein machen. Setzen Sie Ihr linkes Bein zurück, während Ihr Hund vor Ihnen steht. Lassen Sie den Hund dann von vorne durch die Beine nach links außen laufen. Hier muss er außen einmal um Ihr linkes Bein herum wieder in die frontale Position laufen, während Sie mit Ihrem rechten Bein einen Schritt zurückgehen. Jetzt muss er von vorne einfädeln und um Ihr rechtes Bein drehen, während Sie mit den linken Bein wieder einen Schritt zurückgehen und so weiter.

14 Rückwärtsslalom

Beim Rückwärtsslalom soll der Hund rückwärts durch die Beine des Besitzers laufen. Die einfachere Variante ist, wenn der Mensch selbst auch rückwärts läuft.

Lassen Sie den Hund stehend aus der linken Grundposition starten. Sie selbst machen einen großen Schritt mit dem linken Fuß nach hinten und bleiben zunächst so stehen. Locken Sie Ihren Hund anfangs mit einem Leckerchen in einem weiten Bogen mit der Nase nach außen. Wenn er mit der Nase dem Lockleckerchen folgt, dreht sich sein Hinterteil in Ihre Richtung. Wenn er so steht, dass er rückwärts durch Ihre Beine kommen kann, können Sie ihn entweder mit dem Leckerchen „schieben" oder, falls er die Übung schon kann, mit „Zurück" anweisen rückwärts zu gehen. Belohnen Sie ihn, wenn er auf der rechten Seite angekommen ist und parallel neben Ihnen in der Grundposition steht.

Den nächsten Bogen muss der Hund spiegelverkehrt von rechts nach links ausführen. Das Lernprinzip ist

hierbei das gleiche. Sobald der Hund sicher verstanden hat, was zu tun ist, kann man ein Kommando, zum Beispiel „Bogen", einführen. Die beiden Bögen sollen nun zu einem flüssigen Bewegungsablauf zusammengesetzt werden.

Tipp
Wenn Sie in dieser Übung den Clicker einsetzen wollen, empfiehlt es sich das Auswärtsdrehen, genauer gesagt die Bewegung des Hundepos in Richtung Ihrer Beine anzuclicken. Das Durchlaufen durch die Beine stellt selten eine Schwierigkeit dar. Wenn der Hund das Click für das richtige Einschlagen seines Hinterteils bekommen hat, können Sie ihm das versprochene Leckerchen trotzdem erst an der rechten Seite in der rechten Grundposition geben. Denn dann lernt der Hund einen flüssigen Bewegungsablauf und wartet nicht zwischen Ihren Beinen auf ein Leckerchen.

Neben dem richtigen Einschlagen gibt es auch noch eine zweite typische Hürde: Oftmals kommt der Hund nicht automatisch wieder parallel neben dem Besitzer, sondern gemäß seiner letzten Bewegungsrichtung im rechten Winkel zu ihm raus. Falls Ihr Hund hierzu neigt, können Sie anfangs eine Wand zu Hilfe nehmen, sodass er, wenn er durch Ihre Beine läuft, schnell mit dem Po nach hinten abbiegen muss, um nicht gegen die Wand zu stoßen. Belohnen Sie ihn konsequent nur, wenn er sein Hinterteil wieder schön parallel zu Ihnen ausgerichtet hat.

Übungsvarianten

Lassen Sie den Hund nur einen Bogen nach rechts oder links machen, sodass er praktisch einen Seitenwechsel in die jeweils andere Grundposition vollzogen hat, und laufen Sie dann vorwärts mit „Fuß" bzw. „Rechts" weiter.

Eine Übung für echte Könner ist es, den Hund rückwärts Slalom laufen zu lassen, wenn man selbst vorwärts läuft. Als Start kann man die Positionen „Spiegel" oder „Kontakt" verwenden.

15 „Umrunden"

Beim Umrunden soll der Hund eine volle Runde um einen ihm angewiesenen Gegenstand oder etwa um die Beine des Besitzers laufen.

Meist ist es recht einfach, dem Hund das zu vermitteln. Nehmen Sie eine Belohnung, die ihn hoch motiviert, und führen Sie ihn mit dieser Belohnung eng um das ausgewählte Objekt – zum Beispiel einen Laternenpfahl oder eine Stehlampe – herum. Achten Sie anfangs darauf, dass der Hund keinen Fehler machen kann, was den Weg anbetrifft. Verstellen Sie alternative Wegstrecken notfalls mit sperrigen Gegenständen.

Belohnen Sie ihn nach jeder vollen Runde und nennen Sie die Übung beim Namen, etwa „Umrunden", während er gerade seine Runde läuft. Wiederholen Sie diese Übung fünf oder sechs Mal. Lösen Sie sie dann auf und gönnen Sie dem Hund eine Spielpause.

Sie können das Umrunden von Gegenständen mit dem Richtungsschicken (siehe Seite 121) kombinieren.

Versuchen Sie, nach und nach die Hilfe mit dem Lockleckerchen immer mehr abzubauen und die Konzentration des Hundes auf das Kommando zu legen. Belohnen Sie prompte Leistung mit einem Jackpot.

Diese Übung kann auch wunderbar mit dem Target-Stick trainiert werden, indem man dem Hund den Weg mit dem Stab umschreibt.

Übungsvarianten

Schicken Sie den Hund zwei oder drei Runden um den Gegenstand, bevor Sie ihn belohnen. Beenden Sie die Übung mit Ihrem Auflösekommando oder indem Sie direkt eine andere Übung anschließen.

Bei kleinen Hunden kann man als Trainingshilfe mit einem Target-Objekt arbeiten. So-bald der Hund die Übung verstanden hat, kann diese Hilfe abgebaut werden.

Stellen Sie sich mit eng geschlossenen Beinen hin und lassen Sie den Hund Ihre Beine umrunden. Diese Übung ist der Übung 9: Grundposition recht ähnlich. Sie können auch das Kommando für die Grundposition benutzen und den Hund beliebig viele volle Runden um Sie herum schicken.

Setzen Sie sich als Trainingsziel, dass der Hund diese Übung schnell generalisiert bzw. abstrahiert. Lassen Sie ihn an den verschiedensten Gegenständen „Umrunden" üben.

Schicken Sie Ihren Hund auch zum „Umrunden" von Gegenständen, die keine sonderliche Höhe aufweisen, zum Beispiel Flaschen, Taschen, Pylone oder Pfützen.

Lassen Sie den Hund wahlweise Ihr rechtes oder linkes Bein umrunden. Hierzu müssen Sie sich mit weit gegrätschten Beinen aufstellen. Geben Sie Ihrem Hund anfangs Hilfestellung, damit er sicher weiß, was er tun soll, denn er könnte es mit der Übung „Schleife" verwechseln. Bauen Sie diese Hilfestellungen nach und nach ab.

Eine anspruchsvolle Abwandlung stellt folgende Übung dar: Nehmen Sie selbst die Turnposition Waage ein und weisen Sie den Hund an, Ihr Standbein zu „Umrunden".

Verbinden Sie die Übungen „Apport" und „Umrunden" und lassen Sie sich vom Hund mit einem Seil umwickeln. Aus dieser Übung kann man eine kleine Performance ableiten, in der der Hund einen „Bösewicht" an den Marterpfahl bindet oder einen selbst vom Marterpfahl befreit.

16 „Mitte"

Das Ziel dieser Übung ist, dass der Hund zwischen den gespreizten Beinen des Besitzers in die gleiche Richtung wie dieser geht. Ähnlich wie beim Fußlaufen muss sich der Hund auch hier gut konzentrieren und genau auf die vorgegebene Geschwindigkeit achten.

Lassen Sie Ihren Hund „Sitz-Bleib" machen und stellen Sie sich mit gegrätschten Beinen über oder ganz dicht vor Ihren Hund. Halten Sie ihn dann beim Loslaufen unter Spannung, indem Sie ihn auf eine Belohnung schauen lassen, die Sie in der Hand dicht vor Ihrem Körper halten.

Achtung

Bedenken Sie, dass das Unter-Ihnen-Stehen für den Hund bedeutet, dass er körperlich von Ihnen bedroht wird. Ein absolut intaktes Vertrauensverhältnis ist die Voraussetzung für diese Übung! Wenn Sie sehen, dass der Hund schüchtern reagiert, sollten Sie erst noch weiter an einer vertrauensvollen Beziehung arbeiten und den Hund über viele Erfolgsmomente aufbauen, bevor Sie sich wieder diesem Trainingsziel zuwenden.

Wenn der Hund der in Aussicht gestellten Belohnung gut folgt und sich an diesen Bewegungsablauf gewöhnt hat, können Sie das entsprechende Kommando (z. B. „Mitte") einführen und das Locken als Hilfestellung abbauen. Belohnen Sie Ihren Hund später erst, wenn er ein paar Schritte bzw.

Nicht jeder Hund fühlt sich in dieser Position so wohl.

die gewünschte Strecke in der Position „Mitte" mit Ihnen gelaufen ist.

Übungsvarianten

Weisen Sie Ihren Hund an, gleichzeitig mit Ihnen anzuhalten, und variieren Sie hier mit den Kommandos „Sitz", „Platz" oder „Steh" den Abschluss der Übung.

Laufen Sie nicht immer gerade Strecken, sondern bauen Sie auch Winkel und Kurven ein.

Lassen Sie den Hund aus dem Laufen in der Position „Mitte" eine vom „Fuß"-Laufen her bekannte 180-Grad-Wendung machen und gehen Sie mit dem Hund bei „Fuß" zurück.

Bringen Sie Abwechslung in diese Übung, indem Sie den Hund aus dem „Mitte"-Laufen „Steh", „Sitz" oder „Platz" aus der Bewegung heraus machen lassen, während Sie selbst weitergehen.

Kombinieren Sie die Befehle „Mitte" und „Zurück" und laufen Sie mit Ihrem Hund zusammen rückwärts.

Kombinieren Sie die Befehle „Umrunden" und „Mitte". Belohnen Sie Ihren Hund hier zwischen Ihren Beinen, wenn er sich abschließend in der richtigen Position eingefunden hat, nachdem er fast eine ganze Runde um Sie herum gelaufen ist. Wahlweise können Sie den Hund auch aus der Position „Mitte" starten lassen.

Weisen Sie Ihren Hund an, aus der Position „Mitte" mit „Hier ran" oder „Seite" in die jeweilige Grundposition zu wechseln.

17 „Zwischen"

Die Übung „Zwischen" ist im Prinzip die umgedrehte Form von „Mitte". Der Hund soll auch hier zwischen den Beinen des Besitzers laufen und immer auf gleicher Höhe mit ihm bleiben. Er soll aber von vorne zwischen den Beinen stehen, sodass er rückwärts laufen muss, wenn der Hundeführer vorwärts läuft und umgekehrt.

Diese Übung ist meist etwas schwieriger als die Übung „Mitte". Ein Sichtzeichen kann man dem Hund nur hinter dem Rücken geben. Hierbei hat man keine hundertprozentige Kontrolle über die Konzentration des Hundes.

Stellen Sie sich für den Übungsaufbau mit gegrätschten Beinen auf und lassen Sie den Hund von vorne frontal auf Sie zugehen. Halten Sie ein Spielzeug hinter dem Rücken verborgen. Sehr geeignet ist ein Spielzeug an einem Seil. Lassen Sie das Seil des Spielzeugs länger, sobald der Hund vor Ihnen steht, sodass er es zwischen Ihren Beinen sehen kann. Geben Sie ihm das OK, an das Spielzeug heranzutreten. Bleiben Sie einen kurzen Moment lang so stehen, sagen Sie in diesem Moment „Zwischen" und belohnen Sie den Hund.

Wiederholen Sie diese Übung an verschiedenen Tagen, bis sich der Hund auf Kommando gut bei Ihnen unterstellt. Beginnen Sie erst dann in dieser Position mit dem Hund zu laufen. Gehen Sie zunächst langsam rückwärts, denn das ist für den Hund einfacher, weil er vorwärts läuft. Sagen Sie hierbei „Zwischen", damit Ihr Hund weiß, dass er die Position zwischen Ihren Beinen halten soll. Belohnen Sie ihn nach ein bis zwei Schritten.

Üben Sie später auch die andere Richtung: „Zwischen" in Kombination mit „Zurück", was noch etwas anspruchsvoller ist. Üben Sie auch hier zunächst immer nur sehr kurze Strecken, bis Ihr Hund die Übung sicher beherrscht.

Übungsvarianten

Eine Variante ist, den Hund am Ende der Übung in der Position „Zwischen" „Sitz", „Platz" oder „Steh" machen zu lassen.

Laufen Sie rückwärts los und verlangen Sie von Ihrem Hund die Übung „Zwischen". Bauen Sie in Ihre Wegstrecke auch Winkel und Kurven ein.

Lassen Sie den Hund aus der Position „Zwischen" nach rechts oder links heraus in die Grundstellung laufen.

Verlangen Sie in der Übung „Zwischen" vom Hund „Sitz", „Platz" oder „Steh" aus der Bewegung, während Sie selbst weitergehen. Lösen Sie dann die Übung auf.

Kombinieren Sie die Befehle „Umrunden" und „Zwischen". Belohnen Sie Ihren Hund hier zwischen Ihren Beinen, wenn er sich abschließend in dcr richtigen Position eingefunden hat.

18 Krabbengang

Diese Übung ist nicht ganz einfach, aber sehr spektakulär, wenn der Hund sie beherrscht.

Der Hund soll in dieser Übung, ähnlich wie die Pferde beim Dressurreiten, seitwärts laufen. Hierbei muss er entweder sehr kleine Schritte machen oder die Füße überkreuzen. Lassen Sie den Hund die Übung zunächst so ausführen, wie es ihm leichter fällt. An Feinheiten kann man später gegebenenfalls noch feilen.

Zwei Target-Varianten sind als Trainingshilfe sehr vielversprechend. Im einen Fall soll der Hund, wenn er die Übung 57: „Obacht" schon gelernt hat, das Zielobjekt mit dem Blick fixieren, während Sie sich samt Zielobjekt ganz langsam seitwärts bewegen. Belohnen Sie den Hund anfänglich bei jedem Schritt, vorausgesetzt er bewegt nicht nur seine Vorderfüße, sondern nimmt auch sein Hinterteil mit.

Um das „Problem" mit dem Hinterteil zu lösen, bietet sich alternativ ein Hüft-Target an. Dann weiß der Hund genau, wo er mit der Hüfte hin soll.

Eine dritte Möglichkeit, das Seitwärtslaufen zu trainieren, ist über das Kommando „Vor" gegeben. Wenn der Hund in der Übung „Vor" zuverlässig absolut gerade vor Ihnen steht, können Sie Ihre Position um einen halben Schritt seitlich versetzen und den Hund anweisen wieder „Vor" zu kommen. Da die Strecke, die der Hund nun laufen muss, nur aus ein paar Zentimetern besteht, entscheiden sich die meisten Hunde fürs Seitwärtslaufen, was ihnen einen deutlichen Erfolg in Form eines Jackpots bescheren sollte!

Tipp
Der Clicker kann hier sehr gut eingesetzt werden, wenn man möchte, dass der Hund in dieser Übung die Vorderfüße überkreuz setzt. Dabei müssen Sie aber exakt im richtigen Moment clicken!

Sollte der Hund dazu tendieren, schräg zu laufen, kann man einen langen Stab als zusätzliche Hilfe nehmen. Halten Sie diesen parallel neben den Hund, sodass er, wenn er zu schräg läuft, gegen den Stab stößt. Loben Sie ihn hier – anders als beim Target-Training – wenn er es schafft, nicht gegen den Stab zu stoßen und bauen Sie diese Hilfe dann wieder ab. Mit einem Stab als Hilfsmittel zu arbeiten geht natürlich nur, wenn nicht gleichzeitig ein Hüft-Target eingesetzt wird!

Führen Sie das Kommando (z.B. „Krabbe") ein, sobald Ihr Hund seine Füße gut kontrolliert seitwärts versetzt und problemlos etwa einen Meter seitwärts laufen kann. Dehnen Sie dann schrittweise die Distanz aus.

Übungsvarianten

Die meisten Hunde haben – wie Menschen auch – eine Schokoladenseite. Üben Sie aber als zusätzlichen Anspruch ruhig das Seitwärtslaufen in beide Richtungen, also nach rechts und nach links. Wenn Sie möchten, können Sie hierbei zwei unterschiedliche Kommandos (z.B. „Sidestep") verwenden, dann hat der Hund gleichzeitig auch noch eine tolle Übung zur Richtungsanweisung gelernt.

Lassen Sie den Hund so vor sich stehen, dass er Ihnen den Po zuwendet (vgl. Übung 57 „Obacht"). Verlangen Sie nun die Übung „Krabbe" oder „Sidestep". In dieser Übung kann man sich selbstverständlich als Trainingshilfe ebenfalls eines Targets bedienen.

Ein Trainingsziel für Fortgeschrittene, also wenn Ihr Hund das Seitwärtslaufen gut beherrscht, ist, den Hund „Krabbe" oder „Sidestep" laufen zu lassen ohne selbst mitzulaufen.

19 „Zurück"

Diese Übung erfordert einiges Geschick von Hund und Halter. Das Rückwärtsgehen kann man sich auch im Alltag zunutze machen.

☞ Es gibt viele Möglichkeiten dem Hund das Rückwärtsgehen beizubringen. Es ist ein wenig eine Frage der Veranlagung, welche Methode zum schnellsten Erfolg führt.

Das freie Formen (s. Seite 44) wäre beispielsweise eine geeignete Trainingsmöglichkeit. Viele Hunde reagieren aber auch gut auf folgenden Ansatz:

Wenn Ihr Hund das frontale Stehen auf Kommando (Übung 58: „Vor") schon gut beherrscht, können Sie ihm aus dieser Position leicht das Rückwärtslaufen vermitteln. Der Einsatz des Clickers macht sich hier bezahlt. Halten Sie dem Hund eine tolle Belohnung vor die Nase und bedrängen Sie ihn sanft damit, indem Sie einen Schritt auf ihn zugehen. Sobald er einen seiner Hinterfüße nach hinten setzt, sagen Sie das Kommando, beispielsweise „Zurück", und belohnen ihn. Wenn Sie mit dem Clicker arbeiten, gilt es genau auf diese Bewegung zu achten und das Versetzen der Hinterfüße nach hinten anzuclicken.

Setzen Sie in den nächsten Übungen in kleinen Schritten den Anspruch hoch und verlangen Sie nach diesem ersten Schritt auch bald den zweiten und so weiter. Wichtig ist, dass der Hund nicht überfordert wird, denn sonst macht er Fehler. Lassen Sie ihn anfangs schon nach zwei bis drei Schritten neu starten.

Tipp
Wenn Ihr Hund die Tendenz hat schräg zu laufen, sollten Sie diese Übung entlang einer Wand üben, sodass er gegen die Wand driftet, wenn er nicht wirklich gerade zurückgeht.

Dehnen Sie langsam die Wegstrecke aus, die der Hund rückwärts zurücklegen soll. Belohnen Sie ihn nach Möglichkeit dort, wo er sich gerade befindet, wenn Sie meinen, dass er sich eine Belohnung verdient hat. Werfen Sie ihm das Leckerchen dann ggf. zu. Das empfiehlt sich auch, wenn Sie die Übung mit dem Clicker aufbauen. Viele Hunde neigen sonst zu einer Pendelbewegung, das heißt sie laufen erst ein paar Schritte rückwärts und dann wieder vorwärts, weil sie erwarten, dass es das Leckerchen bei Ihnen gibt. In der Übung sollen sie aber lernen, sich später auch eine etwas längere Strecke rückwärts von Ihnen wegzubewegen, um dort auf neue Anweisungen zu warten.

Tipp
Wenn Sie als Hilfestellung in dieser Übung auf den Hund zugehen, sollten Sie dringend auf eine freundliche, nicht bedrohliche Körpersprache achten!

Übungsvarianten

🦴 Bauen Sie die Hilfestellung, auf den Hund zuzugehen, aus der Grundübung ab. Arbeiten Sie daran, dass Ihr Hund auf das Kommando

„Zurück" eine kurze Strecke rückwärts von Ihnen weg geht, ohne dass Sie ihm folgen.

Setzen Sie die Übung „Zurück" im Alltag ein, wenn Ihr Hund beispielsweise zu dicht vor einer Tür steht, die Sie öffnen wollen, oder schicken Sie ihn bei Bedarf mit der Übung „Zurück" aus dem Zimmer.

Eine tolle Variation ist es, wenn Hund und Halter gleichzeitig rückwärts laufen. Auf diese Weise entfernen Sie sich immer mehr voneinander. Bauen Sie die Distanz auch hier schrittweise auf.

Ein großes Maß an Geschick und Vertrauen erfordert es, eine Treppe rückwärts zu erklimmen. Gehen Sie zu Beginn des Trainings die Treppe zunächst mit dem Hund hinunter und lassen Sie ihn mit den Hinterpfoten auf der letzen Stufe stehen. Da der Hund mit den Vorderfüßen den Boden berührt, hat er schon die richtige Körperhaltung. Verlangen Sie dann das schon auf ebenem Boden geübte gerade „Zurück".

Das Rückwärts-eine-Treppe-Hochlaufen kann noch weiter abgewandelt werden, indem Sie den Hund hierbei einen Gegenstand apportieren lassen.

Wenn Ihr Hund Gefallen am Rückwärtsgehen gefunden hat, können Sie ihm beibringen, nicht nur gerade rückwärts, sondern auch in Bögen zu laufen. Verleiten Sie ihn, indem Sie ihn wiederum leicht körperlich bedrängen und – selbst Ihren Oberkörper nach rechts oder links neigend – einen kleinen Bogen schlagen. Belohnen Sie Ihren Hund, wenn er Ihren Bewegungen folgt. Üben Sie das

möglichst ganz getrennt vom normalen Rückwärtslaufen, denn dort ist es unerwünscht, wenn der Hund Bögen läuft. Führen Sie deshalb in dieser Übung von Anfang an ein eigenes Kommando (z.B. „Kurven") ein.

Führen Sie Ihren Hund unter dem Kommando „Kurven" durch einen Hindernisparcours.

Handarbeit

Man kann Hunde mit ihren Pfoten eine Vielzahl von Aufgaben erledigen lassen – sowohl aus dem Spaß- als auch aus dem Arbeitssektor. Schon das klassische „Pfötchengeben" kann beispielsweise zum Pfotenabtrocknen sehr praktisch sein.

20 „Pfote"

Der Klassiker unter den „Handarbeitsübungen" ist das Pfötchengeben. Mit dieser Übung hat man gleichzeitig auch eine sehr gute Basis für andere Aufgaben geschaffen.

Der Übungsaufbau ist denkbar einfach: Nehmen Sie eine Qualitätsbelohnung und zeigen Sie diese Ihrem Hund. Halten Sie die Belohnung dann in der geschlossenen Faust dem Hund etwa in Höhe seiner Brust entgegen. Warten Sie geduldig, bis Ihr Hund als Bettelgeste oder aus Gier mit der Pfote nach der Belohnung angelt. Geben Sie diese genau in diesem Moment frei und sagen Sie zeitgleich Ihr

Kommando (z. B. „Pfote"). Selbstverständlich kann das Pfötchengeben dem Hund auch als frei geformte Übung mit dem Clicker vermittelt werden (s. Seite 51).

Übungsvarianten

Vermitteln Sie Ihrem Hund, auf Kommando die rechte oder die linke Pfote zu geben. Hierzu können Sie unterschiedliche Kommandos, zum Beispiel „Pfote" und „Die Andere" (oder auch „Hand"), einführen. Als leichte Anfangshilfe empfiehlt es sich, dem Hund die eigene Hand so entgegenzustrecken, dass er je nach Übung mit der „Pfote" oder „Hand" leichteres Spiel hat.

Machen Sie mit Ihrem Hund diese Übungen, während er steht, sitzt oder liegt.

Trainieren Sie, dass auch Sie unterschiedliche Haltungen einnehmen können, beispielsweise neben dem Hund hockend, hinter dem Hund stehend oder gar liegend.

Lassen Sie sich die Pfote nicht nur auf die Hand geben, sondern bieten Sie Ihrem Hund auch einmal den Fuß als Stütze an.

Als Partygag ist es immer wieder lustig, wenn der Hund auch fremden Menschen bereitwillig die Pfote gibt, wenn diese ihm ihre Hand entgegenstrecken. Spannen Sie Hilfspersonen ein, die Ihnen hierbei helfen. Achten Sie darauf, dass der Hund locker und entspannt ist und sich durch die leicht nach vorne geneigte Haltung und den meist konzentrierten Blick der Personen nicht bedrängt fühlt.

Üben Sie für den „Ernstfall", dass Ihr Hund Ihnen bereitwillig eine Pfote gibt und Sie an dieser Pfote gewisse Manipulationen vornehmen können. Feilen Sie beispielsweise eine Kralle oder untersuchen Sie den Zehenzwischenraum. Achten Sie darauf, dass der Hund mit dieser Übung einen starken persönlichen Erfolg verbindet. Das bedeutet: Belohnen Sie ihn schon nach kurzer Zeit. Vielen Hunden sind solche Manipulationen zunächst unheimlich. Vermitteln Sie Ihrem Hund deshalb über den Spaß in dieser Übung, dass es ganz harmlos ist. Auf diese Weise haben Sie später, wenn wirklich mal etwas sein sollte, leichtes Spiel.

Verlangen Sie vom Hund die Übungen „Pfote" oder „Hand", bieten Sie ihm aber keine Stütze mehr an. Der Hund soll hier die Pfote einfach nur für einen kurzen Moment in der Luft halten.

Lassen Sie Ihren Hund in die Position „Vor" kommen und dort stehen oder sitzen. Verlangen Sie nun von ihm abwechselnd „Pfote" und „Hand" und strecken Sie jeweils Ihr linkes oder rechtes Bein leicht angewinkelt vor, sodass er mit den Pfoten immer Ihr Knie oder Ihren Oberschenkel berührt.

Eine interessante Abwandlung dieser Übung ist, sich vom Hund auch dessen Hinterpfoten geben zu lassen. Den meisten Hunden bereitet dies deutlich mehr Probleme als die Vorderpfoten einzusetzen.

Gute Chancen hat man mit dem Clicker, denn durch das optimierte Timing kann man dem Hund leichter vermitteln, was man möchte. Als Hilfe

kann man unten leicht gegen eines der Hinterbeine tippen, um zu erreichen, dass der Hund das Bein vom Boden aufnimmt. Wenn man über eine gute Beobachtungsgabe verfügt, kann man die Übung aber auch frei formen, indem man eines der Hinterbeine gut im Auge behält und wartet, bis der Hund zu einem Schritt ansetzt und genau in dem Moment clickt, wenn der Hund das entsprechende Bein kurz in der Luft hält. Sobald der Hund verstanden hat, um was es geht, kann man ein neues Kommando (z. B. „Tatze") einführen.

21 „High five"

In der Übung „High five" soll der Hund mit seiner Pfote die Innenseite Ihrer Hand berühren, die Sie ihm zum „Abklatschen" hinhalten.

Im Übungsaufbau kann man sich entweder eines Lockleckerchens, das man zwischen den Fingern an der geöffneten Hand einklemmt, bedienen oder eine Target-Konditionierung (s. Seite 42) vorschalten.

Belohnen Sie Ihren Hund, wenn er die Pfote gut in die Luft streckt, um „abzuklatschen". Bei kleinen Hunden muss man die Hand nach unten hinhalten, bei größeren kann man sie, wenn man sitzt, auch nach oben halten. Sagen Sie Ihr Kommando (z. B. „High five") immer dann, wenn der Hund gut mitmacht und sich bemüht, Ihre Hand zu treffen.

Bei einem kleinen Hund muss man zum „Abklatschen" in die Hocke gehen.

Übungsvarianten

Üben Sie „High five" sowohl mit der rechten als auch mit der linken Vorderpfote. Führen Sie hierzu ein neues Kommando ein, damit Ihr Hund lernt, die Übungen mit der rechten oder linken Pfote zu unterscheiden. Wenn Ihr Hund „Pfote" und „Hand" gut unterscheiden kann, können Sie ihm auch „Pfote-high five" und „Hand-high five" befehlen, um ihm die Unterscheidung zu erleichtern.

Lassen Sie Ihren Hund in der Grundposition sitzen und verlangen Sie dann die Übung „High five" mit der linken Pfote. Der Hund soll hier die Pfote nur hoch in die Luft strecken. Sie halten ihm in diesem Fall keine Hand zum Abklatschen hin. Wenn er diese Übung gut beherrscht, können Sie Ihre Position verändern und sich hinter den Hund stellen, sodass er mit dem Rücken zu Ihnen sitzt. Von oben aus können Sie nun so tun, als ob Sie die Pfoten Ihres Hundes wie ein Puppenspieler bewegen, wenn Sie ihm „High five" befehlen.

Eine ganz ähnliche Übung, bei der mehr Einsatz auf Menschenseite gefordert ist, geht so: Lassen Sie Ihren Hund in der Grundposition sitzen oder stehen und verlangen Sie „High five" mit der rechten oder der linken Pfote ins Leere, wie bei der vorigen Übung auch. Strecken Sie nun aber selbst jeweils, wenn der Hund die rechte Pfote hebt, Ihr rechtes Bein gerade nach vorne und wenn der Hund die linke Pfote hebt das linke. In dieser Übung können Sie zusätzlich eine Hilfsperson einbinden, die hinter Ihnen steht und so tut, als ob sie die Gliedmaßen von Ihnen und Ihrem Hund wie ein Puppenspieler bewegt.

Eine sehr nette kleine Show kann an das Kommando „High five" gekoppelt werden, wenn der Hund seine Pfote bereits einen kurzen Moment ins Leere hochhalten kann. Stellen Sie sich dann vor den Hund und fragen Sie ihn zum Beispiel: „Wer weiß, wo ein Spielzeug ist?" Geben Sie ihm zunächst an dieser Stelle das Kommando „High five" oder, noch eleganter, ein entsprechend subtiles Sichtzeichen. Tauschen Sie später das Kommando gegen Ihre Frage, sodass diese zum Signal für die Übung wird. Der Hund streckt nun die Pfote in die Luft, als ob er sich meldet. Lassen Sie ihn dann sein Lieblingsspielzeug holen, indem Sie sagen: „Dann zeig mir den Ball" oder etwas Ähnliches. Besonders lustig sieht diese Show aus, wenn mehrere Hunde vor einem sitzen. Es reicht hierbei, wenn einer der Schlaumeier ist.

22 „Bitte"

In der Übung „Bitte" soll der Hund beide Vorderpfoten gleichzeitig nach vorne in die Luft strecken und die Füße dabei möglichst eng beisammen lassen. Diese Übung kann wahlweise aus der Übung „Männchen" oder „High five" erarbeitet werden.

Wenn Ihr Hund eines dieser Kommandos schon beherrscht, können Sie mit der altbekannten Übung starten. Zum Feinschliff dieser neuen Übung

können Sie ihn dann entweder weiter in die gewünschte Endposition locken und belohnen oder den Clicker als Verstärker einsetzen.

Üben Sie „High Five" mit subtilem Sichtzeichen und lassen Sie den Hund danach bellen. Diese „Wortmeldung" wird für Aufsehen sorgen.

23 „Winken"

Beim Winken soll der Hund wieder die Übung „High five" ins Leere machen und die Pfote für einen Moment oben lassen – im Idealfall mit Ruderbewegungen. Da es für einen Hund relativ anstrengend ist, die Pfote ein Weilchen in der Luft zu halten, fangen die meisten Hunde spontan an zu rudern. Das ist hier ganz in unserem Sinne.

Lassen Sie Ihren Hund zunächst die Übung „High five" machen. Wiederholen Sie das Kommando, um ihn etwas länger bei der Stange zu halten, wenn Sie merken, er will die Pfote wieder absetzen. Auf diese Weise wird die winkende Bewegung unterstützt. Führen Sie ein neues Kommando (z. B. „Winken") ein, sobald Sie erkennen, dass der Hund alles richtig macht. Belohnen Sie ihn für diese Anstrengung. Der Clicker ermöglicht einem hier das beste Timing, um das Verhalten zu formen.

Trainieren Sie am Schluss die Zeitdauer. Um einen tollen Effekt zu erzielen, reicht es, wenn der Hund ein paar Sekunden lang mit der Pfote winken kann.

24 Spanischer Schritt

Um dem Hund den spanischen Schritt beizubringen, wie er beim Dressurreiten gezeigt wird, kann man sich entweder die Übungen „Pfote" oder „High five" zunutze machen oder dem Hund diese Übung mittels Target-Training vermitteln.

Lassen Sie den Hund zunächst links in der Grundposition stehen. Machen Sie nun einen Schritt nach vorne. Der Hund soll ja beim Mitlaufen etwas deutlicher als sonst die Pfoten setzen. Sagen Sie dazu eines der oben erwähnten Kommandos, um dem Hund die Übung zu erleichtern.

Wenn Sie sich des Target-Trainings bedienen, halten Sie dem Hund das Zielobjekt, das er mit der Pfote antippen soll, so vor den Körper, dass er die Pfote mit einer Vorwärtsbewegung bis in die gewünschte Höhe heben muss. Es macht sich hierbei bezahlt, wenn beim Target-Training dem Hund schon vermittelt wurde, dass er wahlweise mit der rechten oder linken Pfote das Zielobjekt antippen soll.

Belohnen Sie den Hund anfangs für jeden Schritt, bei dem er seinen Vorderfuß schwungvoll nach oben gerichtet hat. Wenn Sie mit dem Clicker arbeiten, können Sie feine Details am besten abpassen und entsprechend verstärken. Achten Sie auf einen guten Rhythmus beim Laufen und beenden Sie diese Übung anfangs nach ca. vier Schritten.

Dehnen Sie die Distanz nur in kleinen Schritten aus, denn diese Übung ist nicht einfach. Führen Sie das Kommando (z. B. „Pferdchen") erst ein, wenn sie sicher sind, dass der Hund die Übung fehlerfrei umsetzen kann.

Übungsvarianten

Lassen Sie Ihren Hund an Ihrer rechten und linken Seite im spanischen Schritt laufen.

Aus dieser Übung kann man leicht eine Spaßübung abwandeln, bei der der Hund ein paar Schritte auf drei Beinen laufen soll. Hier zahlt sich der Einsatz eines Zielobjektes als Trainingshilfe ebenfalls aus. Üben Sie dies aber getrennt vom spanischen Schritt, um den Hund nicht zu verwirren. Er soll die beiden Übungen klar voneinander unterscheiden können. Das bedeutet, dass die eine erst sicher beherrscht werden muss, bevor man mit der anderen beginnt. Benutzen Sie für die Übungen unbedingt unterschiedliche Kommandos, beispielsweise „Pferdchen" und „Humpeln". Im Übungsaufbau können Sie sich zum Beispiel der Kommandos „Pfote", „High five" bedienen. Im Gegensatz zum Spanischen Schritt soll der Hund hier die Pfote nicht absetzen, sondern einige Schritte mit dem Bein in der Luft bleiben.

25 „Elegant"

Einige Hunde schlagen von sich aus gelegentlich im Liegen die Vorderpfoten übereinander, was sehr elegant aussieht.

Wenn der Hund eine Verhaltensweise von sich aus immer wieder anbietet, kann man das Verhalten spontan mit dem Clicker stärken und schließlich auf Kommando setzen. Hat der Hund diese Angewohnheit nicht, kann man es ihm über die

Target-Konditionierung leicht vermitteln.

Bringen Sie Ihrem Hund zunächst bei, einen Zielgegenstand auf Kommando zuverlässig beispielsweise mit der rechten Pfote zu berühren (s. Seite 42). Üben Sie dies dann auch, während der Hund liegt.

In der eigentlichen Übung verlangen Sie von Ihrem Hund zunächst „Platz". Wenn er gelernt hat, mit seiner rechten Pfote das Zielobjekt zu berühren, sieht die Übung folgendermaßen aus: Halten Sie das Zielobjekt (wenn man den Hund anschaut, von vorne betrachtet) rechts neben die linke Pfote des Hundes auf den Boden und verlangen Sie, dass er das Objekt berührt. Belohnen Sie ihn, wenn er alles richtig macht. Der Clicker kann einem hier gute Dienste erweisen. Sollte Ihr Hund versuchen, sich erst in eine bessere Position zu bringen, bevor er das Zielobjekt berührt, kann man den entsprechenden Zielgegenstand zunächst auch links neben die linke Pfote und im nächsten Schritt auf die Pfote legen, um die Übung in noch weitere Einzelteile zu splitten. Achten Sie immer darauf, vom Hund nur das zu verlangen, was er umsetzen kann. Führen Sie erst am Schluss, wenn Ihr Hund schon genau weiß, was er tun soll, ein Kommando ein wie z. B. „Elegant".

Übungsvariante

Wenn Ihr Hund diese Übung beherrscht, kann er auch lernen, die Übung spiegelverkehrt mit der anderen Pfote zu machen.

26 „Knicks"

Der Hund soll hier zunächst im Liegen eine Vorderpfote einschlagen. Auch diese Übung bieten einige Hunde spontan an, sodass man die gezeigte Verhaltensweise in diesen Fällen nur mit dem Clicker einfangen muss, um sie zu stärken und später auf Kommando zu setzen.

Sollte der eigene Hund nicht auf die Idee kommen, die Pfote einzuschlagen, bietet sich auch hier das Target-Training (s. Seite 47) als Methode an.

Eleganz auf Signal.

Halten Sie das Zielobjekt so, dass der Hund im Liegen eine Pfote abknicken muss, um es zu erreichen. Etwas uneleganter im Training ist die Variante, die Pfote vorne anzutippen und ein Wegziehen des Hundes zu belohnen – vorausgesetzt, er schlägt die Pfote dabei ein. Wenn das Einknicken der Pfote gut klappt, kann man diese Übung auf Signal (z. B. „Knicks") setzen.

Übungsvariante

Wesentlich spektakulärer als die Grundübung im Liegen sieht der Knicks aus, wenn der Hund dabei die Vorderkörpertiefstellung einnimmt. Kombinieren Sie hierzu die Übungen „Diener" und „Knicks". Setzen Sie anfänglich, falls nötig, wieder das Zielobjekt als Hilfe ein.

27 Der Goldgräber

Viele Hunde lieben es, in lockerer Erde zu buddeln. In diesem Fall stellt es in aller Regel keine Schwierigkeit dar, diese Übung dann auf Kommando zu setzen.

Sollte Ihr Hund das Verhalten nicht spontan zeigen, können Sie die Übung folgendermaßen aufbauen: Bedecken Sie ein schmackhaftes Leckerchen dünn mit Erde und verleiten Sie den Hund dann, das Futter auszugraben. Setzen Sie Ihr Kommando, zum Beispiel „Gold" oder „Gibt's Gold?" und ggf. den Clicker oder eine spontane Belohnung ein, wenn Sie mit dem Resultat der Bewegungen zufrieden sind.

Übungsvarianten

Lassen Sie den Hund Dinge aus dem Boden graben, die Sie dort versteckt haben. Erleichtern Sie ihm zunächst die Übung, indem Sie ihn beim Vergraben der Dinge zuschauen lassen.

Wenn Ihr Hund das Kommando schon gut kennt, können Sie ohne seine Anwesenheit Dinge vergraben. Zeigen Sie ihm dann die Stelle und lassen Sie ihn die entsprechenden Dinge (z. B. Futter oder Spielzeug) ausgraben.

Vergraben Sie in Abwesenheit Ihres Hundes wiederum Spielzeug oder Futter und lassen Sie ihn dann frei danach suchen – und es ausgraben. Sie können zur Hilfe das Gebiet etwas eingrenzen. Zeigen Sie Ihrem Hund aber in dieser Übung nicht die genaue Stelle.

28 „Polonaise"

Wenn Sie einen großen Hund haben, können Sie ihm leicht beibringen sich mit den Pfoten auf Ihren Schultern oder wahlweise auch am Rücken abzustützen.

Locken Sie ihn hierzu mit Futter oder Spielzeug, das Sie hinter Ihrem Rücken halten und setzen Sie Ihr Kommando (z. B. „Polonaise") immer dann ein, wenn Ihr Hund alles richtig macht. Geben Sie ihm danach seine Belohnung. In dieser Übung ist es unerwünscht, dass der Hund springt. Ein gewisses Maß an Ruhe muss also trainiert werden. Sobald Ihr Hund sich mit den Vorderpfoten gut an Ihnen abstützt, können Sie beginnen, sehr langsam einige Schritte mit ihm in dieser Stellung zu laufen. Belohnen Sie ihn, wenn er nicht den Kontakt zu Ihnen verliert und seine Hinterfüße so setzt, dass er mit Ihren Schritten mithalten kann.

Als Spaß können Sie Ihren Hund dann als Schlusslicht einer kleinen Polonaise laufen lassen. Bedenken Sie aber, dass diese Stellung für den Hund anstrengend ist und nur von Hunden verlangt werden sollte, die keine Probleme im Bereich des Bewegungsapparates haben.

Übungsvariante

Wenn Ihr Hund keinerlei Scheu vor körperlichen Berührungen hat, kann er auch als Glied in eine Polonaise eingebunden werden. Da diese Übung einige körpersprachliche Bedrohungselemente beinhaltet, sollte darauf geachtet werden, dass ihm die Person, an der er sich abstützt, gut bekannt ist und die Person, die ihm dann die Hand auf Rücken oder Schultern legt, möglichst seine Bezugsperson ist.

29 „Schäm dich"

Unter dem Kommando „Schäm dich" kann man dem Hund beibringen, dass er sich mit einer Vorderpfote über den Augenbogen wischt oder sich die Pfote über ein Auge hält, so als ob er sich in Scham hinter der Pfote verbergen wollte.

Leichtes Spiel hat man, wenn man den Clicker als Hilfsmittel wählt. Die Übung kann dann entweder frei geformt werden oder man setzt ein Hilfsmittel zur Unterstützung ein. Hierzu eignet sich beispielsweise ein kleines Stück eines Klebezettels, das man dem Hund nah ans Auge klebt. Die meisten Hunde versuchen sofort, sich diesen Fremdkörper abzustreifen. Sobald der Hund also mit seiner Pfote in Richtung Auge angelt, gilt es zu clicken und den Hund zu belohnen. Diese Übung sollte durch etliche Wiederholungen gut gefestigt werden, bevor man das Kommando „Schäm dich" einführt. Bauen Sie die Hilfe ab, indem Sie das Klebezettelchen immer kleiner werden lassen und führen Sie das Kommando ein, sobald Ihr Hund Sicherheit in der Handlung gefunden hat.

Übungsvarianten

Um mehr Varianz zu haben, kann man dem Hund die Übung „Schäm dich" auch mit der anderen Vorderpfote beibringen. Nach Bedarf kann man hierfür natürlich unterschiedliche Kommandos für die rechte und für die linke Pfote einführen.

Aus der Übung „Schäm dich" kann sehr leicht noch eine andere Übung abgeleitet werden, nämlich dass sich der Hund mit beiden Vorderpfoten gleichzeitig die Augen verdeckt. Auch hierzu kann man ein neues Kommando z. B. „Versteck dich" benutzen. Der Übungsaufbau entspricht dem der Grundübung.

30 Der Handwerker

Manche Hunde beweisen ein besonderes Geschick mit den Pfoten und
lernen sehr schnell, wozu sie sie einsetzen können.

Über die Target-Konditionierung
(s. Seite 42) gelingt es einem leicht,
dieses Geschick in kontrollierte Bahnen zu lenken. Der Hund kann so problemlos lernen, die verschiedensten
Aufgaben mit der Pfote zu erledigen.
Wenn der Hund bereits auf ein Zielobjekt in Bezug auf eine Pfote trainiert
ist, stehen einem eine Vielzahl von
Handwerksübungen offen.

Übungsvarianten

Lassen Sie den Hund mittels des
Kommandos für das Pfoten-
Target-Objekt einen Ball rollen, indem
Sie das Zielobjekt so vor den Ball halten, dass der Hund den Ball in
Schwung bringt, wenn er das Zielobjekt und damit indirekt auch den Ball
mit der Pfote berührt. Sobald Ihr
Hund diese Übung gut beherrscht,
kann man das Zielobjekt als Hilfsmittel
ausschleichen und für die Übung ein
eigenes Kommando (z. B. „Fußball")
einführen.

Dieselbe Übung kann man auch
mit einem großen Schaumstoff-
würfel umsetzen, den der Hund dann
mittels Pfote bedient. Auch diese
Übung können Sie mit einem eigenen
Kommando, z. B. „Würfeln", belegen.

Schubfächer oder Türen zu
schließen ist ebenfalls mittels
Target-Konditionierung keine Schwierigkeit mehr. Auch hier erzielt man
den größten Effekt, wenn man in der
Übung, sobald der Hund verstanden
hat, worauf es ankommt, das Hilfsmittel ausschleicht und die Übung auf ein
eigenständiges Kommando (z. B.
„Schließen") setzt. Achten Sie bei derlei Übungen stets auf die Sicherheit
Ihres Hundes, damit er sich nicht die
Pfoten an einem Schubfach oder einer
Tür einklemmt.

Üben Sie mit Ihrem
Hund, eine Vorderpfote
genau in einen Ihrer Hausschuhe zu
stellen. Je nach Geschick können Sie
dann auch verlangen, dass er mit dem
Schluppen ein paar Schritte läuft. Noch
anspruchsvoller ist die Übung, wenn
Sie ihm beibringen, sich an beiden
Vorderpfoten Hausschuhe anzuziehen.

Basteln Sie sich eine kleine
Schalterkonstruktion oder eine
kleine Wippe, die der Hund mit der
Pfote betätigen muss, um eine Futterbelohnung zu ergattern.

Nutzen Sie das handwerkliche
Geschick für eine Anzeige mit
der Pfote (vgl. S. 87). Verstecken Sie
hierzu beispielsweise unter einem um-
gedrehten Blumentopf einige Leckerchen. Lassen Sie sich den Fundort
vom Hund dadurch anzeigen, dass er
die Pfote auf den Blumentopf legt. Sie
können mit einem fortgeschrittenen
Hund trainieren, dass er die Futterbelohnung erst auf Ihr ausdrückliches
o.k. hin fressen darf. Sichern Sie hierzu zunächst die Belohnung, damit Ihr
Hund lernt, dass es ohne Teamwork
nicht geht.

Den Anspruch der Übung können Sie zusätzlich steigern, indem Sie mehrere Blumentöpfe verwenden, aber nur unter einem etwas
verstecken. Sie schulen hierbei gleich-

Wenn der Hund würfeln kann, ist er der Star bei Familienspielen und Kinderfesten.

zeitig die Riechleistung (vgl. Übung 32) Lassen Sie sich auch hier den richtigen Blumentopf mit der Pfote anzeigen.

Bringen Sie Ihrem Hund über das freie Formen bei, eine seiner Vorderpfoten in eine Schale mit Wasser zu stellen (vgl. Seite 52). Legen Sie, wenn Ihr Hund diese Übung beherrscht, großflächig Packpapier o. Ä. auf dem Boden aus und befüllen Sie die Wasserschale mit ungiftiger, wasserlöslicher Farbe. Verlangen Sie dann vom Hund seine Pfote in die Farbe zu tippen und geben Sie ihm dann Anweisung über das Papier zu laufen. Auf diese Weise können Sie interessante Hundekunst herstellen, besonders wenn Sie Schalen mit verschiedenen Farben aufstellen.

Nasenarbeit

Hunde verfügen über einen für uns Menschen kaum vorstellbar gut ausgeprägten Geruchssinn. Den meisten Hunden ist es deshalb möglich, Dinge wahrzunehmen, die uns Menschen völlig verborgen bleiben. Viele Hunde scheinen jedoch den in unserem Sinne planmäßigen Arbeitseinsatz ihrer Nase erst lernen zu müssen. Neben rasse- bzw. zuchtbedingten Unterschieden in der Riechleistung scheint das daran zu liegen, dass unsere Haushunde von Anfang an darauf gepolt werden, hauptsächlich Augen und Ohren zu nutzen, da wir Menschen Dinge, die der Hund mit Augen und Ohren wahrnimmt, erfassen können und entsprechend verstärken oder modifizieren.

31 Geruchsunterscheidung

Unter der Voraussetzung, dass der Hund schon einen sicheren Apport beherrscht, sieht ein für uns als weitgehend „nasenblinde" Menschen gut nachvollziehbarer Trainingsansatz folgendermaßen aus:

Besorgen Sie sich eine beliebige Anzahl von gleichartigen Gegenständen, die aus einem Material sein sollten, das der Hund schon aus der Apportarbeit kennt. Je weniger porös das Material ist, umso besser für den Start, denn das erleichtert dem Hund die Arbeit. Metall ist gut geeignet, aber nicht jederhunds Sache, was die Begeisterung die Gegenstände zu apportieren anbetrifft.

Wenn Sie mit Metallgegenständen trainieren, brauchen Sie nicht so genau darauf zu achten, die Gegenstände nicht mit der bloßen Hand anzufassen. Vor dem Trainingsstart sollten die Objekte dann aber kurz mit enzymhaltigem Waschmittel abgewaschen und danach mit einer alkoholischen Lösung abgerieben werden, um Eiweiß und Fettbestandteile von den Gegenständen zu lösen. Bei bzw. nach dieser Prozedur ist es wichtig, dass die Gegenstände (bis auf einen) nicht mehr angefasst werden. Kennzeichnen Sie den Gegenstand, den Sie angefasst haben, und legen Sie beispielsweise mit einer ebenfalls geruchsgereinigten Grillzange einen neutralen und den angefassten Gegenstand im Abstand von ca. einem Meter voneinander entfernt aus.

Lassen Sie den Hund nun arbeiten. Er soll Ihnen den geruchlich durch Ihre Hand gekennzeichneten Gegenstand bringen. Sollte er den falschen bringen, ignorieren Sie sein Verhalten. Nehmen Sie ihm den Gegenstand nicht ab. Sagen Sie nichts und tun Sie so, als ob Sie es gar nicht merken, dass er Ihnen etwas anbietet. Bleiben Sie geduldig und loben Sie ihn überschwänglich, wenn er Ihnen den richtigen Gegenstand bringt.

> **Tipp**
> Den Hund für „Fehlversuche" zu ignorieren ist wichtig, um das unerwünschte Verhalten nicht zu verstärken. Selbst ihn wieder loszuschicken kann schon zu viel sein. Bleiben Sie locker! Es ist kein Problem, wenn der Hund erst alle falschen Objekte bringt. Beachtung bekommt er erst für das richtige! Auf diese Weise lernt er auf einfache Weise, was er zu tun hat.

Wiederholen Sie diese Aufgabe, bis er ungefähr fünf Mal hintereinander den richtigen Gegenstand gebracht hat. Halbieren Sie dann den Abstand der beiden Gegenstände zueinander. Gehen Sie nach diesem Schema weiter vor, bis Ihr Hund auch in direkter Nähe des geruchsneutralen Gegenstandes seine Nase einsetzt und Ihnen immer den richtigen bringt.

Fügen Sie dann ein weiteres geruchsneutrales Objekt hinzu. Starten Sie die Übung anfangs wieder mit mehr Abstand zwischen den einzelnen Objekten. Trainieren Sie dieses Spiel immer weiter, bis der Hund fehlerfrei aus einer gewissen Anzahl von Objekten das richtige bringt.

Übungsvarianten

Wenn der Hund die oben beschriebene Übung beherrscht, können Sie schwierigere Objekte ins Spiel bringen. Lassen Sie den Hund zum Beispiel Holzstücke, Ledersachen o.Ä. bringen. An diesen Objekten haftet immer eine Vielzahl von Gerüchen. Achten Sie hier beim Übungsstart strikt darauf, dass Sie diese Gegenstände niemals vorher mit der bloßen Hand angefasst haben!

Machen Sie den Hund mit einer Vielzahl von Objekten vertraut und nehmen Sie dann auch Gegenstände in das Programm auf, die grundsätzlich eine ähnliche Geruchsqualität haben, etwa verschiedene Paare von Schuhen. Für den Start ist es für den Hund einfacher, wenn die einzelnen Paare von verschiedenen Menschen sind. Legen Sie die verschiedenen Schuhpaare in Sichtweite aus und behalten Sie einen Schuh zurück. Lassen Sie den Hund an dem Schuh riechen und schicken Sie ihn los, das Gegenstück zu finden. Sollte diese Übung für den Hund zu schwer sein, können Sie mit den neuen Objekten noch einmal die Grundübung wie mit den Metallteilen machen, in

der zunächst nur zwei Objekte ausliegen. Weisen Sie Ihren Hund vor der Suche ein, indem Sie ihn an dem zurückgehaltenen Schuh die Information aufnehmen lassen, die er für die Suche braucht.

Türmen Sie einen Haufen verschiedener Gegenstände auf. Verstecken Sie in diesem Wust von Sachen einen speziellen Gegenstand wie etwa einen Tennisball. Lassen Sie den Hund dann mit einem anderen Tennisball Geruchskontakt aufnehmen und schicken Sie ihn los, aus dem Haufen von Gegenständen den Tennisball herauszuholen.

Diese Geruchsunterscheidungsübung kann man zusätzlich erschweren, wenn man die Objekte nicht mehr sichtbar, sondern versteckt auslegt. Aus Erfahrung kann ich sagen, dass diese Übung Gold wert ist, wenn man selbst ein nicht so ordentlicher Mensch ist …

Variieren Sie diese Übung beliebig, indem Sie den Hund nach und nach auch Dinge suchen lassen, die nicht Ihren, sondern den Geruch anderer Personen tragen. Je seltener die jeweilige Person den Gegenstand berührt hat bzw. je mehr andere Gerüche daran haften, desto schwieriger ist die Übung für den Hund.

32 „Such"

Dinge zu suchen macht vielen Hunden sehr viel Spaß. Aber nicht jeder Hund bringt hierfür die gleiche Begeisterung und auch nicht das gleiche Talent mit. Passen Sie den Schwierigkeitsgrad der Übungen Ihrem Hund

![Für das Auffinden von Personen hat sich der Hund einen Jackpot verdient.]

Für das Auffinden von Personen hat sich der Hund einen Jackpot verdient.

an. Die Übung „Such" kann man auf beliebige Art und Weise beenden. Lassen Sie Ihren Hund wahlweise am gefunden Objekt eine Übung machen, zum Beispiel „Platz" oder „Laut" zum Verweisen, oder lassen Sie ihn das Objekt apportieren oder das Gesuchte fressen.

Dem Hund die Übung „Such" beizubringen ist einfach: Verstecken Sie zum Beispiel vor den Augen Ihres Hundes sein Lieblingsspielzeug oder ein schmackhaftes Leckerchen unter einem Handtuch. Schicken Sie Ihren Hund dann mit „Such" los, sich die Sachen zu holen. Loben Sie ihn überschwänglich, wenn er das Ziel erreicht und die Sache gefunden hat!

Übungsvarianten

 Verstecken Sie sich oder bitten Sie eine dem Hund vertraute Hilfsperson sich zu verstecken. Lassen Sie den Hund dann suchen. Je enger die Beziehung ist, desto leichter ist diese Übung für den Hund. Günstig ist es, wenn der Hund zunächst von der Person, die sich verstecken wird, beispielsweise mit einem Spielzeug angereizt wird, damit er weiß, dass er dort etwas Tolles bekommt. Die Belohnung soll er dann natürlich direkt von der entdeckten Person bekommen.

 Verstecken Sie einen Gegenstand, ohne dass Ihr Hund zuschaut und schicken Sie ihn los, dieses Objekt zu suchen. Schließen Sie ggf. eine Übung an („Apport", „Platz" oder „Laut" zum Verweisen), sobald der Hund den betreffenden Gegenstand gefunden hat.

 Verstecken Sie im hohen Gras, im Sand oder im Schnee Dinge für Ihren Hund und schicken Sie ihn los, diese Dinge zu suchen.

Lassen Sie Ihren Hund unter umgedrehten Blumentöpfen versteckte Leckerchen oder Spielzeug suchen. Schließen Sie ggf. eine Anzeige- oder Apportübung an.

Lassen Sie Ihren Hund einen ihm vertrauten Menschen suchen, ohne dass er gesehen hat, wo dieser sich versteckt. Auch hier ist es am günstigsten, wenn die gefundene Person ihn direkt belohnt.

Erschweren Sie die Übung, indem Sie die Objekte oder Personen an schwerer zugänglichen Orten verstecken. Das kann ein Gebüsch sein oder hinter einer Tür, aber auch erhöht, zum Beispiel auf einem Baum oder mit Laub bedeckt am Boden. Lassen Sie Ihren Hund die Problemsituation möglichst eigenständig lösen und zum Beispiel besagte Tür selbst öffnen, einen Gegenstand ausgraben etc. Sie können Ihren Hund auf dem Weg zum Erfolg mit dem Clicker bestärken.

Weisen Sie den Hund durch ein Vergleichsobjekt in den Geruch ein und lassen Sie dann den versteckten Gegenstand suchen.

33 Substanzerkennung

Für dieses Spiel brauchen Sie einen Hilfsgegenstand, beispielsweise einen etwa 15 Zentimeter langen Plastikschlauch, der dick genug ist, um darin ein Taschentuch zu verstecken.

Gewöhnen Sie den Hund zunächst daran, den Schlauch zu apportieren. Belohnen Sie ihn überschwänglich, damit er viel Freude bei dieser Arbeit hat.

Entscheiden Sie sich nun für eine Substanz, die Ihr Hund finden soll.

„Berufsspürhunde" suchen bekanntlich nach Drogen oder Sprengstoffen. Sie aber können Ihren Hund zum Beispiel Genussmittel wie Tee oder Kaffee suchen lassen. Wickeln Sie eine kleine Menge der Substanz, die Ihr Hund suchen soll, in ein Taschentuch ein und stecken Sie es so präpariert in den Plastikschlauch. Spielen Sie mit Ihrem Hund wiederum einige Male Apportspiele mit diesem Objekt und loben Sie ihn über den grünen Klee, wenn er den Schlauch aufnimmt und Ihnen bringt. Durch dieses Spiel assoziiert der Hund den Geruch der gesuchten Substanz mit seinen Erfolgserlebnissen. Führen Sie dann ein entsprechendes Kommando für diese Übung ein – zum Beispiel „Drogenfahnder".

Übungsvarianten

Lassen Sie den Hund nicht mehr zusehen, wo Sie seinen „Drogenschlauch" versteckt haben, und schicken Sie ihn los, ihn zu suchen und zu bringen. Setzen Sie den Clicker ein, wenn er mit Eifer dabei ist, und belohnen Sie ihn für jeden Erfolg.

Gewöhnen Sie den Hund schrittweise daran, dass „seine" Substanz auch in anderen Objekten versteckt sein kann. Schicken Sie ihn mit dem entsprechenden Kommando los, Ihnen die Substanz anzuzeigen, die Sie diesmal nicht in dem Schlauch, sondern etwa in einem aufgeschnittenen Tennisball versteckt haben.

An die Substanzerkennungsübung kann man auch verschiedene Anzeigearten anschließen. Das Verweisen in der Platzposition oder das „Laut" Verweisen kennt der Hund ja vielleicht schon aus anderen Übungen. Für die „Drogenarbeit" kann er auch andere oftmals von der Polizei genutzte Anzeigeformen lernen.

„Sitz" als Anzeigeform

Wenn Sie möchten, dass der Hund als Anzeige sitzt, können Sie folgendermaßen vorgehen: Verstecken Sie den Drogenschlauch unter einem schweren Gegenstand, sodass der Hund ihn nicht eigenständig aufnehmen kann.

Lassen Sie ihn vom Hund dann suchen. Verlangen Sie „Sitz" vom Hund, sobald er den Gegenstand gefunden hat und belohnen Sie ihn, indem Sie den Gegenstand befreien und den Hund den Gegenstand aufnehmen lassen. Er kann dann mit dem Schlauch mit Ihnen spielen oder für das Abliefern des Schlauches bei Ihnen mit einem besonders schmackhaften Leckerchen belohnt werden.

Wiederholen Sie diese Übung und schleichen Sie langsam die Hilfe aus, dem Hund das „Sitz"-Kommando zu geben. Belohnen Sie ihn mit einem Jackpot, wenn er eigenständig auf die Idee kommt, sich vor das Objekt zu setzen und auf Ihre Hilfe zu warten.

Anzeigeform mit der Pfote

Um den Hund ein Objekt mit der Pfote anzeigen zu lassen, kann man sich des Target-Prinzips bedienen. Trainieren Sie den Hund in einer Sonderübung darauf, seinen „Drogenschlauch" mit der Pfote anzutippen (Trainingsaufbau s. Seite 42). Wenn er

zuverlässig mit der Pfote den Schlauch antippt, können Sie diese Anzeige mit der eigentlichen Substanzerkennungsübung verknüpfen.

Legen Sie hierzu den Gegenstand so aus, dass der Hund ihn nicht selbständig aufnehmen kann, und weisen Sie ihn an, diesen anzuzeigen, indem Sie ihm das Kommando geben, ihn mit der Pfote anzutippen. Verfahren Sie wie oben beschrieben, um das Verhalten zu verstärken. Bauen Sie dann auch hier langsam die Hilfe ab. Belohnen Sie den Hund anfänglich immer mit einem Jackpot, wenn er eigenständig das erwünschte Verhalten zeigt.

34 Futtersuchspiele

Eine bequeme Beschäftigungsmöglichkeit für Hunde, die Trockenfutter bekommen, ist, ihnen das Futter nicht mehr aus dem Napf, sondern erst nach einer entsprechenden Suche zu geben. Für Futtersuchspiele kann man sich die verschiedensten Varianten ausdenken. Hier ist Ideenreichtum gefragt!

Übungsvarianten

Werfen Sie eine gewisse Menge an Futterstückchen in den Raum und lassen Sie den Hund das Futter suchen und fressen.

Setzen Sie Futterbälle (Activity Ball, Buster Cube, Biscuit Ball und Gitterball) ein, um dem Hund seine Mahlzeit zukommen zu lassen.

Verstecken Sie Futter unter einem alten Laken oder der Hundedecke und lassen Sie Ihren Hund eigenständig arbeiten, um an die Ration zu kommen.

Lassen Sie Ihren Hund gefundene Futterstücke, die Sie unzugänglich versteckt haben, mit „Sitz", „Platz", der Pfote oder „Laut" verweisend anzeigen, bevor er sie haben darf.

Füllen Sie einen Kong mit Futter und verschließen Sie die Öffnung mit Schmierkäse oder einer Schicht Leberwurst.

Füllen Sei einen Kong mit Weichfutter oder mit Trockenfutter, das mit Schmierkäse oder Leberwurst versetzt ist und legen Sie den Kong dann ins Tiefkühlfach. Lassen Sie Ihren Hund später sein „Kong-Eis" bearbeiten.

Verstecken Sie jeweils eine kleine Belohnung unter einer ganzen Anzahl von leeren umgedrehten Büchsen oder Dosen.

Diese Übung können Sie erschweren bzw. variieren, indem Sie die Büchsen nicht einfach sichtbar hinstellen, sondern sie unter Büschen etc. im Garten oder auch im Haus im Zimmer verstecken und den Hund dann danach suchen lassen.

Streuen Sie einen Teil der Trockenfutterration im Garten weitflächig auf den Rasen.

Haben Sie noch ein paar alte Stiefel, die Sie nicht mehr brauchen? Falls ja, können Sie entweder „pur" oder in ein Handtuch eingewickelt im Stiefel ein begehrtes Leckerchen verstecken. Lassen Sie den Hund auch hier selbständig arbeiten, um an den Happen zu gelangen.

Legen Sie im Garten eine Spur aus klitzekleinen Leckerchen, ohne dass Ihr Hund dabei ist. Drehen Sie Kurven etc. Am Ende dieser Spur kann eine größere Belohnung versteckt sein. Führen Sie Ihren Hund dann an den Anfang der Spur und lassen Sie ihn loslegen.

Für Fortgeschrittene können Sie diese Übung noch schwieriger gestalten, indem Sie auch schon auf dem Weg zur großen Endbelohnung hin und wieder einmal ein Leckerchen etwas aufwendiger, beispielsweise in einem Blumentopf verstecken.

Ein Haufen alter Socken eignet sich hervorragend für ein weiteres Futterabenteuer. Legen Sie die Socken als Knäuel zusammen. Stecken Sie in einen der Socken ein schmackhaftes Leckerchen. Legen Sie nun alle Sockenknäuels auf den Boden und lassen Sie dann den Hund nach dem Futtersocken suchen. Entweder er bastelt sich sein Leckerchen selbst heraus oder er apportiert Ihnen den Socken, damit Sie ihm helfen.

Stecken Sie einen dünnen Stab, auf dem Sie ringförmige Leckerchen aufgefädelt haben, in den Boden im Garten oder fädeln Sie Leckerchen auf einen Strick auf (Vorsicht, der Hund darf den Strick auf keinen Fall aus Versehen verschlucken können!) und animieren Sie den Hund, sich das so präparierte Futter zu erarbeiten.

Lassen Sie Ihren Hund das Futter aus einem Futterautomaten erarbeiten. Ein solches Gerät können Sie über das Internet beziehen oder es sich mit einigem Geschick in vereinfachter Form selbst basteln.

Diese Übung kann erschwert werden, wenn der Stab, auf dem die Leckerchen aufgefädelt sind, schwingend angeboten wird. Achten Sie auch hier immer auf die Sicherheit des Hundes. Ein versehentliches Verschlucken des Stabes muss ausgeschlossen sein!

Lassen Sie den Hund aus einem mit Wasser gefüllten Trog Futterstücke fischen. Da viele Leckerchen im Wasser untergehen, können sie auch auf einem „Korkfloß" angeboten werden.

Kopfarbeit

Hunde können auch einige relativ abstrakte Zusammenhänge lernen. Das Talent hierfür ist individuell allerdings sehr unterschiedlich ausgeprägt. Hunde, die schon mit der Methode des freien Formens vertraut sind, entwickeln oft eine extrem schnelle Auffassungsgabe. Sie wissen schon, dass das Lernen über das Prinzip „Versuch und Irrtum" Spaß macht und zu einem lohnenswerten Endziel führt. Das bedeutet aber nicht, dass Hunde, die das freie Formen noch nicht kennen oder sich schwer damit tun, weil sie wenig eigene Ideen anbieten, Probleme nicht eigenständig lösen könnten!

Stellen Sie Ihren Hund vor eine Problemsituation und warten Sie ab, was passiert. Gestalten Sie das Ende dieser Übungen stets so, dass Ihr Hund am Schluss voll auf seine Kosten kommt, indem er eine tolle Futterbelohnung oder sein Lieblingsspielzeug erhält. Nehmen Sie sich für die hier vorge-

stellten Kopfarbeitsübungen immer genug Zeit und geben Sie dem Hund möglichst keine Hilfen, denn in diesen Übungen soll er wirklich ganz eigenständig die Lösung finden. Bleiben Sie immer freundlich und geduldig, auch wenn der Hund vielleicht einmal nicht zum Ziel kommen sollte. Druck verleidet dem Hund das eigenständige Mitarbeiten und führt dazu, dass er sich in Zukunft gar nicht erst trauen wird, etwas auszuprobieren.

Achtung
Wenn Sie merken, dass Ihr Hund **frustriert** oder unsicher reagiert, weil er Ihre Erwartungshaltung nicht spontan erfüllen kann, sollten Sie ihm doch Hilfen geben, um eine angenehme Übungsatmosphäre zu schaffen. Besonders gut eignen sich dann Hilfen über den Clicker nach dem Prinzip des freien Formens.

Übungsbeispiele

Lassen Sie Ihren Hund alleine in einem Raum zurück und lehnen Sie die Tür an. Rufen Sie ihn nun zu sich. Wesentlich leichter ist diese Übung, wenn sich die Tür nach außen öffnen lässt, sodass der Hund sie nur mit der Nase oder Pfote aufstoßen muss. Türen, die nach innen aufgehen, stellen für einen Hund mitunter eine echte Herausforderung dar. Lassen Sie ihn herausfinden, wie er die Türen öffnen kann.

Gehen Sie mit Ihrem Hund und einer Hilfsperson an einem Bachlauf entlang, über den eine Brücke führt. Bleiben Sie dann am Ufer zurück und bitten Sie die Hilfsperson, mit dem Hund die Brücke zu überqueren. Gehen Sie dann ca. zwanzig Meter parallel zum Bach weiter. Die Hilfsperson und Ihr Hund sollten auf der anderen Seite dasselbe tun. Rufen Sie Ihren Hund dann zu sich und warten Sie, ob er auf die Idee kommt zur Brücke zurückzulaufen, um zu Ihnen zu kommen.

🦴 Anspruchsvoller ist diese Übung, wenn der Hund mit der Hilfsperson zurückbleibt und Sie die Brücke überqueren, denn dann muss der Hund bei Zuruf eigenständig eine Strecke zurücklegen, die er noch nicht kennt.

🦴 Öffnen Sie vor den Augen Ihres Hundes ein Schubfach und legen Sie ein besonders leckeres Leckerchen hinein. Schieben Sie das Schubfach zu, aber so, dass es noch einen Spaltbreit offen steht. Sagen Sie Ihrem Hund dann, dass er sich das Leckerchen holen darf.

🦴 Lassen Sie diese Übung von Ihrem Hund statt an einem Schubfach mit einem Pappkarton umsetzen.

🦴 Befestigen Sie an einer Schnur ein schmackhaftes Leckerchen, beispielsweise ein Schweineohr o. Ä., und schieben Sie dann diese Belohnung so unter einen Schrank oder unter einem Zaun durch, dass in Reichweite des Hundes nur noch die Schnur liegt. Beobachten Sie, ob er nur durch das Ziehen an der Schnur an die Belohnung kommt. Achten Sie darauf, dass die Schnur nicht verschluckt werden kann!

Turnübungen

In diesem Kapitel werden verschiedene Figuren und „Turnübungen" vorgestellt. Diese kann man mit dem Hund nur zum Spaß, zur intensiveren Beschäftigung, im Rahmen einer kleinen privaten Vorführung oder auch für eine spätere Dog Dance Performance erarbeiten.

35 „Drehen"

Ein Hund kann relativ leicht lernen, Drehungen um seine eigene Achse zu vollführen. Halten Sie dem Hund ein Leckerchen vor die Nase und beschreiben Sie mit diesem Lockleckerchen einen Kreis, der so groß sein muss, dass sich der Hund dem Leckerchen folgend einmal um sich selbst dreht. Sagen Sie in diese Bewegung hinein das Kommando (z. B. „Drehen").

> **Tipp**
> Wenn Sie mit Ihrem Hund später eine kleine Aufführung machen oder diese Übung mit anderen kombinieren möchten, lohnt es sich, für die Drehung nach rechts oder links jeweils unterschiedliche Signale (z. B. „Drehen" und „Rum") einzuführen.

Bauen Sie im nächsten Trainingsschritt die Hilfe ab, dem Hund den Weg mit dem Lockleckerchen vorzugeben, indem Sie zunächst mit einer Armbewe-

Hunde mit langem Rücken müssen einen Bogen mit größerem Radius laufen.

gung den Kreis noch beschreiben, aber in der Hand kein Lockleckerchen mehr halten. Der Hund bekommt die Belohnung nach der vollendeten Drehung. Bei Bedarf können Sie sich zum Schluss daran machen, auch das Sichtzeichen als Hilfe abzubauen und den Hund mehr auf das Sprachkommando zu konzentrieren.

Tipp

Schüchterne Hunde fühlen sich oftmals nicht wohl, wenn man in dieser Übung zu Beginn mit dem Arm über ihnen Kreise in die Luft schreibt, denn sie werten das als Bedrohung. Alternativ kann diese Übung mit dem Target-Stick (Nasen-Target-Übung) trainiert werden. Auf diese Weise kann man körperlich mehr Abstand vom Hund halten.

Bei schüchternen Hunden leistet ein Target-Stab gute Dienste.

ser aufpassen, damit er Ihnen nicht in den Weg läuft.

🦴 Trainieren Sie auch Drehungen auf Distanz. Nehmen Sie hierzu zunächst die Kommandos „Steh" und „Bleib" zu Hilfe, damit Ihr Hund weiß, dass er auf Abstand bleiben soll. Alternativ kann man den Target-Stab als Abstandhalter einsetzen.

36 „Durch"

Um den Hund vor eine neue Anforderung zu stellen, kann man ihm beibringen, einem von vorne nach hinten auf Kommando durch die gegrätschten Beine zu laufen.

Der Übungsaufbau ist denkbar einfach: Stellen Sie sich frontal zum Hund mit gegrätschten Beinen auf und werfen Sie ein Leckerchen durch Ihre Beine nach hinten. Animieren Sie den Hund, das Häppchen zu holen.

Deuten Sie im nächsten Übungsschritt den Wurf mit dem Leckerchen nur an und belohnen Sie Ihren Hund, der dank der Täuschung durch Ihre Beine gelaufen ist, z. B. in der Grundposition. Anfänglich kann es sein, dass Sie dem Hund das Leckerchen in der Grundposition zeigen müssen, oder Sie lassen ihn mit Kommando in die Grundposition kommen.

Übungsvarianten

🦴 Üben Sie mit dem Hund, die Drehung sowohl an Ihrer Seite (aus der rechten oder linken Grundposition), als auch vor Ihnen zu machen. Wiederum haben Sie hier zwei Richtungen zur Auswahl.

🦴 Lassen Sie Ihren Hund beim Fußlaufen an der linken Seite eine Drehung nach außen, also linksherum machen.

🦴 Üben Sie nun die Drehung nach rechts, wenn der Hund „Rechts" läuft.

🦴 Drehungen aus dem Fußlaufen sind auch nach innen möglich, sodass sich der Hund dann zu Ihnen hin dreht. Hierbei muss er etwas bes-

> **Tipp**
> Wenn Sie an „Durch" gerne weitere Übungen anschließen wollen, empfiehlt es sich, die Übung so aufzubauen, dass der Hund immer in der Grundstellung (wahlweise auch rechts in der Grundstellung)

belohnt wird, denn sonst lungern die Hunde häufig etwas ziellos hinter einem herum oder wenden sich, ohne dass die Übung aufgelöst wurde, anderen interessanten Dingen zu.

Führen Sie nun ein eigenes Kommando (z. B. „Durch") für diese Übung ein, indem Sie „Durch" immer zu Beginn der Übung sagen, wenn Sie den Hund zunächst noch mit dem angedeuteten Wurf des Leckerchens verleiten. Schleichen Sie im nächsten Schritt, wenn der Hund schon eine gute Verknüpfung zum Sprachsignal hergestellt hat, das Täuschungsmanöver als Hilfe aus.

Übungsvarianten

Schließen Sie an eine Rückrufübung direkt das Kommando „Durch" an und lassen Sie Ihren Hund durch Ihre gegrätschten Beine laufen.

Drehen Sie sich selbst auf einem Fuß um ca. 90 Grad im Uhrzeigersinn und stellen Sie sich dann in gegrätschter Haltung auf. Lassen Sie den Hund nun „Durch" laufen. Diese Übung kann man mehrmals hintereinander machen, was einen netten Showeffekt darstellt.

Knien Sie sich mit einem Bein auf den Boden und stellen Sie den anderen Fuß auf, sodass Ihr Bein einen Rahmen bildet. Lassen Sie Ihren Hund dort „Durch" laufen.

Kombinieren Sie diese Übung mit dem Richtungsschicken und lassen Sie Ihren Hund "Voraus" und dann "Durch" die gegrätschen Beine

einer ihm gut vertrauten Hilfsperson laufen.

Mit zwei oder drei Hunden und mehreren Hilfspersonen kann man ein Krocket-Spiel nachahmen. Die Hilfspersonen sollen sich in der Grätsche als „Tore" aufstellen, während die Hundeführer ihre Hunde anweisen müssen, jeweils mit „Voraus" und „Durch" den Parcours zu meistern.

37 Hervorlugen

Eine reine Spaß-Übung ist das Hervorlugen. Um einen möglichst großen Effekt zu erzielen ist es nötig, dass der Hund wirklich direkt hinter Ihnen steht und mögliche Zuschauer vor Ihnen. Sonst verliert die Übung an Charme.

Lassen Sie den Hund „Sitz" oder „Steh" und „Bleib" machen und stellen Sie sich so vor ihm auf, dass Sie mit dem Rücken zum Hund stehen. Spreizen Sie nun die Beine gerade so weit, dass der Hund mit dem Kopf hindurchpasst. Verleiten Sie ihn mit einer tollen Belohnung, seinen Kopf durch Ihre Beine hindurchzustecken und belohnen Sie ihn in dieser Haltung. Benutzen Sie gleichzeitig das gewünschte Kommando, z. B. „Kuckuck".

Übungsvarianten

Der Hund kann auch lernen, seitlich um ein Bein hervorzulugen. Der Übungsaufbau ist mit einem Lockleckerchen meist sehr einfach. Bei dieser Variante kommt es nicht so sehr darauf an, ob

„Ist die Luft rein?"

der Hund wirklich gerade hinter Ihnen steht. Wichtig ist aber, dass er seinen Kopf möglichst eng an Ihrem Bein entlangführt und dann mit seinem Kopf seitlich an Ihrem Bein einen Moment verharrt. Auch diese Übung ist immer ein großer Spaß für Zuschauer. Als Kommando kann man „Ist die Luft rein?" verwenden.

Dieselbe Handlung kann man mit dem Hund auch am Eingang zu einem Zimmer üben. Lassen Sie den Hund auf diese Weise erst mal in einen Raum spähen, bevor Sie ihn mit ihm zusammen betreten.

38 Rückwärts Umrunden

In dieser Übung soll der Hund sich rückwärts um 360 Grad um ein angewiesenes Objekt z. B. die Beine des Besitzers drehen.

Sie können auf verschiedene Weise diese Übung aufbauen: Ein möglicher Übungsaufbau sieht folgendermaßen aus: Basteln Sie sich zum Beispiel aus vier Eimern, auf die Sie jeweils ein Brett legen, ein kleines Begrenzungsviereck. Dieses Viereck sollte so groß sein, dass der Hund sich – neben Ihnen stehend – gerade darin drehen kann. Lassen Sie dem Hund ein bisschen Zeit, sich an die Hilfsmittel zu gewöhnen und belohnen Sie ihn ein paar Mal, wenn er aufmerksam in der

Grundposition an Ihrer rechten oder linken Seite innerhalb des Vierecks steht. Locken Sie ihn dann mit einem Leckerchen oder einem Nasen-Target-Stab rückwärts. Nach einem kleinen Schritt wird er an die Begrenzung kommen und anstoßen. Ziel ist, dass er wegen der Begrenzung schräg weiter um Sie herum läuft. Clicken Sie bzw. belohnen Sie ihn sofort, sobald Sie merken, dass er auf dem richtigen Weg ist.

Bauen Sie die Hilfen schrittweise ab, wenn ersichtlich ist, dass der Hund mehr und mehr spontan seinen Po in die richtige Richtung bringt. Geben Sie ihm einen Jackpot, wenn er beim Rückwärtslaufen besonders eng an Ihrem Körper bleibt. Führen Sie auch hier das Signal z.B. „Circle" für diese Übung erst ein, wenn Ihr Hund zuverlässig den Bogen raus hat. Trainieren Sie dann die Übung ganz ohne Hilfen.

Eine andere Möglichkeit die Übung aufzubauen ist, ein Target-Objekt als Hilfe einzusetzen. Da die Schwierigkeit dieser Übung darin besteht, dem Hund zu vermitteln, dass er mit seinem Körper rückwärts eine Kreisbewegung beschreiben soll, bietet sich der Einsatz eines Hüft-Targets an.

Beginnen Sie mit dieser Übung erst, wenn Ihr Hund die Target-Übung mit der Hüfte schon sicher beherrscht. Entscheiden Sie sich bei der Target-übung für eine Hüfte. Lernt Ihr Hund mit der rechten Hüfte das Target-Objekt zu berühren, können Sie dies für das Rückwärtsumrunden aus der linken Grundposition nutzen. Die Target-Konditionierung ist auf Seite 42 beschrieben. Wenn Sie das Target-Training in diesem Fall nur für das Rückwärtsumrunden einsetzen möchten, brauchen Sie kein eigenständiges Kommando einzuführen. Sie können der Target-Übung gleich den Namen für das Rückwärtsumrunden geben oder die Target-Übung ohne Sprachsignal durchführen.

Lassen Sie Ihren Hund in die Grundposition an Ihre linke Seite kommen. Halten Sie Ihn dann an, mit der rechten Hüfte das Target-Objekt zu berühren. Sie müssen das Target-Objekt hinter Ihrem Rücken halten. Für den Hund ist es eine große Hilfe, wenn er zunächst nur eine minimale Bewegung in Richtung Ziel-Objekt machen muss. Belohnen Sie ihn, für den Hüftkontakt am Target. Wiederholen Sie dann die Übung und lassen Sie ihn ein paar Zentimeter mehr rückwärts zurücklegen.

Verfahren Sie nach diesem Schema weiter, bis er schließlich eine volle Runde rückwärts um Sie herum gegangen ist.

Übungsvarianten

Wenn Ihr Hund zunächst gelernt hat, Ihre geschlossenen Beine rückwärts zu umrunden, können Sie eine nette Abwandlung einführen, indem Sie ihn dann jeweils nur um ein Bein – wahlweise das rechte oder linke – drehen lassen.

Wenn der Hund die Übung gut beherrscht, kann man mehr Verleitungen einführen, indem man sich selbst dreht, während der Hund einen rückwärts umrundet. Das sieht besonders interessant aus, wenn man sich entgegen der Laufrichtung des Hundes dreht.

Bringen Sie dem Hund das Rückwärtsumrunden in die andere Richtung bei.

 Suchen Sie sich andere Objekte, beispielsweise einen Laternenpfahl, die Sie von Ihrem Hund rückwärts umrunden lassen.

 Kombinieren Sie die Übung „Circle" mit „Apport" und lassen Sie den Hund einen ihm gut vertrauten Gegenstand rückwärts um Sie herum tragen.

 Für absolute Könner gibt es eine tolle Variante: Lassen Sie den Hund mit dem Kommando „Zurück" rückwärts zu einem Objekt gehen (Achtung: der Hund sollte nicht anstoßen!). Wenn er seitlich neben dem Objekt angekommen ist, weisen Sie ihn an, diesen Gegenstand rückwärts zu umrunden.

39 Rückwärtsgehen durch die Beine des Besitzers

Eine sehr eindrucksvolle Übung aus dem Dog Dance ist das Rückwärtsgehen durch die Beine des Besitzers. Anders als beim Rückwärtsslalom soll der Hund hier gerade rückwärts laufen.

Lassen Sie Ihren Hund „Sitz" machen und stellen Sie sich mit gegrätschten Beinen dicht hinter ihn. „Schieben" Sie ihn nun mit einer Belohnung vor der Schnauze zwischen Ihren Beinen durch.

> **Tipp**
> Wenn der Hund das Kommando „Zurück" schon gut kennt, kann man es hier zunächst als Hilfe einsetzen.

Wenn Sie den Hund durch Ihre Beine hindurch „geschoben" haben, schließen Sie schnell die Beine und belohnen ihn in der Grundstellung. Dies erleichtert dem Hund das Verständnis, dass er sich bewegen muss.

Führen Sie das Kommando (z. B. „Grätsche") für diese Übung erst ein, wenn der Hund den Bewegungsablauf schon gut beherrscht. Auf diese Weise vermeiden Sie Fehler im Übungsaufbau.

Übungsvarianten

 Versuchen Sie, nach und nach etwas mehr räumliche Distanz zwischen sich und den Hund zu bringen. Achten Sie darauf, so zu stehen, dass der Hund bei dem Versuch, zwischen Ihren Beinen hindurch zu kommen, nicht gegen Ihre Beine stößt. Gleichen Sie notfalls Ihre Position an. Das ist wichtig, damit Ihr Hund nicht unnötig erschrickt, was sein Vertrauen erschüttern könnte.

 Eine anspruchsvolle Variante ist, den Hund aus der frontalen Position heraus starten zu lassen, sodass er zunächst eine halbe Wendung vollführen muss. Unterstützen Sie ihn, indem Sie anfangs seinen Kopf ein wenig von sich weglenken und ihm erst dann das Kommando „Grätsche" geben. Wenn dies gut gelingt, können Sie für die Wendung ein zusätzliches Signal einführen. Dies kann ein Sichtzeichen oder Sprachkommando (z. B. „Wenden") sein.

 Die Kombination „Wenden" und „Grätsche" können Sie zusätzlich erschweren, indem Sie den

Hund zunächst mit „Zurück" von sich wegschicken und ihn dann in einiger Entfernung die Übungen „Wenden" und „Grätsche" machen lassen.

40 „Peng"

Dem Hund beizubringen sich auf die Seite zu legen, ist eine Übung, die man auch im Alltag gut nutzen kann, wenn man etwa die Pfoten kontrollieren, ihm an der Unterseite einen Fremdkörper aus dem Fell holen oder den Hund abtrocknen möchte etc.

So können Sie dem Hund das Kommando „Peng" beibringen: Lassen Sie den Hund in einer gemütlichen Haltung liegen, bei der er eines der Hinterbeine untergeschlagen hat, (eventuell mit dem Kommando „Platz") und an einem Leckerchen schnüffeln. Ziehen Sie nun das Leckerchen erst seitlich, dann entlang der Seite des Hundes und schließlich quer über den Rücken vor seiner Nase her. Achten Sie darauf, diese Bewegung so langsam zu machen, dass der Hund die Nase die ganze Zeit über am Leckerchen behalten kann.

Viele Hunde lassen sich auf die Seite fallen, sobald sie sich zu sehr verrenken müssen, wenn man das Leckerchen über den Rücken bis auf die andere Seite zieht. Sagen Sie genau in diesem Moment „Peng" und geben Sie dem Hund das Leckerchen, während er seitlich flach auf dem Boden liegt.

Alternativ zu dieser Beschreibung kann man „Peng" auch sehr gut mit dem Clicker über das freie Formen oder halb-gelockt trainieren.

Übungsvarianten

Üben Sie mit Ihrem Hund, „Peng" besonders schnell auszuführen, denn das ist sehr effektvoll.

Halten Sie Ihren Hund in der Position „Peng" zur Ruhe an, indem Sie „Peng" und „Bleib" kombinieren. Üben Sie dies jedoch nicht unter zu starker Ablenkung und vor allem nicht, wenn andere freilaufende Hunde anwesend sind, denn in dieser Position kann der Hund nicht in ausreichender Form mit den Artgenossen kommunizieren.

Belegen Sie das seitliche Liegen auf der rechten und linken Seite mit unterschiedlichen Kommandos (z. B. „Peng" und „Schlafen").

Üben Sie „Peng" aus der Bewegung des Fußlaufens heraus, während Sie selbst weitergehen.

Trainieren Sie mit dem Hund „Peng" auf Entfernung. Setzen Sie hierzu zum Beispiel das Kommando „Bleib" ein oder nehmen Sie einen Nasen-Target als Hilfsmittel, um Distanz zu schaffen.

41 „Rücken"

Diese Übung ist eine abgewandelte Form der Übung „Peng".

Hierbei soll der Hund nicht auf der Seite, sondern auf dem Rücken zum Liegen kommen und in dieser Position verharren.

> **Achtung**
> Auf dem Rücken zu liegen ist nicht jedem Hund angenehm. Nehmen

Sie Rücksicht, wenn sich Ihr Hund sträubt. Besonders große, schwere Hunde oder solche, die Probleme mit der Wirbelsäule oder andere Probleme mit dem Bewegungsapparat haben, tun sich oftmals schwer und sollten diese Übung dann nicht unbedingt ausführen müssen.

Der Übungsaufbau ist einfach: Locken Sie Ihren Hund, wenn er sich gerade auf die Seite fallen lässt, mit dem Leckerchen noch weiter, bis er auf dem Rücken liegt. Geben Sie ihm genau in diesem Moment das Kommando „Rücken" und belohnen Sie ihn.

Tipp
„Peng" und „Rücken" zu unterscheiden ist für den Hund schwer, denn es sind sehr ähnliche Übungen, die sich nur in einem Detail unterscheiden. Üben Sie „Peng" und „Rücken" deshalb immer zeitlich klar voneinander getrennt. Sinnvoll ist es außerdem, erst eine der Übungen sauber aufzubauen und mit der anderen erst zu beginnen, wenn die erste schon beherrscht wird.

Übungsvarianten

Auch „Rücken" kann man auf Geschwindigkeit trainieren. Achten Sie darauf, dass der Untergrund für den Hund angenehm ist!

„Rücken" und „Bleib" zu kombinieren ist recht anspruchsvoll. Mit dem Hund eine kurze Zeit der

Ruhe zu trainieren lohnt sich aber, um das Kommando zu festigen.

42 „Rollen"

Aus der Position „Peng" oder „Rücken" eine ganze Rolle zu erarbeiten ist eine Leichtigkeit. Im Übungsaufbau können hier wahlweise Leckerchen oder Spielzeug eingesetzt werden.

Locken Sie Ihren Hund in die gewünschte Position. Achten Sie darauf, dass Sie den Moment der Drehung über den Rücken unter ausreichender Spannung halten, damit der Hund genug Schwung bekommt. Belohnen Sie ihn in der von Ihnen definierten Endposition, wenn er nach der Rolle auf der anderen Seite liegt oder wieder steht.

Übungsvarianten

Üben Sie das „Rollen" in beide Richtungen. Arbeiten Sie hierbei mit deutlichen Sichtzeichen oder mit einem neuen Sprachkommando, beispielsweise „Kullern", damit Ihr Hund lernt beide Richtungen voneinander zu unterscheiden.

Verlangen Sie „Rollen" oder „Kullern" mehrmals hintereinander. Belohnen Sie den Hund anfangs nach zwei Rollen und später in unregelmäßigen Intervallen.

Üben Sie „Rollen" oder „Kullern" nicht nur während Sie frontal zum Hund stehen, sondern auch aus einer seitlichen oder parallelen Ausgangsposition.

Lassen Sie den Hund „Fuß" laufen, halten Sie an und ver-

Rollen in einer Wiese – das pure Vergnügen.

langen Sie „Rollen" oder „Kullern" von ihm.

 Trainieren Sie „Rollen" oder „Kullern" auf Distanz.

 Verlangen Sie „Rollen" oder „Kullern" aus der Bewegung des Fußlaufens, während Sie selbst weitergehen.

 Verlangen Sie „Rollen" oder „Kullern" vom Hund, wenn er sich neben Ihnen in der Grundposition befindet. Wenn der Hund hierbei auf Sie zurollt, können Sie, um die Übung besonders schön aussehen zu lassen und um selbst auch ein wenig mitzuturnen, Ihr dem Hund zugewandtes Bein, während dieser die Rolle vollführt, mit einem seitlichen Schritt über ihn hinüber absetzen. Damit ist die Endposition des Hundes unter Ihnen zwischen Ihren Beinen. Achtung: Diese Übung ist für das Tier recht bedrohlich und deshalb nicht für jeden Hund geeignet!

Diese Übung können Sie auch anders herum machen, und zwar indem Sie den Hund erst „Mitte" machen lassen und in dieser Position „Rollen" oder „Kullern" von ihm verlangen. Hierbei müssen Sie Ihr Bein ebenfalls hochnehmen, damit der Hund seitlich neben Sie rollen kann.

Lassen Sie den Hund auf einer Decke „Peng" machen und weisen Sie ihn an, den Zipfel der Decke mit der Schnauze zu fassen („Halten" oder „Apport"). Verlangen Sie dann von ihm „Rollen" oder „Kullern", sodass er sich mit der Decke zudeckt.

Wenn die ganze Übung in einem flüssigen Ablauf gelingt, können Sie für diese komplexe Handlung auch ein eigenes neues Kommando („Gute Nacht") einführen. Als Hilfe kann man anfangs am Deckenzipfel, den der Hund zum Zudecken festhalten muss, ein Spielzeug befestigen; dann ist es für ihn nicht so schwierig die Decke im Liegen aufzunehmen.

43 „Kriechen"

Um dem Hund das „Kriechen" zu vermitteln, können Sie folgendermaßen vorgehen: Lassen Sie den Hund „Platz" machen und halten Sie seine Belohnung, die im Übungsaufbau zum Locken verwendet wird, nah am Boden. Ziehen Sie diese nun langsam vor dem Hund weg und geben Sie ihm

gleichzeitig das o.k., ihr hinterherkriechen zu dürfen.

> **Achtung**
> Viele große Hunde finden an „Kriechen" nicht viel Gefallen. Nehmen Sie hierauf Rücksicht. Diese Haltung ist sehr anstrengend. Verlangen Sie die Übung nicht von Hunden mit Problemen im Bewegungsapparat!

Lassen Sie den Hund je nach Größe anfangs nur ca. einen halben Meter kriechen. Führen Sie das Kommando ein, sobald Sie eine erste Verknüpfung beim Hund erkennen können. Beginnen Sie dann die Hilfe mit dem Locken langsam abzubauen.

> **Tipp**
> Wenn sich der Hund scheut, das Kommando „Platz" zu unterbrechen und sich von dort weg zu bewegen, starten Sie ohne Kommando in die Übung, indem Sie mit dem Hund spielen und im Spiel einen Moment abpassen, in dem der Hund liegt.

Um zu erreichen, dass der Hund später auch einige Meter kriechen kann, ist folgendes Vorgehen sinnvoll:

Hocken Sie sich hin (je nach Hundegröße reicht es auch sich zu knien) und grätschen Sie die Beine, während Ihr Hund dicht vor Ihnen liegt. Verlangen Sie nun „Kriechen". Dabei stellen Sie ihm die Belohnung – gut geeignet ist hierfür ein Spielzeug an einer Kordel – hinter Ihrem Rücken zwischen

Ihren Beinen in Aussicht. Auf diese Weise muss der Hund unter Ihnen hindurchkriechen, um an die Belohnung zu kommen.

Erschweren Sie die Übung dann über zwei Wege: Bauen Sie mehr Distanz auf, indem Sie sich immer ein klein wenig weiter entfernt hinhocken. Versuchen Sie auch, baldmöglichst Ihre Hilfestellung (die Hocke) langsam abzubauen. Stellen Sie sich anfangs aber noch mit gegrätschten Beinen auf, um dem Hund die Übung deutlich zu machen. Lassen Sie den Hund am Schluss ohne weitere Hilfe auf Sie zu kriechen.

> **Tipp**
> Wenn Sie einen großen Hund haben, der statt flach zu kriechen anbietet, in der Haltung „Diener" vorzurobben, ist das eine ansprechende Übungsvariante, die für ihn anatomisch einfacher zu bewerkstelligen ist.

Übungsvarianten

Lassen Sie den Hund von sich weg kriechen. Als Hilfestellung kann man eine andere Person bitten, sich wie im oben beschriebenen Übungsaufbau mit einer Belohnung und in gegrätschter Haltung hinzuhocken. Das Kommando „Kriechen" kann mit „Voraus" kombiniert werden und sollte von Ihnen gegeben werden. Die Hilfsperson dient hier eigentlich nur zu Orientierungszwecken.

Lassen Sie den Hund zu einem nicht sehr weit entfernt liegenden Objekt kriechen. Dort soll er das Objekt möglichst im Liegen aufnehmen und zu Ihnen zurückgekrochen kommen.

Bauen Sie in Anlehnung an ein Krocket-Spiel einen kleinen Parcours mit Hürden, unter denen der Hund durchkriechen soll. Eine sichere Führigkeit auf Distanz und ein gutes Beherrschen der Richtungsanweisungen zahlt sich hier aus. Diese Übung kann auch als toller Wettkampf mit mehreren Hunden abgehalten werden.

44 „Diener"

In der Position „Diener" soll der Hund das Hinterteil in die Luft strecken und die Vorderläufe auf den Ellenbogen abgestützt auf dem Boden haben. Diese Haltung nehmen Hunde oft von alleine ein, beispielsweise wenn sie sich nach vorne strecken oder zum Spiel auffordern. Zeigt der Hund dieses Verhalten, kann man es spontan clicken.

Selbstverständlich kann man zusätzlich auch eine leichte Hilfestellung geben, wenn einem der Weg, das spontane Verhalten zu verstärken, zu langwierig erscheint.

Übungsaufbau mit Locken und Clicker: Wenn Sie schon beobachtet haben, dass Ihr Hund in einer Spielsituation die gewünschte Position einnimmt, können Sie ihn im Spiel verleiten die Vorderkörpertiefstellung zu zeigen, indem Sie sein Lieblingsspielzeug einen Moment lang nah beim Hund am Boden festhalten. Clicken Sie, sobald der Hund die gewünschte Position einnimmt.

Wenn dies ein paar Mal geklappt hat, verlängern Sie die Dauer, in der

Wenn körperliche Hilfen eingesetzt werden, soll sich der Hund nicht bedroht fühlen.

der Hund in dieser Haltung verharren soll, und führen ein Kommando (z. B. „Diener") ein. Bauen Sie im nächsten Schritt die Hilfe insoweit ab, dass Sie selbst stehen bleiben und das Spielzeug mit dem Fuß am Boden festhalten. Später lassen Sie dann auch das Spielzeug weg.

Übungsaufbau ohne Clicker: Wenn Sie nicht mit dem Clicker arbeiten, kann es sein, dass es Probleme mit dem Timing der Belohnung gibt, wenn Sie den Hund im Spielen in die gewünschte Position locken. Oft ist dann folgende Variante für den Hund

leichter zu verstehen: Halten Sie mit einer Hand eine in Aussicht gestellte Belohnung am Boden fest und verleiten Sie den Hund, daran zu kommen. Halten Sie die andere Hand unter den Bauch des Hundes, um zu verhindern, dass er sich beim Versuch, die Belohnung zu ergattern, legt. Sobald er für einen kurzen Moment die richtige Haltung einnimmt, geben Sie ihm das Kommando „Diener" und danach die Belohnung.

Bauen Sie nach ein paar solcher gelockter Übungen die Hilfe mit der Unterstützungshand unter dem Bauch und dem Lockleckerchen oder Spielzeug am Boden ab. Um eine noch bessere Festigung der Übung zu erreichen, setzen Sie später den Anspruch immer weiter hoch, indem Sie selbst nicht mehr zur Hilfe in die Hocke gehen.

Übungsvarianten

Kombinieren Sie „Diener" mit „Bleib". Halten Sie aber die Zeiten kurz, denn diese Position ist auf Dauer unbequem.

Lassen Sie Ihren Hund in der Position „Diener" etwas in der Schnauze halten, indem Sie das „Halten" aus der „Apport"-Übung mit „Diener" kombinieren.

Kombinieren Sie „Diener" mit „Kriechen".

Aus den Übungen „Diener", „Kriechen" und „Apport" kann man eine sehr komplexe Übung zusammenstellen!

45 Vogel Strauß

Voraussetzung für diese Übung ist, dass der Hund bereits die Übung „Diener" beherrscht. Er soll nun zusätzlich zu der Position „Diener" seinen Kopf unter einer Decke oder einem Kissen verstecken. Dies kann man ihm entweder über die Lock-Methode oder mittels eines Nasen-Targets vermitteln. Halten Sie die in Aussicht gestellte Belohnung oder das Target-Objekt unter einer Decke versteckt. Ermuntern Sie nun Ihren Hund, seine Nase unter die Decke zu stecken. Belohnen Sie ihn im entsprechenden Moment bzw. clicken Sie, sobald er seine Nase unter die Decke steckt und belohnen Sie ihn dann.

> **Tipp**
> Für den Anfang ist es sinnvoll, wenn man die Decke leicht aufgewölbt hinlegt, sodass der Hund mit seiner Nase ohne Probleme den Einstieg unter die Decke findet.

Sobald Ihr Hund Sicherheit gewonnen hat, was er mit seiner Nase tun soll, können Sie ihn zunächst mit „Diener" in die gewünschte Position dirigieren und ihn dann die Deckenübung machen lassen. Wenn er die Übung verstanden hat, können Sie das Kommando „Diener" in dieser Übungsvariante gegen ein anderes Kommando (z.B. „Vogel Strauss") austauschen.

46 „Tanzen" und „Auf"

Bei „Auf" und „Tanzen" handelt es sich um zwei recht ähnliche Übungen. In beiden Fällen soll der Hund auf seinen Hinterfüßen mit aufgerichteter Wirbelsäule stehen. Bei der Übung „Auf" soll er die Vorderpfoten beispielsweise am Körper seines Besitzers abstützen, bei der Variante „Tanzen" soll er frei stehen.

> **Achtung**
> Der Übungsaufbau bereitet einem gesunden Hund selten Probleme. Für Hunde mit Problemen im Bewegungsapparat ist diese Übung jedoch nicht geeignet!

Mit dem Target-Stab gelingt diese Übung auch schon auf Distanz.

Verleiten Sie den Hund sich aufzustellen, indem Sie ihn mit einer Belohnung locken. Achten Sie darauf, dass er gut die Balance halten kann. Halten Sie die Übung zunächst kurz und führen Sie das Kommando ein, sobald Sie den Ansatz erkennen können, dass der Hund sich aufrichten wird.

Tipp
Entscheiden Sie sich zunächst für eine der beiden Übungsvarianten. Trainieren Sie diese über mehrere Tage verteilt, bis der Hund eine sichere Verknüpfung mit der Übung

hergestellt hat. Sonst kann es passieren, dass der Hund Probleme hat, „Tanzen" und „Auf" zu unterscheiden.

Übungsvarianten

Versuchen Sie, mit dem Hund, der sich bei „Auf" an Ihnen abstützt, ein paar Schritte zu laufen. Wenn Sie selbst zunächst rückwärts gehen, ist es für den Hund einfacher.

Lassen Sie den Hund zum Beispiel an einem Stuhl „Auf" machen.

Üben Sie „Auf" in Kombination mit „Zurück", indem Sie geradeaus laufen und Ihr Hund entsprechend rückwärts gehen muss.

Drehen Sie sich um die eigene Achse, während Ihr Hund unter dem Kommando „Auf" an Ihnen hochsteht. Der Hund muss hierbei eine gute Balance behalten, denn er muss sich immer neu an Ihnen abstützen oder in kleinen Schritten mitdrehen.

Vermitteln Sie Ihrem Hund, dass er „Auf" auch an Ihrer Rückseite machen kann. Spielbegeisterte Hunde kann man hierzu leicht verleiten, indem man sich ein Spielzeug an einem Seil über die Schulter hängt. Diese Übung entspricht der Übung 28: „Polonaise".

Üben Sie unter dem Kommando „Tanzen", mit dem Hund auf zwei Beinen eine kurze Strecke vorwärts zu laufen.

Noch schwieriger ist es, den Hund in der Position „Tanzen" einige Schritte rückwärts laufen zu lassen.

Verlangen Sie von Ihrem Hund in der Position „Tanzen" die Übung „Drehen". Als Hilfe kann man hier im Übungsaufbau wunderbar den Target-Stab (Nasen-Target) einsetzen.

Geschickte Springer mit geringer Körpermasse können schadlos in dieser Position auch einen kleinen Sprung auf zwei Beinen machen. Diese Übung kann besonders effizient mit dem Clicker trainiert werden. Verleiten Sie den Hund zu diesem Sprung ruhig, indem Sie das Kommando „Hopp" einsetzen und ihm eine besondere Belohnung etwas höher als seine Nase anbieten.

Lassen Sie den Hund „Auf" an einem Wägelchen machen, das er dann schieben kann. Gestalten Sie die Übung anfangs nicht zu schwierig. Der Hund soll sich seiner Sache immer sicher sein.

47 „Männchen"

Das Männchenmachen ist eine althergebrachte Übung. Besonders bei kleinen Hunden ist sie beliebt. Große Hunde und Hunde mit einem langen Rücken tun sich damit oft schwer.

Der Hund soll aus dem Sitzen heraus die Vorderpfoten vom Boden wegnehmen und in die Luft halten. Dies kann er entweder mit nach oben gestreckten Pfoten tun (vgl. Übung 22 „Bitte") oder wie ein aufrecht sitzendes Häschen.

Locken Sie den Hund in diese Position, indem Sie ihm aus dem „Sitz" heraus nur leicht oberhalb der

Schnauze etwas Tolles anbieten. Schieben Sie diese Belohnung ein klein wenig nach hinten über den Kopf des Hundes. Achten Sie darauf, dass der Hund nicht aufsteht. Belohnen Sie ihn sofort, wenn er die Vorderfüße vom Boden abhebt und sich sitzend aufrichtet.

Führen Sie ein Kommando ein (z. B. „Männchen"), wenn er schon weiß, was zu tun ist. Trainieren Sie dann an der Übungskonstanz, sodass der Hund am Schluss einige Sekunden ruhig so sitzen kann.

Übungsvarianten

Diese Übung können Sie auch abgewandelt trainieren, indem Sie dem Hund gestatten, sich an der Hand abzustützen, in der Sie die Belohnung halten.

Führen Sie Ablenkungen ein, sobald der Hund die Grundübung verstanden hat und lassen Sie ihn in der Position „Männchen" sitzen, während Sie ihn einmal umrunden o. Ä.

Sie können für eine unterschiedliche Pfotenhaltung auch unterschiedliche Kommandos einführen. Ein nettes Kommando für das Hochstrecken der Pfoten in die Luft ist: „Hast Du saubere Füße?" Im Training ist auf ein präzises Timing zu achten, wenn man Wert auf eine bestimmte Pfotenhaltung in dieser Übung legt (vgl. Übung 21).

Mit der Target-Konditionierung oder mittels Shaping kann man den Hund auch daran führen, die Vorderpfoten beim Männchenmachen ganz dicht beieinander zu halten. Die-

se Variante erfordert vom Hund ein hohes Maß an Geschicklichkeit und ein sehr gutes Timing beim Hundeführer.

48 Partystimmung?!

Bringen Sie Ihrem Hund bei, auf Kommando zu wedeln! Dies ist eine einfache und lustige Übung, die etwaige Zuschauer in Staunen versetzen wird.

Warten Sie auf einen Moment, in dem Ihr Hund auf Sie konzentriert ist und ruhig dasteht. Schenken Sie ihm zunächst keine weitere Beachtung. Sagen Sie dann plötzlich Ihr Kommando, zum Beispiel: „Bist Du in Partystimmung?", und wenden Sie sich dann dem Hund zu. Reizen Sie ihn gegebenenfalls zusätzlich mit einem sehr schmackhaften Leckerchen oder seinem Lieblingsspielzeug, bis Sie ihm ein Wedeln entlocken konnten. Loben oder belohnen Sie ihn dann.

Tipp

Mit dieser Übung kann man das Training gegebenenfalls auch einmal auflockern, wenn der Hund mangelhaft motiviert sein sollte. Gönnen Sie ihm nach der gelungenen Partystimmungsübung eine Pause im Training und starten Sie dann die misslungene Übung, die Ihren Hund demotiviert hat, zu einem späteren Zeitpunkt ohne Missmut noch einmal ganz neu.

49 Hochschauen

Eine reine Spaß-Übung ist es, dem Hund das Hochschauen zum Himmel beizubringen. Wenn der Hund gelernt hat, auf Kommando hochzuschauen, kann man eine kleine Aufführung machen. Als Kommando können Sie dann zum Beispiel fragen: "Wie wird denn heute das Wetter?"

Ein sehr guter Übungsaufbau ist hier über das Target-Training möglich. Bringen Sie dem Hund zunächst bei, das Target-Objekt mit dem Blick zu fixieren. Sobald er das beherrscht, halten Sie ihm das Zielobjekt so hin, dass er die gewünschte Körperhaltung einnimmt. Belohnen Sie ihn über einen langen Zeitraum jedes Mal dafür. Achten Sie darauf, dass der Hund bei dieser Übung möglichst immer die gleiche Bewegung macht. Der Hund hat es dann später leichter, wenn das Zielobjekt als Hilfe langsam abgebaut wird. Führen Sie das Kommando ein, wenn der Hund schon eine gewisse Sicherheit in dieser Übung an den Tag legt.

50 „Gib Küsschen"

Nicht jedermanns Sache, aber ein einfach zu trainierender Partygag ist das Küsschen-Geben.

Einen besonders leichten Start in die Übung hat man auch hier, wenn man sich der Target-Methode bedient. In diesem Fall soll der Hund das Target-Objekt wahlweise antippen oder lecken. Wenn Sie das Antippen als Küsschen aufbauen möchten, sollten Sie die Übung splitten und zunächst das Antippen des Target-Objektes üben (Übungsaufbau s. Seite 42). Sobald dies gut klappt, können Sie dazu übergehen, sich oder der Person, die er "küssen" soll, das Zielobjekt an die Wange zu halten und die Antippen-Übung vom Hund zu verlangen. Führen Sie ein eigenes Kommando für diese Übung ein, indem Sie zunächst beide Kommandos („Gib Küsschen" und „Tippen") kombinieren. Schleichen Sie dann schrittweise das alte Kommando und das Target-Objekt als Hilfen aus.

Einen direkteren Übungsaufbau haben Sie, wenn Sie den Hund beispielsweise mittels eines kleinen Leberwurstkleckses, den Sie sich auf die Wange schmieren, dazu animieren, über die Wange zu lecken. Auch dieses Verhalten gilt es dann auf Befehl zu setzen und schrittweise die Leberwursthilfe abzubauen.

51 Flüstern

Eine nette Abwandlung der Küsschen-Übung ist das Flüstern. Hierbei soll der Hund mit der Nase das Ohr des Besitzers berühren und dort einen Moment verharren.

Auch hier ist der Trainingsaufbau besonders leicht, wenn der Hund bereits gelernt hat, einen Target-Stab mit der Nase zu berühren. Dehnen Sie dann schrittweise die Zeit aus, die der Hund seine Nase an Ihrem Ohr belassen soll, und bauen Sie gleichzeitig die Hilfe mit dem Target-Stab ab. Ein lustiges Kommando für eine kleine Vorführung ist: „Dann sag's mir halt ins Ohr". Nachdem Ihr

Welches Geheimnis wird hier wohl preisgegeben?

Hund Ihnen „etwas ins Ohr gesagt hat", bleibt es Ihnen überlassen, was auch immer Sie dann den umstehenden Menschen wiedergeben.

52 Räuber und Gendarm

Eine recht anspruchsvolle Übung, die man zu einer kleinen „Versteckspiel-Vorführung" nutzen kann, ist folgende: Bringen Sie Ihrem Hund bei, an einem Mäuerchen oder einem Zaun in der Position „Auf", also mit den Vorderpfoten abgestützt, aufrecht zu stehen. In dieser Übung soll er dann zusätzlich die Schnauze bzw. den Kopf zwischen die Vorderpfoten nehmen, so als ob er sich hinter dem Mäuerchen verstecken wollte.

Das erreichen Sie im Übungsaufbau leicht, indem Sie ihm, wenn er „Auf" macht, von unten eine Belohnung zwischen die Pfoten halten. Alternativ können Sie auch hier das Target-Training nutzen. Diesmal soll der Hund das Target-Objekt aber nicht nur antippen, sondern die Nase einen kleinen Moment am Zielobjekt lassen. Setzen Sie als Kommando z. B. „Geh zählen" ein. Sobald Ihr Hund dies gut beherrscht, können Sie die Übung so festigen, dass Ihr Hund in dieser Position auch stehen bleibt, während Sie sich von ihm entfernen.

Wenn dies problemlos gelingt, können Sie eine kleine Vorführung machen, in der Sie Ihren Hund wie beim Räuber- und Gendarm-Spiel „zählen" lassen, während Sie sich verstecken. Anschließend soll Ihr Hund Sie suchen. Als Start für die Suche können Sie ein subtil gegebenes Rückruf-Kommando einsetzen.

Übungsvarianten

Die Übung, die der Hund beim Räuber- und Gendarm-Spiel macht, nämlich in der aufrechten Position abgestützt einmal den Kopf zwischen die Pfoten abzusenken und dann wieder nach oben zu schauen, können Sie auch als eigenständige Übung vom Hund verlangen. Lassen Sie den Hund beispielsweise an einem Stock oder Schirm, den Sie quer vor Ihrem Körper halten, so aufstehen, dass er Ihnen mit dem Rücken zugewandt ist. Wenn er nun mit den Vorderpfoten am Stock abgestützt steht kann er über das „Geh zählen"-Kommando einmal unter dem Stock durchschauen und dann als Abwandlung sofort danach wieder über den Stock schauen. Nach Belieben können Sie für diese Übungsvariante natürlich auch ein eigenes Kommando (z. B. „War was?") einführen.

Das Räuber- und Gendarm-Spiel kann auch anders herum gespielt werden, indem sich Ihr Hund versteckt und Sie ihn dann suchen. Auch dieses Spiel hat eine große Publikumswirkung. Besonders leicht fällt dem Hund diese Übung, wenn er bereits ein Kommando für das Richtungsschicken bzw. den Befehl „Auf den Platz" kennt. Üben Sie mit ihm zunächst, einen Platz außerhalb Ihrer Sichtweite – etwa hinter einer Wand – aufzusuchen und dort zu bleiben. Anfangs können Sie das dem Hund schon bekannte Kommando einsetzen und es nach und nach zum Beispiel gegen „Eins", „Zwei", „Drei" austauschen, indem Sie zunächst beide Kommandos benutzen und dann schrittweise ganz zum neuen Kommando übergehen. Diese Übung muss so gut gefestigt werden, dass Ihr Hund hinter der Wand verborgen einige Zeit zuverlässig verharrt.

Wahlweise können Sie an dieser Stelle noch einen Gag einbauen, indem Sie den Hund ab und zu hinter der Wand hervorlugen lassen (vgl. Übung 37). Das lernt er, wenn Sie ihn eng an der Wand „Bleib" machen lassen und ihn dann mit einem Leckerchen verleiten, einmal kurz um die Wand herumzulugen. Die Belohnung bekommt er hier aber nicht vor der Wand, sondern erst, wenn er den Kopf wieder bis hinter die Wand zurückgenommen hat, denn schließlich soll es später so aussehen, als ob er nur kurz gespickt hat und sich dann sofort wieder versteckt.

Die Vorführung kann dann so aussehen, dass Sie mit „Eins", „Zwei",

„Räuber und Gendarm" können Sie auch auf dem Trainingsplatz üben.

„Drei" anfangen zu zählen, was für den Hund das Signal ist, sich schnell zu verstecken. Danach tun Sie so, als ob Sie den Hund suchen, bis Sie ihn schließlich finden. Wenn Sie das Hervorlugen mit einbauen möchten, sollten Sie diese Übung auch auf Kommando setzen, damit Sie in der Vorführung steuern können, wann der Hund spickt. Als Kommando ist hier zum Beispiel „Gleich finde ich Dich" sehr geeignet, weil man es unauffällig beim Suchen einsetzen kann und das Publikum gar nicht merkt, dass man dem Hund ein Kommando gegeben hat. Sollte Ihr Hund aus der Übung 37 das Hervorlugen schon kennen und diese vielleicht schon unter einem anderen Kommandowort beherrschen, kann man ihm in aller Regel ohne große Mühe die gleiche Handlung auch noch auf ein anderes Signal hin beibringen.

Geschicklichkeit

Körperliche Geschicklichkeit zu schulen ist eine wertvolle Aufgabe. Ganz besonders gilt dies für unsichere Hunde. Alle Gliedmaßen immer unter Kontrolle zu haben, sie zielgerichtet und erfolgreich einzusetzen vermittelt Selbstvertrauen. Aber auch für alle „mutigen" Hunde ist die Schulung der Geschicklichkeit sinnvoll, denn sie lernen, dass zu unkonzentriertes, hastiges und unsauberes Arbeiten zu einem Misserfolg führt.

Geschicklichkeit mit den Pfoten

Für die Förderung der Geschicklichkeit Ihres Hundes mit seinen Pfoten gibt es zahlreiche Übungen.

Übungsvarianten

Bringen Sie Ihrem Hund bei auf einem Holzsteg zu laufen. Achten Sie darauf, dass der Hund seine Aufgabe langsam und mit Ruhe angeht. Scheut er sich, üben Sie am besten zunächst „trocken", indem Sie ein Brett auf den Boden legen. Belohnen Sie jeden Schritt, bis er darauf ohne Scheu laufen kann. Legen Sie dann nach und nach beispielsweise Ziegelsteine unter das Brett, um es zu erhöhen. Achten Sie in dieser Übung immer auf die Sicherheit! Bauen Sie die Übung langsam auf, ohne dass Ihr Hund seitlich abspringt.

Lassen Sie Ihren Hund draußen über einen breiten Baumstamm balancieren.

Überzeugen Sie Ihren Hund davon, dass es Spaß macht, große Steine im Park zu erklimmen.

Konditionieren Sie die Übung Pfotentarget (s. Seite 42). Lassen Sie Ihren Hund mit den Vorderpfoten z.B. eine Fliegenklatsche als Target-Objekt berühren. Setzen Sie diese Handlung dann auf Kommando (vgl. Seite 48).

Führen Sie Ihren Hund durch einen kleinen Parcours aus Holzstangen, Brettern oder alten Autoreifen. Lassen Sie ihn ruhig auch über diese Objekte steigen.

Lassen Sie Ihren Hund auf ein Kinderkippelkissen steigen. Diese Übung ist für große Hunde besonders schwierig.

Legen Sie eine Sprossenleiter auf zwei Böcken kippsicher auf und lassen Sie den Hund langsam darüberlaufen.

Verleiten Sie Ihren Hund, über eine kleine Hängebrücke aus Holz zu laufen.

Konditionieren Sie Ihren Hund darauf, mit den Hinterpfoten ein bestimmtes Target-Objekt, etwa eine zusammengerollte Zeitschrift, zu berühren. Führen Sie ein Kommando ein, wenn Ihr Hund die Übung gut beherrscht.

Führen Sie Ihren Hund über einen Gitterrost. Diese Übung ist bei vielen Hunden zunächst nicht sehr beliebt. Als Trainingsmethode bietet sich hier das freie Formen mit dem Clicker an (s. Seite 44).

Trainieren Sie mit Ihrem Hund, mit allen vier Füßen auf unterschiedlich hohe Holzklötze zu steigen. Achtung! Die Holzklötze dürfen für den fortgeschrittenen Hund sogar wackeln, müssen aber hundertprozentig kippsicher sein!

Basteln Sie eine Hängebrücke mit dicken Gummischläuchen als Sprossen, die an einem Holzrahmen befestigt sind. Achten Sie darauf, dass die Sprossen nicht zu viel Bewegungsspielraum bieten.

111

Lassen Sie Ihren Hund über eine Wippe laufen. Achten Sie darauf, dass er den Kipppunkt der Wippe mit seinem Körper gut austariert, damit die Wippe nicht zu plötzlich umschlägt. Geben Sie anfangs Hilfestellung, indem Sie das Wippbrett festhalten und sachte absenken. Bauen Sie die Übung langsam in kleinen Schritten auf.

Eine Übung für nicht allzu große Hunde mit großem körperlichen Geschick ist das Skateboardfahren. Diese Übung kann man sehr gut als freies Formen mit dem Hund trainieren. Zergliedern Sie die Übung in Einzelschritte. Verstärken Sie zunächst das Interesse am Rollbrett. Fördern Sie dann die Angebote vom Hund, eine, zwei, drei und vier Pfoten auf das Skateboard zu setzen und ggf. als Krönung auch sein Angebot, sich selbst abzustoßen. Manchen Hunden fällt das mit einer Vorderpfote besonders leicht. Achten Sie in dieser Übung auf die Sicherheit Ihres Hundes und verhindern Sie ein Umschlagen des Rollbretts, wenn der Hund auf eines der Enden tritt, indem Sie beispielsweise das Trittbrett unten mit Gewichten verstärken.

Lassen Sie Ihren Hund auf eine liegende Tonne springen und auf der Tonne balancieren. Geben Sie anfangs die Hilfestellung, die nötig ist, um dem Hund nicht den Spaß an der Übung zu verleiden. Für kleine bis mittelgroße Hunde ist auch das Laufen auf der langsam rollenden Tonne möglich.

Die Vorderpfoten auf dem Brett sind schon die halbe Miete bei dieser Übung.

Noch schwieriger ist diese Übung mit einem großen Ball. Geben Sie anfangs die Hilfestellung, die nötig ist, um den Hund bei der Stange zu halten. Manchmal ist es eine Hilfe, wenn der Hund bereits gelernt hat, über eine Wippe zu laufen, denn dann kennt er das Ausbalancieren des eigenen Gewichts schon. Damit der Ball sich nicht in alle Richtungen bewegen kann, können Sie ihn zunächst als Unterstützung in eine Schiene aus Brettern legen. Das seitliche Wegrollen wird somit verhindert.

Lassen Sie Ihren Hund sein Lieblingsspielzeug apportieren, das Sie auf einer Gitterrosttreppe deponiert haben. Je nach Geschick Ihres Hundes können Sie ihn bei einer Treppe, die aus mehreren Etagen besteht, zunächst eine Etage und später mehrere Etagen hoch schicken, um Ihnen das Spielzeug zu bringen. Belohnen Sie die Anstrengung Ihres Hundes mit einem Jackpot!

Optische und akustische Reize

Bei Geschicklichkeitsübungen spielen aber nicht nur die Pfoten eine Rolle. Auch mit optisch oder akustisch auffälligen Geräten können Sie Ihren Hund herausfordern. Mit diesen Reizen sollten Sie Ihren Hund schon als Welpen vertraut machen.

Übungsvarianten

Hängen Sie ein Handtuch im Türrahmen so auf, dass es bis auf den Boden hängt. Rufen Sie Ihren

113

Hund durch den Handtuch-„Vorhang" hindurch heran.

🦴 Erschweren Sie die Handtuch-Übung, indem Sie einige Plastikmüllsäcke zerschneiden und die einzelnen Streifen aufhängen. Lassen Sie Ihren Hund dann durch diese knisternden und sich bewegenden Streifen laufen.

🦴 Eine ähnliche Übung kann man mit leeren Konservenbüchsen machen. Basteln Sie sich ein Gestell, in dem Sie einige leere Büchsen aufhängen. Lassen Sie Ihren Hund dann unter den Büchsen entlang laufen, sodass ihn die Büchsen berühren. Für Fortgeschrittene kann man in die Büchsen eine Schnur mit einem Steinchen oder einem Glöckchen hängen. Auf diese Weise wird diese Übung auch zur akustischen Reizsituation.

🦴 Lassen Sie Ihren Hund durch einen rollenden Hula-Hoop-Reifen laufen. Um die Übung zu verein-

Diese Übung erfordert viel Ruhe und Konzentration.

fachen, sollten Sie den Reifen erst später rollen. Halten Sie den Reifen anfänglich vor sich und laufen Sie damit. Weisen Sie den Hund während des Laufs an, durch den Reifen zu springen. Wenn das gut klappt, können Sie den Reifen rollen und den Hund hindurchspringen lassen.

Balanceakte

Neben diesen „Mut-Übungen" können Hunde auch lernen, Dinge zu balancieren. Für die Balance-Übungen ist oft der Clicker das beste Hilfsmittel, da man mit dem Clicker durch das bessere Timing zeitgenauer belohnen kann.

Übungsvarianten

🦴 Leiten Sie Ihren Hund an, ein Spielzeug auf dem Kopf zu balancieren.

🦴 Lassen Sie den Hund ein Leckerchen auf seinem Nasenrücken balancieren.

🦴 Lassen Sie den Hund das balancierte Leckerchen dann aus der Luft schnappen.

🦴 Üben Sie mit dem Hund einen leichten Gegenstand, etwa einen Schal, auf der angewinkelten Pfote zu halten. Der Hund kann hierbei stehen oder sitzen.

🦴 Lassen Sie Ihren Hund einen Gehstock in der Position „Männchen" mit den Vorderpfoten festhalten.

🦴 Legen Sie Ihrem Hund einen Gegenstand auf den Rücken. Er soll nun ein paar Schritte laufen ohne ihn fallen zu lassen.

Sprünge

Für die Sprungübungen ist eine gute Gesundheit, insbesondere des Bewegungsapparates, Voraussetzung. Bei Hunden mit bekannten Erkrankungen, Beschwerden oder Schäden der Bänder, Gelenke oder Knochen sollten Sie auf diese Art von Übungen verzichten.

53 „Hopp" und „Drauf"

Mit einem springfreudigen Hund sind einem in dieser Übung kaum Grenzen gesetzt. Der Hund kann lernen, auf Kommando auf oder über etwas zu springen. Um für den Hund deutlich unterscheidbar zu machen, ob er mit den Pfoten aufsetzen soll oder nicht, sollten Sie für diese Übungen zwei unterschiedliche Kommandos (z. B. „Hopp" und „Drauf") einführen.

In den hier vorgestellten Übungen bedeutet „Hopp", dass der Hund ein angewiesenes Objekt überspringen soll. Im Übungsaufbau sollten zunächst sehr niedrige Objekte angeboten werden. So kommt der Hund kaum in Versuchung, auf dem Objekt eine Pfote abzusetzen. Wenn Sie keine geeignete Hürde parat haben, können Sie den Hund zum Beispiel über ein Bein oder einen Ast, den Sie auf dem Spaziergang gefunden haben, springen lassen.

Stellen Sie beim Übungsaufbau ein Bein beispielsweise gegen eine Wand

Ein gutes Zusammenspiel von Mensch und Hund sind bei dieser Übung nötig.

oder einen Baum und verführen Sie den Hund zu einem kleinen Sprung, indem Sie ihn mit Futter oder Spielzeug über das angelehnte Bein locken. Geben Sie ihm die Belohnung sofort nach dem Sprung. Steigern Sie die Höhe von ca. 10 cm (auch bei großen Hunden!) nur langsam und erst dann, wenn der Hund wiederholt bewiesen hat, dass er das Objekt im freien Sprung überwinden kann. Führen Sie zeitgleich das Kommando ein, indem Sie „Hopp" immer dann sagen, wenn Sie sich sicher sind, dass der Hund gerade in diesem Moment zum Sprung ansetzen will.

In der Übung „Drauf" soll der Hund auf ein Objekt springen und dort verharren bzw. auf neue Anweisungen warten. Suchen Sie anfangs ein Objekt mit einer großen „Landefläche" aus. Es soll dem Hund keine Schwierigkeiten bereiten sich auf dieser Fläche zu halten, aber für ihn nahezu unmöglich sein, dieses Objekt zu überspringen. Im Übungsaufbau gilt es darauf zu achten, dass man bei schnellen Hunden den Schwung des Sprungs etwas bremst, sodass sie auf dem Objekt auch wirklich landen und stoppen. Reizen Sie Ihren Hund mit einer in Aussicht gestellten Belohnung an und belohnen Sie ihn sofort, wenn er den Sprung wagt und auf das Zielobjekt springt. Führen Sie auch hier den Befehl erst ein, wenn Sie sich sicher sind, dass der Hund in der Übung keinen Fehler machen wird.

Übungsvarianten für die Übung „Hopp"

Lassen Sie den Hund mit „Hopp" über Ihren Arm oder Ihr Bein springen, indem Sie sich mit dem Arm oder Bein an einer Wand o. Ä. abstützen. Bei kleinen Hunden müssen Sie hierzu in die Hocke gehen.

Lassen Sie den Hund mit „Hopp" durch einen Reifen oder Ähnliches springen. Ihrer Phantasie sind hier keine Grenzen gesetzt. Nutzen Sie auch geeignete Objekte auf dem Spaziergang.

Diese Übung ist ein Riesenspaß für Hunde, die gerne springen.

Eine prima Übung für notwendige Waschgänge ist, dem Hund als Übung zu vermitteln, eigenständig in die Badewanne zu springen. Legen Sie hierzu vorher eine trittsichere Gummimatte o. Ä. in die Wanne, damit der Hund nicht auf dem glatten Boden ausrutscht.

Wandeln Sie die Übung „Hopp" weiter ab, indem Sie zum Beispiel mit beiden Armen einen Ring formen und den Hund hindurchspringen lassen.

Lassen Sie den Hund mit „Hopp" über ein Seil springen, das Sie ggf. mit einer Hilfsperson oder mit dem einen Ende an einem Pfosten befestigt schwingen. Diese Übung erfordert vom Hund ein gehöriges Maß an Geschick und gutes Timing.

Wenn Ihr Hund klein ist, können Sie folgende Übung trainieren: Stützen Sie einen Fuß am anderen Bein etwa auf Knie- oder Wadenhöhe ab. Lassen Sie den Hund dann von hinten nach vorne durch diese mit den Beinen geformte Lücke springen.

Hocken Sie sich hin und halten Sie seitwärts einen Arm als Hürde für den Hund hin. Lassen Sie Ihren Hund dann über diesen Arm springen. Für Fortgeschrittene kann man die Übung erweitern und beide Arme hinhalten. Der Hund soll dann über einen Arm springen, eine halbe Runde um den Körper laufen und über den anderen Arm zurückspringen.

Schicken Sie Ihren Hund mit den Kommandos „Voraus" und „Hopp" los, um über ein Objekt zu springen, das etwas weiter entfernt ist. Bauen Sie die Distanz zu dem Objekt schrittweise aus.

117

Üben Sie mit „Hopp" einen Weitsprung, zum Beispiel über einen kleinen Bachlauf.

Lassen Sie den Hund mit „Hopp" über eine kleine Reihe von Hindernissen springen, wenn Sie auf dem Spaziergang zum Beispiel auf einem Trimm-Dich-Pfad geeignete Objekte finden.

Weisen Sie den Hund an, über einen Menschen zu springen, der liegt, hockt oder im Kastenstand ist.

Sportliche Menschen können den Hund über sich springen lassen, während Sie gerade eine Waage machen. Diese Übung ist leichter mit zwei Personen umzusetzen. Einer bildet die Figur, der andere weist den Hund entsprechend an. Je nach Größe der Personen muss der Hund recht sprungkräftig sein, um diese Anforderung erfüllen zu können.

Für Turntalentierte kann folgende Übung interessant sein: Stellen Sie sich in der „Brücken"-Haltung auf und lassen Sie den Hund mit „Hopp" über sich springen. Auch diese Übung ist zu zweit leichter umzusetzen. Wenn die Übung gut gelingt, kann man sie noch weiter aufpeppen, indem man den Hund sofort nach dem Sprung unter dem Körper durch „Kriechen" und ihn ggf. noch einmal springen lässt. Auch Kombinationen des Kommandos „Hopp" mit „Durch", „Umrunden" oder „Slalom" zwischen den Beinen sind hier möglich.

Wenn der Hund eine sichere Verknüpfung zwischen dem Signal „Hopp" und seiner Handlung hergestellt hat, können Sie auch versuchen, ihm „Freestyle"-Sprünge beizubringen, indem Sie ohne ein geeignetes Objekt, das übersprungen werden könnte, „Hopp" befehlen. Sie können das Kommando ggf. noch durch eine schwungvolle Handbewegung unterstützen. Mit dem Clicker gelingt es leicht, den Hund im richtigen Moment zu bestärken, wenn er in irgendeiner Weise einen Sprung hinlegt – auch wenn es vielleicht auch zunächst nur ein kleiner Hopser ist. Diese Übung macht sprungfreudigen Hunden viel Spaß und führt oft zu spektakulären Resultaten.

Sehr interessant sieht es aus, wenn Sie den Hund beim Seilspringen mithüpfen lassen. Diese Übung erfordert ein sehr gutes Zusammenspiel zwischen Hund und Besitzer. Beide müssen über ein gutes Timing verfügen. Alternativ zu der Übung „Hopp", also dem reinen Luftsprung, kann sich der Hund je nach Größe beim Springen auch auf den Oberschenkeln des Menschen abstützen, wenn er vor diesem steht.

Eine Übungsvariante für zwei Hunde, die sich uneingeschränkt gut verstehen müssen, ist das „Bockspringen". Lassen Sie hierbei den einen Hund unter dem Kommando „Hopp" über den quer zu ihm stehenden anderen Hund springen.

Wenn Ihr Hund schon gelernt hat, mit „Hopp" durch einen Reifen zu springen, können Sie ihm leicht vermitteln, einen aufsehenerregenden Sprung durch einen mit Papier verdeckten Reifen hinzulegen. Im Übungsaufbau empfiehlt es sich, den Reifen zunächst nur mit Papierstreifen zu bedecken, sodass sich der Hund an das neue Sprungge-fühl mit dem Widerstand gewöhnen kann. Legen Sie hierzu anfangs nur ein bis zwei dünne Papierstreifen über den Reifen. Der Hund wird diese beim Sprung zerreißen und kann sich so an das Gefühl und das Geräusch gewöhnen. Fügen Sie dann immer mehr Streifen hinzu, bis schließlich der ganze Reifen von Papierstreifen bedeckt ist. Arbeiten Sie im nächsten Schritt mit breiteren Streifen, bis Sie den Reifen schließlich mit einem ganzen Bogen Papier komplett überziehen.

Übungsvarianten für die Übung „Drauf"

Suchen Sie auf dem Spaziergang Objekte wie z. B. breite Baumstümpfe, die der Hund nicht überspringen kann, und weisen Sie ihn an, „Drauf" zu springen.

Lassen Sie den Hund mit „Drauf" auf einen Tisch springen, der von der Höhe seinen Möglichkeiten entspricht. Diese Übung eignet sich sehr gut als Vorbereitung für die Behandlung beim Tierarzt. Das Stehen auf dem Tisch wird dem Hund, der die Übung „Drauf" schon privat auf einem Tisch umgesetzt hat, nicht mehr so unheimlich vorkommen.

Lassen Sie Ihren Hund auf ein Objekt „Drauf" springen und weisen Sie ihn dort an, seine Position zum Beispiel vom „Steh" ins „Sitz" oder „Platz" zu wechseln.

Wählen Sie später für die Übung „Drauf" auch schmalere Objekte aus oder solche, die für den Hund schwerer zu erklimmen sind. Achten Sie aber darauf, dass Ihr Hund nach Möglichkeit keinen Fehler machen kann.

Schicken Sie den Hund mit „Voraus" und „Drauf" auf ein angewiesenes Objekt. Lassen Sie ihn dort z.B. „Drehen" oder rufen Sie ihn von dort aus ab. Bauen Sie auch hier die Distanz zu dem Objekt schrittweise auf.

Üben Sie, mit dem Hund auch wackelige Objekte zu erklimmen. Legen Sie hierzu beispielsweise ein Holzbrett auf zwei dicke Stangen oder Fässer, sodass sich das Brett darauf bewegt, wenn der Hund aufspringt. Geben Sie ihm die Hilfe, die er benötigt, damit er die Übung erfolgreich absolvieren kann und nicht erschrickt. Achten Sie bei den Konstruktionen darauf, dass sie zwar wackeln dürfen, aber unbedingt „einbruchsicher" sein müssen!

Wenn Ihr Hund klein und leicht ist, können Sie trainieren, dass er Ihnen auf den Arm springt. Einige Hunde bieten das an, aber für die meisten ist es schwierig.

Gehen Sie auch hier schrittweise vor, und achten Sie darauf, dass die Übung immer glatt geht, denn in dieser Übung kommt es sehr auf ein gutes Zusammenspiel an. Eine gute Starthilfe sieht so aus, dass Sie selbst auf einem Stuhl sitzen und den Hund auf den Schoß springen lassen. Wenn er dies sicher kann, können Sie in die halbe Hocke übergehen und langsam daran feilen, immer aufrechter zu stehen, bis die Übung schließlich fehlerfrei klappt. Als lustiges Sprachkommando kann man beispielsweise „Ihhh, Mäuse" oder „Hilfe, eine Schlange" sagen.

Eine Übungsvariante für einen großen und einen kleineren bzw. sehr leichten Hund ist das „Bockspringen mit Aufsetzen". Die Hunde müssen sich aber sehr, sehr gut verstehen! Lassen Sie den kleinen mit „Drauf" auf den Rücken des anderen springen. Belohnen Sie in dieser Übung stets beide Hunde, nach Möglichkeit den ranghöheren zuerst.

Für kleinere bis maximal mittelgroße Hunde mit großem körperlichen Geschick kann man die Übung „Drauf" auf einem großen Ball oder einer liegenden Tonne üben. Auch das Laufen auf dem Ball bzw. der Tonne ist möglich, aber sehr schwierig (vgl. Seite 113 Geschicklichkeit).

Richtungsorientierte Übungen

Um eine gute Führigkeit auch auf Distanz zu erreichen, sollten Sie dem Hund verschiedene Richtungskommandos beibringen.

54 „Abgang"

Die Übung „Abgang" ist im Prinzip das Gegenteil der Übung „Drauf". Der Hund soll hier von einem Gegenstand, auf dem er sich gerade befindet, herunterspringen. Auch im Alltag

kann diese Übung nützlich sein, denn es gibt immer wieder Momente, in denen man den Hund von irgendwo runter haben möchte. Zum Beispiel, wenn er sich auf dem Sofa breit gemacht hat …

Beginnen Sie die Übung, indem Sie den Hund erst irgendwo „Drauf" springen lassen. Reizen Sie ihn nun mit einer tollen Belohnung an und halten Sie diese dann relativ nah an den Boden. Geben Sie dem Hund genau in dem Moment, wenn er sich anschickt runterzuspringen, das Kommando „Abgang". Belohnen Sie ihn unten.

> **Tipp**
> Sie können in dieser Übung sehr gut ein auffälliges Sichtzeichen einführen, zum Beispiel eine ausladende Bewegung mit dem Arm nach unten. Üben Sie, wenn Sie ein Sichtzeichen und ein Sprachkommando aufbauen wollen, beides auch getrennt voneinander, um eine besonders sichere Verknüpfung zu erreichen.

Alternativ kann diese Übung auch mit einem Nasen-Target trainiert werden. Als Zielobjekt bietet sich hier die eigene Handfläche an. Bringen Sie Ihrem Hund bei, die Handfläche mit der Nase zu berühren. Sie können ihn nun beliebig irgendwo „Drauf" springen lassen, indem Sie die Hand als Target über das Objekt halten, auf das er springen soll, und ihn mit „Abgang" auch wieder runterspringen lassen. Halten Sie hierzu Ihre Hand so weit vom Objekt entfernt, dass der Hund runterspringen muss, um Ihre Hand anzutippen. Belohnen Sie ihn dann.

Übungsvarianten

Üben Sie den „Abgang" von verschiedenen Gegenständen, etwa vom Sessel, Sofa, Bett, Tisch, draußen von einem Mäuerchen, einer Parkbank, dem Autositz etc., damit der Hund schnell generalisieren kann.

Trainieren Sie die Übung „Abgang" auch auf Distanz. Es lohnt sich, für ein gutes Timing hier den Clicker einzusetzen.

55 „Voraus"

In dieser Übung soll der Hund lernen, sich geradlinig vom Hundeführer zu entfernen. Die „Voraus"-Übung eröffnet jede Menge neue Übungskombinationen.

Wenn Sie das Richtungsschicken später in alle Himmelsrichtungen umsetzen wollen, ist ein sehr guter Übungsaufbau über das Target-Training anzuraten. Das Zielobjekt mit der Nase anzutippen sollte der Hund in einer gesonderten Übung bereits gelernt haben (vgl. Seite 42).

Ideal ist es, wenn man das Target-Objekt in den Boden stecken kann. Ein Teleskopstift, aber zum Beispiel auch Kochlöffel eignen sich hierfür hervorragend.

Stecken Sie das Target-Objekt vor sich in den Boden, sodass die Spitze, die der Hund berühren soll, nach oben zeigt. Halten Sie Ihren Hund dann mit dem ihm schon vertrauten „Tippen"-Kommando an, die Spitze des Objek-

tes mit der Nase zu berühren, und belohnen Sie ihn. Mit dem Clicker können Sie den richtigen Zeitpunkt für die Verstärkung exakt nutzen!

Bauen Sie im nächsten Schritt mehr Distanz zum Zielobjekt auf, indem Sie es weiter vor sich, seitlich oder sogar hinter sich stecken und den Hund mit seinem „Tippen"-Kommando losschicken.

Wenn Ihr Hund zuverlässig zum Zielobjekt hinläuft, um es anzutippen, auch wenn es schon ein bisschen weiter weg steht, können Sie das „Tippen"-Kommando mit dem Befehl für das Vorauslaufen kombinieren. Sagen Sie anfangs beispielsweise „Voraus", „Tippen". Lassen Sie nach und nach immer häufiger das „Tippen"-Kommando weg, bis Ihr Hund die Übung auf das neue Kommando hin zuverlässig umsetzt.

In dieser Übung ist es sinnvoll auch ein Sichtzeichen als Signal aufzubauen, denn dann können Sie später in schwierigeren Aufgabenstellungen sehr genau die Richtung vorgeben. Achten Sie darauf, dass Ihr Hund Ihr Sichtzeichen – beispielsweise die gestreckte Hand – gut erkennen kann! Weisen Sie ihn dann mit Sicht- und Sprachsignal ein, bis er sicher weiß, worum es geht. Hierfür empfiehlt sich folgender Trainingsansatz:

Lassen Sie Ihren Hund zunächst „Sitz" oder „Platz" und „Bleib" machen. Stecken Sie den Target-Stick zu Beginn in einem Abstand von etwa drei Metern in den Boden und kehren Sie zu Ihrem Hund zurück. Weisen Sie ihn nun mit einer deutlichen Handbewegung an, geradeaus zum Ziel zu laufen. Belohnen Sie ihn für guten Ge-

Hier wird der Hund mit „Voraus" und „Platz" zum Target-Stab geschickt.

horsam. Üben Sie das geradeaus „Voraus"-Laufen täglich, bis es Ihrem Hund in Fleisch und Blut übergegangen ist.

> **Tipp**
> Um dem Hund das Sichtzeichen auch im Alltag geläufig zu machen, können Sie es zu Hause in Situationen einsetzen, die dem Hund wohl vertraut sind. Schicken Sie ihn zum Beispiel mit dem Sichtzeichen zu seinem Fressnapf, in den Sie ein leckeres Stück Wurst gelegt haben, oder verstecken Sie einige Leckerchen an leicht zugänglichen Orten und weisen Sie dem Hund mit der Hand die Richtung, in der er suchen soll.

Im Anschluss daran können Sie dem Hund die Richtungen „rechts" und „links" beibringen. Stellen Sie sich dazu frontal zum Hund auf und achten Sie darauf, dass das Ziel, das der Hund ansteuern soll, in einer geraden Linie rechts oder links neben Ihnen ist. Schicken Sie den Hund dann mit dem ihm schon aus der anderen Übung bekannten Sicht- und Hörzeichen los. Belohnen Sie ihn, wenn er alles richtig macht und brav das Ziel ansteuert. Nach Belieben kann man für die verschiedenen Richtungen unterschiedliche Kommandos einführen oder sich darauf beschränken, das Kommando „Voraus" und das entsprechende richtungsweisende Sichtzeichen zu benutzen.

Achten Sie auch bei den Seitenanweisungen stets darauf, dass Ihr Hund das Sichtzeichen gut erkennen kann.

Das Sichtzeichen sollte dem Hund auf Kopfhöhe gegeben werden. Bei kleinen Hunden sollte man deshalb in die Hocke gehen

Übungsvarianten

Üben Sie mit Ihrem Hund verschiedene Positionsvarianten bzw. Übungsabschlüsse am Ziel (z. B. „Steh", „Sitz", „Platz", „Peng", „Hopp", „Drauf", „Umrunden" etc.).

Verändern Sie das Ziel, indem Sie den Hund nicht nur zu dem vertrauten Target-Objekt, sondern auch zu Spielzeug, einer Parkbank, einer Tasche etc. laufen lassen.

Verlangen Sie von Ihrem Hund auf dem Weg zum Ziel zwischendurch eine andere Übung, zum Beispiel „Platz". Belohnen Sie guten Gehorsam und schicken Sie ihn

123

danach weiter in Richtung zum eigentlichen Ziel.

Stellen Sie mit ausreichendem Abstand zueinander verschiedene Ziele auf, die der Hund ansteuern kann. Schicken Sie ihn dann zielgerichtet geradeaus, nach rechts oder nach links.

Erschweren Sie diese Übung, indem Sie die einzelnen Ziele in unterschiedlichen Distanzen postieren und indem Sie Ziele verschiedener Attraktivität aufstellen.

56 „Rein" und „Raus"

Um dem Hund die Kommandos „Rein" und „Raus" zu vermitteln, kann man einen großen Karton als Übungsobjekt nehmen. Wenn Ihr Hund an eine Transportbox gewöhnt ist oder gewöhnt werden soll, können Sie auch diese einsetzen. Haben Sie all dies nicht zur Hand, reicht für einen Trainingsstart aber auch eine Zimmertür.

Lassen Sie Ihren Hund vor dem „Raum" warten, in den er hineingehen soll. Legen oder werfen Sie ihm zum Anreiz eine Belohnung hinein und schicken Sie ihn dann mit „Rein" los. Hier macht sich das Lobwort bezahlt, wenn der Hund es schon kennt. Denn Sie können es einsetzen, sobald der Hund dort drinnen ist, wo er hineingehen sollte. Auch der Clicker leistet hier gute Dienste.

Die Übung „Raus" funktioniert genauso. Der Hund muss beim Übungsstart in einem „Raum" sein und dort warten. Locken Sie ihn mit einer in Aussicht gestellten Belohnung „Raus" und belohnen Sie ihn draußen.

Übungsvarianten

Trainieren Sie diese Übung mit dem Hund bei allen Gelegenheiten, bei denen er irgendwo „Rein" und „Raus" gehen kann. Je unterschiedlicher die Situationen sind, umso schneller kann er die Übung generalisieren. Achten Sie aber immer darauf, dem Hund solange leichte Hilfen zu geben, bis er die Übung sicher verstanden hat.

Machen Sie es dem Hund zur Regel, ausdrücklich erst auf die Kommandos „Rein" und „Raus" (alternativ „Drauf" und „Abgang") zum Beispiel ins Auto hinein- bzw. aus dem Auto herauszuspringen. Auf diese Weise lernt er, sich im Straßenverkehr gesittet zu verhalten.

Üben Sie „Rein" und „Raus" auf Entfernung. Nach Belieben können Sie die Übung auch mit „Voraus" kombinieren. Für ein gutes Timing bei der Belohnung macht sich hier wieder der Clicker bezahlt, denn mit dem Clicker haben Sie gerade bei Übungen auf Entfernung das beste Timing bei der Verstärkung des erwünschten Verhaltens.

Lassen Sie Ihren Hund mit „Rein" (alternativ mit „Drauf") in einen Ziehwagen oder Fahrradanhänger springen. Verlangen Sie dort „Bleib" von ihm und ziehen Sie ihn ein Stück.

Wenn er gut daran gewöhnt ist, kann man dies auch für weitere gemeinsame Ausflüge nutzen. Achten Sie dann darauf, dass Ihr Hund nicht selbstständig herausspringt. Bei Fahrten im Straßenverkehr sollte er gesichert transportiert werden!

57 „Obacht"

Diese Übung ist von besonderem Nutzen, wenn man möchte, dass der Hund in einer bestimmten Übung nicht auf einen selbst, sondern in eine bestimmte Richtung schaut.
„Obacht" ist eine Übung nach dem Target-Prinzip. Nehmen Sie für diese Übung ein Target-Objekt, das der Hund noch nicht aus anderen Übungen kennt. Ein leichter, ca. zwei cm dicker und ca. einen Meter langer Holzstab ist hierfür gut geeignet. Der Hund soll das Ziel in dieser Übung anschauen, aber nicht berühren.

Als zusätzliche Hilfe kann man an einem Ende des Stabes einen stumpfen Nagel einsetzen, auf den man beispielsweise ein Wurststückchen aufspießt. Halten Sie dem Hund das Zielobjekt etwa einen halben Meter über seinem Kopf hin und belohnen Sie jeden Blickkontakt zu dem Objekt. Als Trainingshilfe ist hier der Clicker von besonderem Wert.

Wandeln Sie die Übung ab, sobald der Hund das Ziel einige Sekunden lang konzentriert im Auge behält, indem Sie hinter dem Hund stehen und das Target-Objekt über ihn halten. Verstärken Sie auch in dieser neuen Position jeden Blickkontakt des Hundes zum Zielobjekt. Lassen Sie ihn im nächsten Trainingsschritt unter dem Target-Objekt mit Ihnen mitlaufen. Der Hund soll auch jetzt den Stab immer im Auge behalten und mit dem Körper unter dem Stab bleiben.

Bauen Sie die Hilfe mit dem Wurststückchen als Anreiz langsam ab und nutzen Sie die Vorzüge des Clickers, um den konzentrierten Blick auf das

Dieses Zielobjekt ist gut gewählt, da es sich für den Hund sichtbar vom Hintergrund abhebt.

Objekt auch beim Laufen im richtigen Moment zu verstärken. Führen Sie ein Kommando (z. B. „Obacht") ein, wenn die Übung gut gelingt und der Hund eigenständig darauf achtet, seinen Körper unter dem Stab zu halten. Sobald der Hund diese Grundübung beherrscht, können Sie sich den Varianten widmen.

Übungsvarianten

Lassen Sie den Hund unter „Obacht" unter dem Stab laufen und verlangen Sie dann „Sitz", „Platz" oder „Steh". Auch in diesen Positionen soll sich der Hund unter dem Stab befinden und in Richtung der Stabspitze schauen.

Kombinieren Sie die Übungen „Obacht" und „Zurück" und lassen Sie den Hund unter dem Zielobjekt rückwärts gehen.

Halten Sie Ihr Zielobjekt so fest, dass der Hund Ihnen mit dem Po zugewandt ist und in Ihre Blickrichtung schaut. Drehen Sie sich dann mit dem Target-Objekt langsam im Uhrzeigersinn. Der Hund soll sich ebenso drehen, da er ja hierbei immer unter dem Zielobjekt bleiben soll. Diese Übung ist schwierig, denn der Hund muss mit den Vorderfüßen einen weiteren Bogen umschreiben als mit den Hinterfüßen. Dies erfordert von ihm viel Konzentration und Ruhe. Der Hund muss hierbei etwas mehr als die Stabspitze sehen können, sonst kann er nicht wissen, wie er stehen muss.

Üben Sie das Seitwärtsgehen unter dem Stab. Auch hier muss er wiederum etwas mehr als die Spitze des Stabes sehen können, um zu wissen, wie er seinen Körper ausrichten muss.

58 „Vor"

In dieser Übung soll der Hund frontal vor Ihnen stehen. Diese Übung ist nicht schwer zu trainieren. Besonders mit dem Clicker sind schnelle Trainingserfolge häufig.

Clicken Sie oder belohnen Sie den Hund direkt, wenn er in gerader Linie frontal vor Ihnen steht.

Verändern Sie dann Ihre Position und warten Sie, bis der Hund wieder die richtige Position einnimmt. Trainieren Sie diese Übung zunächst ohne Signal. Führen Sie das Kommando

(z. B. „Vor") erst ein, wenn der Hund in mindestens acht von zehn Versuchen spontan in die richtige Position läuft.

Ein zusätzliches Detail in dieser Übung ist, wenn der Hund in der Position „Vor" aufmerksam hochschaut. Auch hier erweist sich der Clicker als hervorragende Traininghilfe, um dieses Detail auszuarbeiten.

Übungsvarianten

Lassen Sie den Hund beim Rückruf in die Position „Vor" laufen und belohnen Sie ihn.

Lassen Sie den Hund aus der Grundposition in die Position „Vor" laufen.

Versuchen Sie den Hund seitwärts laufen zu lassen, indem Sie ihn anweisen die Position „Vor" einzunehmen. Bewegen Sie sich nun in winzigen Schritten selbst seitwärts und erinnern Sie den Hund immer wieder mit „Vor" daran, dass er sich frontal gerade zu Ihnen ausrichten soll. Dies ist ein möglicher Trainingsaufbau für das Seitwärtslaufen (vgl. Übung 18 Krabbengang).

Literatur

DEL AMO, C.: Spielschule für Hunde. Verlag Eugen Ulmer, Stuttgart 2002.

DEL AMO, C.: Welpenschule. Verlag Eugen Ulmer, Stuttgart 2000.

DEL AMO, C.; JONES, R.; MAHNKE, K.: Der Hundeführerschein. Verlag Eugen Ulmer, Stuttgart 2002.

DEL AMO, C.: Probleme mit dem Hund. Verlag Eugen Ulmer, Stuttgart 2003.

DEL AMO, C.: Hundeschule Step-by-Step. Verlag Eugen Ulmer, Stuttgart 2003.

BUROW, I.; NARDELLI, D.: Dogdance. Cadmos Verlag, Lüneburg 2002.

DONALDSON, J.: Hunde sind anders. Frankh-Kosmos Verlag, Stuttgart 2000.

LASER, B.: Clickertraining. Cadmos Verlag, Lüneburg 2000.

LASER, B.: Clickertraining für den Familienhund. Cadmos Verlag, Lüneburg 2001.

PIETRALLA, M.; SCHÖNING, B.: Clickertraining für Welpen. Frankh-Kosmos Verlag, Stuttgart 2002.

SCHAAL, M.; THUMM, U.: Abwechslung im Hundetraining. Verlag Eugen Ulmer, Stuttgart 1999.

THEBY, V.; HARES, M.: Darf ich bitten? Kynos Verlag, Mürlenbach 2001.

THEBY, V.: Schnüffelstunde. Kynos Verlag, Mürlenbach 2003.

Bildquellen

Die Zeichnung auf Seite 57 fertigte Dr. Anna Laukner, Kernen, sämtliche anderen Oliver Eger, Langerringen.
Die Fotos im Innenteil stammen von Dieter Kothe, Stuttgart.
Das Titelfoto fertigte Bildagentur Waldhäusl/Imagebroker/Krause-Wieczorek

Genehmigte Lizenzausgabe für Verlagsgruppe Weltbild GmbH, Steinerne Furt, 86167 Augsburg
© 2006, 2008 Eugen Ulmer KG, Stuttgart (Hohenheim)
Umschlaggestaltung: Coverdesign Uhlig, Augsburg
Umschlagmotiv: Dieter Kothe, Stuttgart
Gesamtherstellung: Offizin Andersen Nexö Leipzig GmbH, Zwenkau
Printed in the EU

978-3-8289-3070-4

2011 2010 2009
Die letzte Jahreszahl gibt die aktuelle Lizenzausgabe an.

Einkaufen im Internet:
www.weltbild.de